W0271202

PRISMA BIOLOGIE 6

Bayern

Ramon Gomez-Islinger
Markus Pawlowski
Alexander Röhrer
Burkhard Schäfer

Ernst Klett Verlag
Stuttgart · Leipzig

1. Auflage 1 5 4 | 13 12

Alle Drucke dieser Auflage sind unverändert und können im Unterricht nebeneinander verwendet werden.
Die letzte Zahl bezeichnet das Jahr des Druckes.

Autoren: Ramon Gomez-Islinger, Dr. Markus Pawlowski, Alexander Röhrer, Burkhard Schäfer
Unter Mitarbeit von: Marion Barmeier, Manfred Bergau, Irmgard Bohm, Dr. Günter Ganz, Gerda Hagen, Dr. Klaus Hell, Hildegard Recke, Dr. Hans-Jürgen Seitz, Charlotte Willmer-Klumpp

Redaktion: Ulrike Fehrmann, Micaela Stierle
Herstellung: Horst Andres

Layoutkonzeption und Gestaltung: Matthias Balonier, Infografik, Lützelbach
Umschlaggestaltung: KOMA AMOK®, Kunstbüro für Gestaltung, Stuttgart
Illustrationen: Matthias Balonier, Lützelbach; Udo Buffler, Marburg; d. Biografiker, München; Jeanne Kloepfer, Lindenfels; Angelika Kramer, Stuttgart; Karin Mall, Berlin; Tom Menzel, Rohlsdorf; Otto Nehren, Achern; Prof. Jürgen Wirth, Dreieich
Reproduktion: Meyle + Müller, Medien-Management, Pforzheim
Druck: Himmer AG, Augsburg

Printed in Germany
ISBN: 978-3-12-068405-3

9 783120 684053

6 Stammesgeschichtliche Entwicklung

46 Lebewesen sind aus Zellen aufgebaut

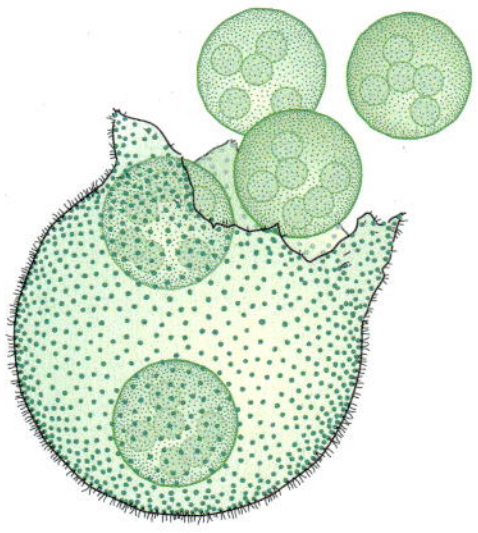

60 Stoffwechsel bei Pflanzen

72 Lebensgemeinschaft Wald

106 Lebensgemeinschaft Wiese

136 Basiskonzepte

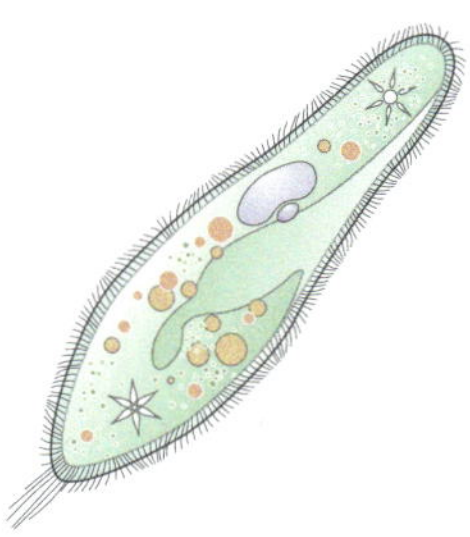

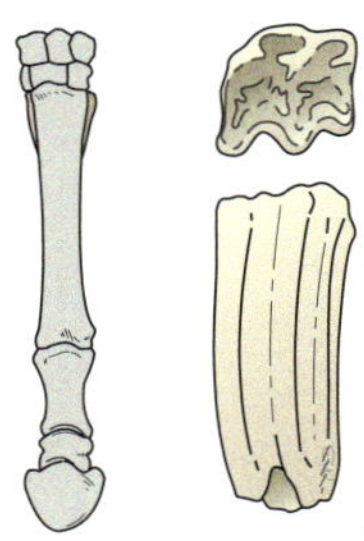

142 Anhang

Stammesgeschichtliche Entwicklung

Milliarden Jahre nach einer unwahrscheinlich gewaltigen Explosion, dem „Urknall", entstand vor etwa 4,5 Milliarden Jahren unsere Erde. Sie war damals ein glühend heißer Feuerball, auf dem kein Leben möglich war.

Wann wurde aus diesem Feuerball der Planet Erde mit den vielen Tieren und Pflanzen? Wie ist das Leben auf der Erde entstanden? Sahen die ersten Lebewesen so aus wie die Tiere und Pflanzen heute? Warum sind die Saurier ausgestorben?

Viele Fragen zur „Geschichte des Lebens" konnten Wissenschaftler schon beantworten, indem sie Lebewesen genau untersucht und miteinander verglichen haben. So haben sie zum Beispiel herausgefunden, dass die ersten Wirbeltiere Fische waren und es erst viel später Tiere auf dem Land gab.

Du kannst den Schritt „vom Wasser zum Land" selbst erforschen, wenn du die folgenden Seiten genau studierst.

Und wenn du mehr über die Arbeit der Wissenschaftler oder zum Beispiel etwas über die Entwicklungsgeschichte des Pferdes wissen möchtest, findest du dazu noch einige spannende Seiten in diesem Kapitel.

1 Karpfen

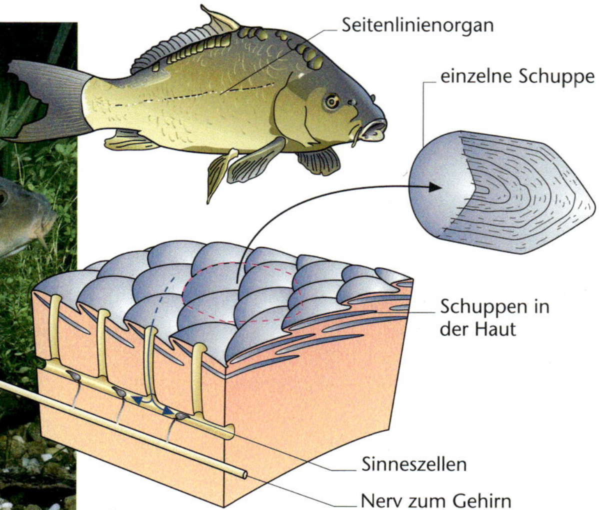

2 Seitenlinienorgan, Haut und Schuppe

Karpfen – ein Leben im Teich
Karpfen (▷ B 1) verbringen ihr ganzes Leben im Wasser: Hier werden sie geboren und hier wachsen sie heran. Im Wasser finden die Fische ihre Nahrung, hauptsächlich Pflanzenteile und kleine Tiere. Sie atmen unter Wasser und pflanzen sich auch hier fort. Sie sind also hervorragend an das Leben im Wasser angepasst. Aber was genau sind die Kennzeichen eines Karpfens?

Die Wirbelsäule stützt den Körper
Der Körper eines Karpfens ist in Kopf, Rumpf und Schwanz untergliedert und besitzt eine **stromlinienförmige Gestalt**. So gleitet er ohne großen Widerstand durchs Wasser. [Struktur und Funktion, S. 136]

Im Innern dient die **Wirbelsäule** (▷ B 3) als Stütze für den Fischkörper. Tiere, die eine Wirbelsäule haben, nennt man **Wirbeltiere**. Neben den Skelettknochen besitzen Fische noch die dünnen fadenartigen **Gräten**, die aus verknöchertem Bindegewebe

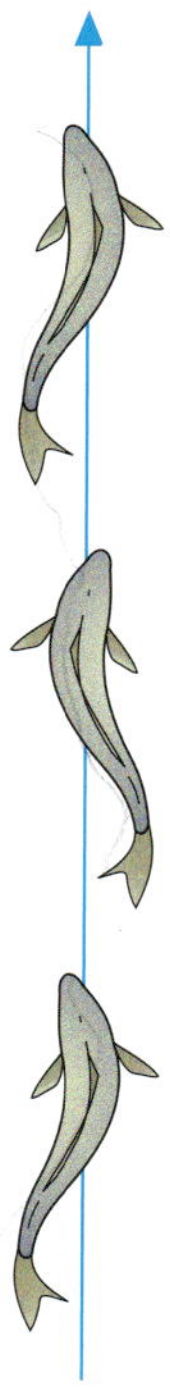

bestehen. Im Unterschied zu den Rippen sind die Gräten nicht mit der Wirbelsäule verbunden.

Flossen zur Fortbewegung
Karpfen schwimmen mit schlängelnden Bewegungen. Diese kommen durch das abwechselnde Zusammenziehen der seitlichen Rumpfmuskeln zustande. Als zusätzlicher Antrieb dient die **Schwanzflosse**. Zur Steuerung setzen die Fische die **Brust-** und **Bauchflossen** ein, die paarweise vorhanden sind. Mit der **Rücken-** und der **Afterflosse** halten die Karpfen während des Schwimmens das Gleichgewicht.

Schuppen bedecken den Körper
Die Körperhülle der Karpfen besteht aus einer Hautschicht mit Schleimzellen.
Der von ihnen abgegebene Schleim vermindert den Reibungswiderstand beim Schwimmen und schützt vor Hautkrankheiten. Bei den meisten Fischarten liegen in der Haut kleine Knochenplättchen, die **Schuppen** (▷ B 2). Diese sind wie Dachziegel angeordnet und schützen so den Körper.
Die Körpertemperatur der Fische ist von der Wassertemperatur abhängig: Fische sind **wechselwarme** Tiere.

Das Seitenlinienorgan – ein besonderes Sinnesorgan
Fische haben ein besonderes Sinnesorgan, das du bei anderen Tieren nicht findest: das **Seitenlinienorgan**. Von außen sieht man nur winzige Poren, die vom Kopf bis zum Schwanz eine Linie bilden (▷ B 2). Diese Poren führen zu einem Kanal unter der Haut, in dem **Sinneszellen** liegen, die

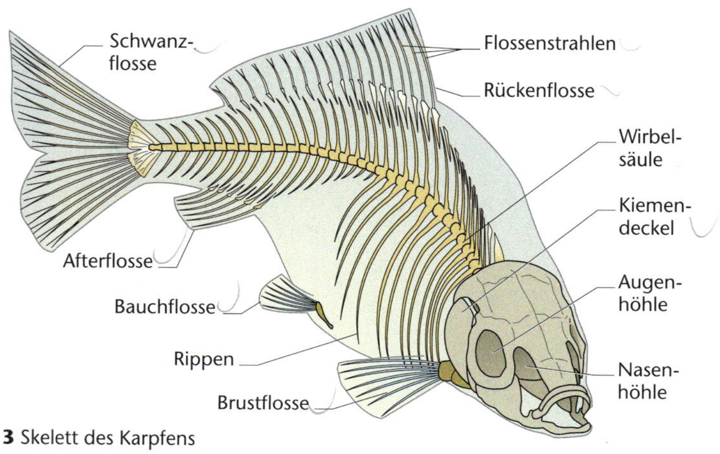

3 Skelett des Karpfens

durch Wasserbewegungen gereizt werden. So nehmen Fische kleinste Veränderungen der Wasserströmung wahr.

Blick ins Innere
Betrachtet man die inneren Organe eines Karpfens, fällt die **Schwimmblase** (▷ B 4) auf. Es handelt sich um eine gasgefüllte Blase, die die meisten Fische besitzen. Dieses Organ ermöglicht es den Fischen, im Wasser zu schweben, aufzusteigen oder abzusinken. Hierzu wird die Gasmenge in der Schwimmblase vergrößert oder verringert.

Atmen unter Wasser
Das wichtigste Merkmal der Fische ist ihre Fähigkeit, unter Wasser atmen zu können. Wasserlebende Säugetiere wie Wale können zwar bis zu zwei Stunden tauchen, müssen dann jedoch an die Wasseroberfläche schwimmen, um Luft zu holen. Fische dagegen besitzen spezielle Atmungsorgane – die **Kiemen** (▷ B 5). Mit ihnen nehmen sie den nötigen Sauerstoff direkt aus dem Wasser auf. Dazu pumpen sie durch Bewegungen ihrer Mund- und Kiemenhöhlen Wasser an den Kiemen vorbei. Hinter den Kiemendeckeln liegen hintereinander vier Kiemenbögen mit vielen sehr dünnen, stark durchbluteten **Kiemenblättchen** (▷ B 5). An ihnen strömt ständig Wasser vorbei. Der im Wasser gelöste Sauerstoff wird hier ins Blut aufgenommen und Kohlenstoffdioxid an das Wasser abgegeben. [Struktur und Funktion, S. 136]

Typische Merkmale eines Fisches sind:
- der stromlinienförmige Körper,
- die Flossen,
- die Schuppen,
- das Seitenlinienorgan,
- die Schwimmblase sowie
- die Kiemen.

Aufgaben

1 a) Skizziere den Körperumriss eines Fisches, zeichne die Flossen ein und beschrifte sie.
b) Welche Flossen eines Karpfens sind paarweise vorhanden, welche einzeln? Nenne jeweils ihre Funktion.

2 Wo liegt bei Fischen die Schwimmblase? Erkläre die Funktion dieses Organs.

3 Erkläre mithilfe der Abbildung 5, wie der Sauerstoff ins Blut gelangt. Begründe, warum die Kiemenblättchen so dünn sind.

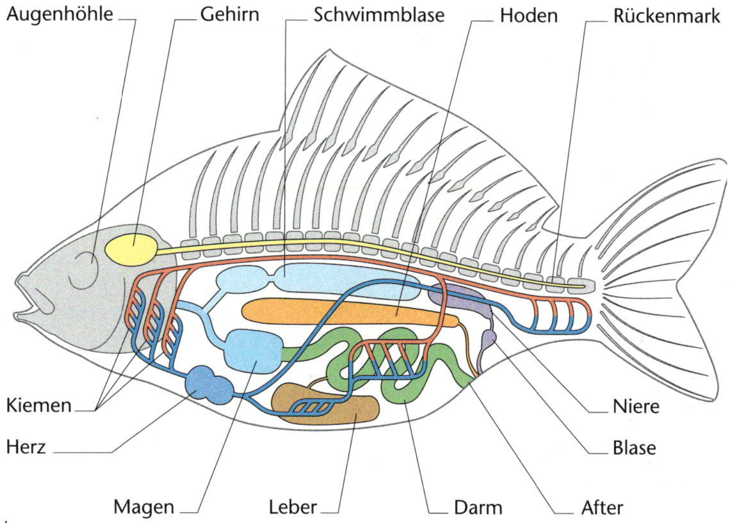

4 Innere Organe eines Fisches

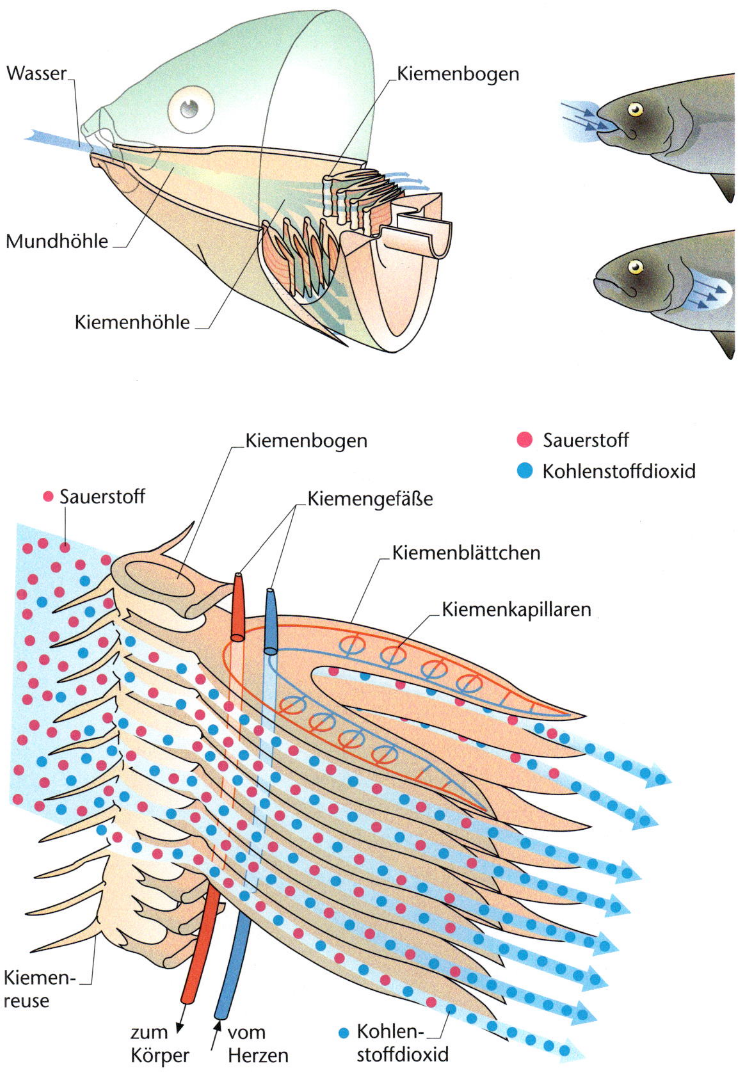

5 Aufbau und Funktionsweise der Kiemen

Vom Schwimmen und Tauchen

Die Form der Fische kann sehr unterschiedlich sein. Es gibt Fischarten mit schlanken, spindelförmigen Körpern, aber auch solche mit hochgewölbtem Rücken oder Bauch. Davon hängt es u.a. ab, ob eine Fischart zu den Schnellschwimmern gehört oder nicht. [Struktur und Funktion, S. 136]

Aufgaben

1. Gib begründet an, welcher der abgebildeten Fische eher schnell bzw. eher langsam schwimmt.

2. Zeichne selbst einen Phantasiefisch, der ein Schnellschwimmer bzw. ein Langsamschwimmer ist.

1 Körperform und Geschwindigkeit

Material

Modelliermasse (z. B. Fimo), Drahtöse, Waage, Faden, Wasserbecken (mind. 80 x 20 x 20 cm), Gewicht, Stift, Stoppuhr

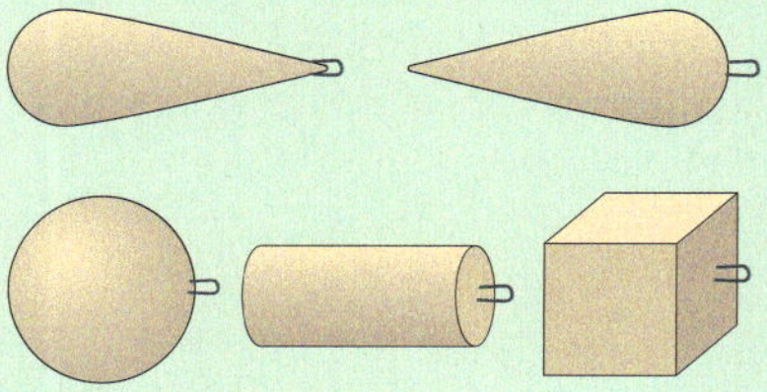

1 Knetmodelle

Versuchsanleitung

Um herauszufinden, welchen Einfluss die Körperform auf den Wasserwiderstand beim Schwimmen hat, kannst du ein Experiment machen.

a) Forme dazu entsprechend der Abbildung aus Knetmasse verschieden geformte Körper.

Bei der Herstellung der Schwimmkörper wird eine Drahtöse in diesen eingeschlossen.

Damit sich die Drahtösen während des Experiments nicht herausziehen, muss der vom Schwimmkörper umschlossene Draht in einem Winkel gebogen sein.

Achte außerdem darauf, dass die verschiedenen Körper dieselbe Masse haben, zum Beispiel 5 Gramm (Waage!).

b) An den Ösen werden jeweils gleich lange Fäden befestigt, die ungefähr 20 cm länger als das Versuchsbecken sind. Am anderen Ende des Fadens bringst du eine Öse an. Eines der so vorbereiteten Modelle wird entsprechend der Abbildung in ein längeres, mit Wasser gefülltes Becken gebracht und an die Öse ein Gewicht angehängt.

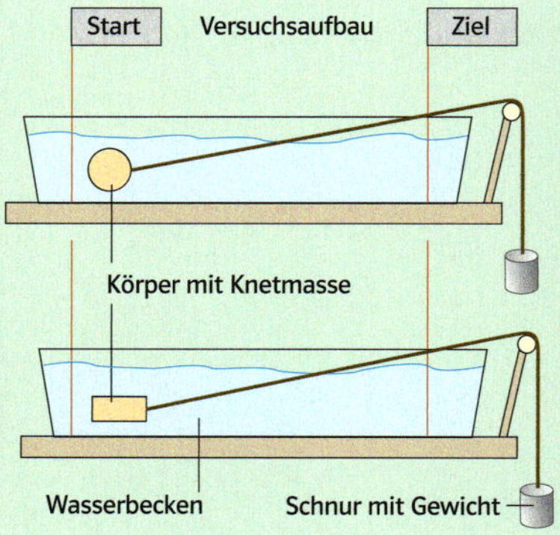

c) Markiere am oder im Becken eine Start- und Ziellinie.

d) Das am Faden hängende Modell wird nun auf die Ziellinie gebracht und das Gewicht über die Beckenkante gehängt. Das Gewicht wird so festgehalten, dass der Faden nicht durchhängt. Außerdem muss darauf geachtet werden, dass der Faden leicht über den Beckenrand läuft.

e) Miss nun mithilfe einer Stoppuhr die Zeit, die nach Loslassen des Gewichts bis zum Erreichen der Ziellinie vergeht. Bei der Auswahl des Gewichtes ist darauf zu achten, dass der Körper relativ langsam durch das Wasser gezogen wird. Eventuell muss die Masse des Gewichtes verringert werden. Führe den gleichen Versuch mit den übrigen Körpern durch.

Aufgabe

1. Notiere deine Messwerte in einer Tabelle und erläutere sie. Nenne Fische, die einem deiner Modelle ähneln.

2 Wie funktioniert die Schwimmblase?

Material

Wasserbecken (mind. 30 x 20 x 20 cm), Erlenmeyerkolben (500 ml), Gummischlauch, Luftballon, Klebeband

Versuchsanleitung

a) Fülle das Becken fast bis zum Rand mit Wasser.

b) Klebe den Luftballon an das Schlauchende und stecke ihn dann in den Erlenmeyerkolben.

c) Tauche den Erlenmeyerkolben unter Wasser, sodass er ganz mit Wasser gefüllt ist.

d) Blase anschließend Luft durch den Gummischlauch.

e) Lasse die Luft langsam wieder ab.

f) Versuche, ob es dir gelingt, den Erlenmeyerkolben in der Schwebe zu halten.

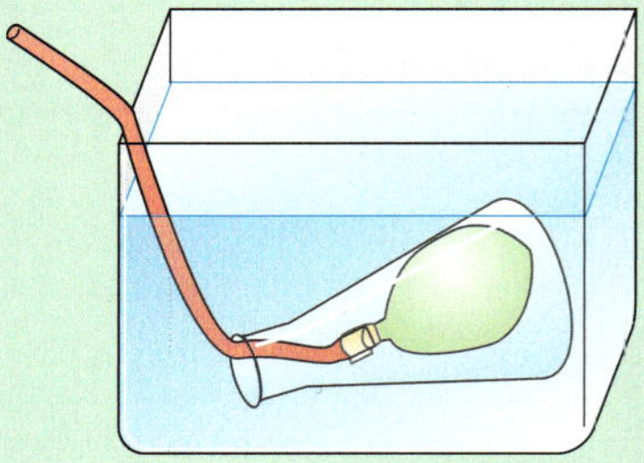

Aufgaben

1. Schreibe deine Beobachtungen auf.

2. Übertrage das Modell in die Realität und erkläre, wie die Schwimmblase funktioniert.

Ergebnisse präsentieren

Vorbereitung einer Präsentation

Zur Unterrichtsstunde haben alle Schülerinnen und Schüler Informationen über ihr Lieblingstier mitgebracht. Nun geht es darum, diese zusammenzutragen und zu ordnen, damit sie den anderen Gruppen vorgestellt werden können. Dabei ist darauf zu achten, dass die Ergebnisse

- klar gegliedert und
- verständlich dargestellt werden.

Im Folgenden lernt ihr verschiedene Möglichkeiten kennen, wie ihr die Ergebnisse eurer Arbeit in Kleingruppen euren Mitschülerinnen und Mitschülern präsentieren könnt.

A. Der Vortrag

Einer oder mehrere aus jeder Gruppe gehen nach vorne und berichten über die Ergebnisse (▷ B 2).

Beachtet dabei Folgendes:

- Stellt eure Ergebnisse möglichst frei vor. Das geht am besten, wenn ihr wichtige Sätze und Begriffe in euren Unterlagen markiert. Tragt nur das vor, was ihr auch selbst verstanden habt.
- Sprecht laut und deutlich.
- Schaut eure Zuhörer dabei an.
- Benutzt möglichst wenige Fremdwörter.

Ihr könnt euren Vortrag verständlicher und interessanter machen, indem ihr

- Bilder zeigt,
- Ergebnisse, Tabellen oder Zeichnungen, die ihr auf Folie vorbereitet habt, während des Vortrags auf den Overheadprojektor legt,
- wichtige Informationen an die Tafel schreibt.

1 Mit Plakaten kann man eine Ausstellung gestalten.

2 Präsentation an der Tafel

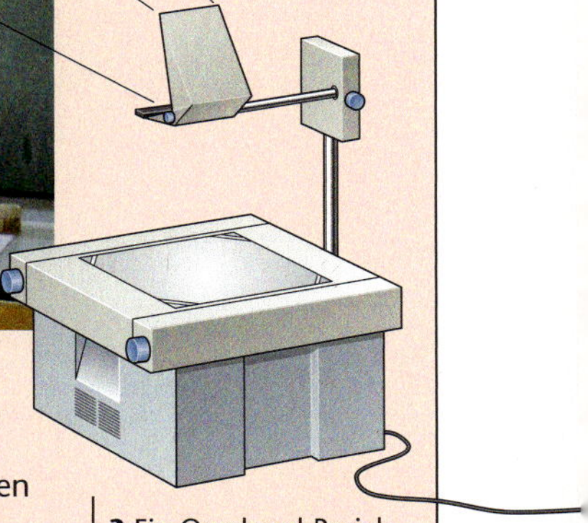

3 Ein Overhead-Projektor als Hilfsmittel

B. Das Plakat

Eine sehr übersichtliche und anschauliche Möglichkeit, Ergebnisse zu präsentieren, bieten Plakate (▷ B 1). Dabei kann jedes Mitglied der Gruppe seine Ergebnisse sauber auf einem Blatt Papier notieren. Die Blätter werden dann zusammen mit Fotos oder anderen Informationen aus Broschüren oder Prospekten übersichtlich auf dem Plakat aufgeklebt.

Auch bei dieser Präsentationsmethode gilt: erst die Informationen gliedern und dann aufkleben. Selbstverständlich sollte die Schrift groß und gut lesbar sein.

Falls es in eurer Schule Informationswände gibt, die von Schülerinnen und Schülern gestaltet werden, könnt ihr natürlich auch dort eure Ergebnisse präsentieren.

C. Das Buch

Die Ergebnisse, die von den einzelnen Gruppen auf DIN-A4-Papier geschrieben und auf Plakate geklebt wurden, könnt ihr auch zu einem „Buch" binden. Dazu werden sie kopiert und zusammengeheftet – so hat jeder in der Klasse ein Exemplar mit allen Ergebnissen.

D. Auf einen Blick – Ergebnisse auf Folienstreifen

Wenn ihr die Ergebnisse eurer Gruppenarbeit in kurzen Sätzen zusammenfassen könnt, dann schreibt sie auf Folienstreifen. Wenn ihr diese Streifen untereinander auf dem Overheadprojektor anordnet, habt ihr alle Ergebnisse auf einen Blick.

1 Grasfrösche

2 Laichballen

Huckepack zum Laichplatz
Feuchte Wiesen und Gräben sind die bevorzugten Lebensräume der **Grasfrösche**. Im Winter verkriechen sie sich in einem Erdversteck oder graben sich im feuchten Schlamm ein. Ist im Frühjahr das letzte Eis getaut, verlassen die Grasfrösche ihr Winterquartier und wandern zu dem Gewässer, in dem sie selbst aufgewachsen sind.

Die Männchen der Grasfrösche locken mit leisen, knurrenden Geräuschen die Weibchen an. Kommt eines in die Nähe, klammert sich das kleinere Männchen auf dessen Rücken fest und lässt sich huckepack zum Wasser tragen (▷ B 1). Dort gibt das Weibchen bis zu 4 000 Eier ab – den **Laich** (▷ B 2). Das Männchen befruchtet die Eier sofort mit seiner Spermienflüssigkeit.

Eine Kaulquappe verwandelt sich
In den einzelnen Eiern der Laichballen entwickeln sich jetzt kleine **Kaulquappen** (▷ B 5), die nach etwa drei Wochen schlüpfen. Sie atmen durch **Kiemen**, die als kleine Büschel außen am Kopf sitzen. Als Nahrung nehmen sie mit ihrem kleinen Hornschnabel winzige Algen auf. Die Kaulquappe bewegt sich dabei mit ihrem langen **Ruderschwanz** vorwärts.
Nach und nach entwickeln sich jetzt die Hinterbeine (▷ B 6). Die Außenkiemen werden von einer Hautfalte überwachsen. Nur eine kleine Öffnung bleibt frei. Hier kann das Atemwasser wieder austreten, das durch das Maul aufgenommen wurde. Schließlich erscheinen die Vorderbeine und die inzwischen gebildete Lunge übernimmt die Atmung. Die Kaulquappe muss nun ab und zu auftauchen, um Luft zu bekommen. Der Hornschnabel verschwindet, das Froschmaul bildet sich aus und vom Ruderschwanz ist nur noch ein kleiner Stummel übrig. Der etwa 1,5 cm lange Jungfrosch stellt nun seine Nahrung von Pflanzen auf Fleisch um. Im Juni verlassen die Jungfrösche „ihr" Laichgewässer, in das sie erst nach drei Jahren wieder zurückkehren werden. Die Entwicklung vom Laich zur Kaulquappe bis zum fertigen Frosch dauert zwei bis drei Monate und wird als **Metamorphose** (Verwandlung) bezeichnet. **[Entwicklung, S. 138]**

Kaulquappen schlüpfen aus Eiern (Laich) und atmen durch Kiemen. Sie entwickeln sich in einer Metamorphose zu Fröschen.

Amphibien
Frösche und andere **Lurche** sind keine reinen Landtiere, da sie zur Eiablage ins Wasser kommen. Sie heißen deshalb auch **Amphibien** (griech., *amphi* = beide, zwei; *bios* = Leben).

8 Jungfrosch

7 Frosch mit Ruderschwanz

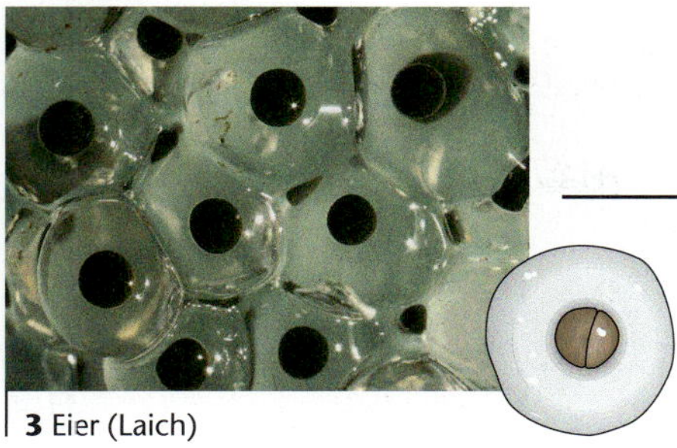
3 Eier (Laich)

4 Eier, kurz bevor die Kaulquappen schlüpfen

Wenn es kalt wird
Lurche sind **wechselwarme Tiere**, denn ihre Körpertemperatur wird von der Umgebungstemperatur bestimmt. Im späten Herbst ziehen sich die Lurche deshalb an frostsichere Stellen zurück und fallen in eine **Winterstarre**. Sie wirken dabei fast leblos. [System, S. 140]

Atmung und Skelett
Vielleicht hast du dich schon gefragt, warum Frösche so lange unter Wasser bleiben können. Lurche sind zwar Lungenatmer, können aber auch über die Haut atmen. Dabei gelangt Sauerstoff aus dem Wasser durch die dünne Haut in die darunter liegenden Blutgefäße. Damit das funktioniert, muss die Haut ständig feucht sein. Hierfür sorgen Schleimdrüsen in der Haut und der Aufenthalt in feuchten Lebensräumen. [Struktur und Funktion, S. 136]

Das Skelett der Frösche zeigt viele Übereinstimmungen mit den Merkmalen der übrigen **Wirbeltiere** (▷B9). Alle haben eine Wirbelsäule, von der diese Tiergruppe ihren Namen erhalten hat. Das Armskelett ist gelenkig mit dem Brustkorb verbunden und das Beinskelett mit dem Becken.

Lurche sind wechselwarme Wirbeltiere. Im Winter fallen die Tiere in eine Winterstarre.

Aufgaben

1 Schreibe zu den Bildern 1–8 jeweils einen kurzen, erklärenden Text.

2 Grasfrösche sind vielerorts selten geworden. Nenne Ursachen. Bedenke, welche Lebensräume Frösche brauchen.

3 Nenne Anpassungen, die der Kaulquappe das Leben im Wasser ermöglichen.

4 Vergleiche mithilfe des Textes und der Abbildungen 5 und 8 die Lebensweise und den Körperbau von Kaulquappe und erwachsenem Frosch.

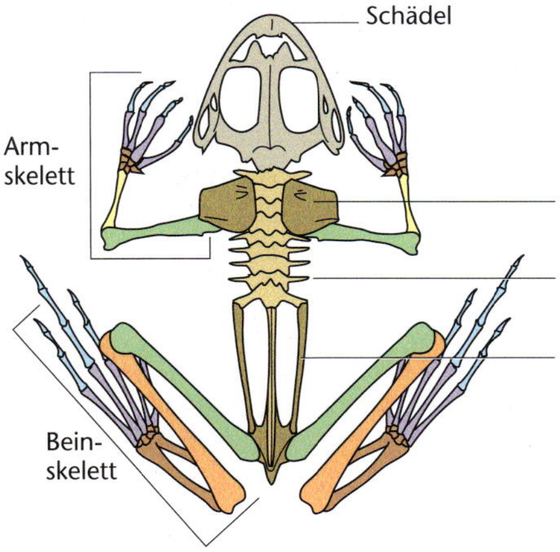

9 Skelett eines Froschlurches

6 Kaulquappe mit Hinterbeinen

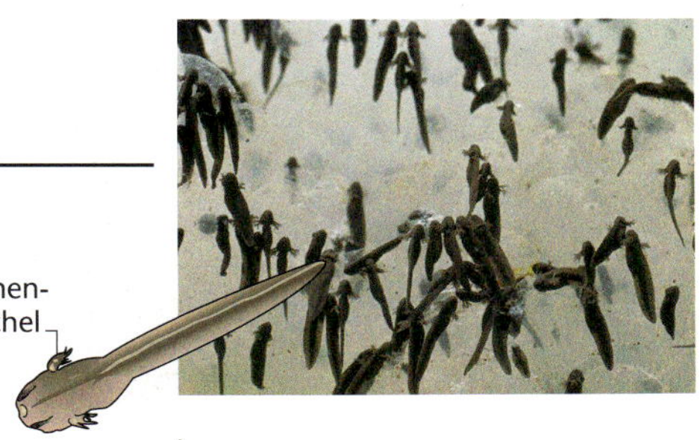

5 Kaulquappen

Eidechsen sind Sonnenanbeter

1 Zauneidechse

Eidechsen gibt es fast in ganz Europa

Bei uns in Mitteleuropa sind Zaun- und Waldeidechsen die häufigsten Eidechsenarten. Überraschst du eines der Tiere beim Sonnenbaden, verschwindet es blitzschnell in einem Versteck. Mit ihren abstehenden, seitlich ansitzenden Beinen bewegen sie sich sehr flink. Der Körper liegt dabei flach auf dem Boden. Daher erklärt sich der Name „Kriechtiere". Biologen nennen die Kriechtiere **Reptilien**.

Die **Zauneidechse** (▷ B 1) findest du an sonnigen, unbewachsenen Böschungen, in Steinbrüchen oder auf Trockenrasen. Die **Waldeidechse** (▷ B 2) kannst du auf Waldlichtungen entdecken, wenn sie sich auf einem Baumstamm oder Stein sonnt. Sie bevorzugt etwas feuchtere Plätze als die Zauneidechse. Eidechsen haben eine Haut mit dichten **Hornschuppen**. Diese schützen die Tiere vor Verletzungen und verhindern, dass ihr Körper austrocknet. Da die abgestorbene Haut nicht mitwachsen kann, häuten sich Eidechsen regelmäßig. [Struktur und Funktion, S. 136]

2 Waldeidechse

Eidechsen sind wechselwarme Tiere

Die Körpertemperatur der Kriechtiere wird von der Umgebungstemperatur bestimmt. Sie sind **wechselwarm**. Den Winter verbringen sie deshalb in frostsicheren Verstecken. Die Tiere zeigen dann nur noch geringe Lebenstätigkeit und fallen in eine **Winterstarre**. Sobald es wärmer wird, kommen sie heraus. Nach der Begattung legen die Weibchen fast aller Eidechsenarten ihre Eier in sandigen Boden, wo sie von der Sonne ausgebrütet werden. Zwei Monate später schlüpfen die Jungen, indem sie mit ihrem Eizahn die Eischale aufritzen. Anders als Lurche, sind Reptilien bei der Eiablage nicht auf Gewässer angewiesen. Reptilien sind **echte Landtiere**.

▶ Eidechsen sind wechselwarme Landtiere. Sie haben eine schuppige Haut.

3 Schlüpfende Zauneidechse

Eidechsen als Jäger

Sobald sich die Eidechsen am Morgen genügend aufgewärmt haben, beginnt die Jagd auf Insekten, Spinnen und andere Kleintiere. Dabei nehmen sie mit ihrer Zunge den Geruch der Beute auf und drücken die Zunge dann gegen den Gaumen, wo das Riechorgan sitzt.

Wird eine Eidechse von einem Fressfeind am Schwanz gepackt, kann sie ihn abwerfen und damit den Angreifer ablenken. Oft gelingt Eidechsen dadurch die Flucht. [System, S. 140]

Aufgaben

1 Welche Merkmale muss ein Garten besitzen, damit dort Eidechsen leben können? Zeichne einen Plan und beschrifte ihn.

2 Eidechsen sind Wirbeltiere. Begründe diesen Satz mithilfe von Abbildung 4.

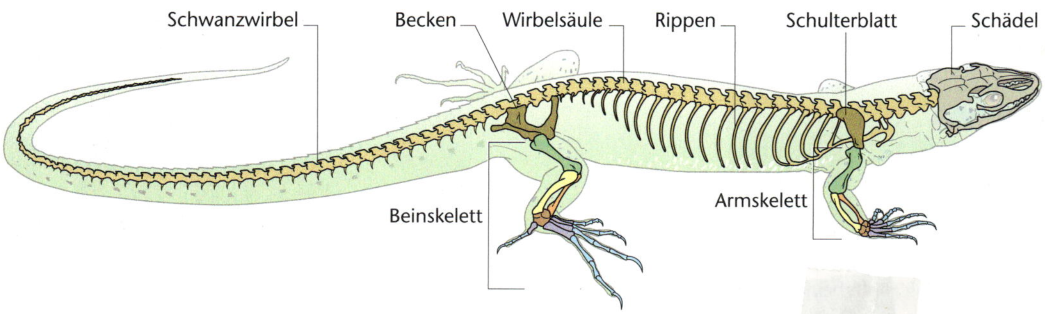

4 Skelett einer Eidechse

1 Blindschleiche mit Jungen

Die Blindschleiche ist nicht blind, sondern kann gut sehen. Allerdings „schleicht" sie wie eine Schlange.

Im Mittelalter nannte man sie „Plintslicho" (Blendschleicher). Ihre Haut glänzt bronzefarben wie ein Mineral, das man heute noch „Blende" nennt.

Vor Schlangen hatten Menschen schon immer Angst. Märchen von Riesenschlangen, die als Meeresungeheuer ganze Schiffe in die Tiefe reißen konnten, trugen sicher dazu bei. Noch heute sind diese Vorurteile für manche Kriechtiere gefährlich: Weil sie aussehen wie eine Schlange, werden sie verfolgt und manchmal sogar getötet. Ein Beispiel hierfür ist die harmlose und für uns völlig ungefährliche **Blindschleiche** (▷ B 1).

Blindschleichen sind keine Schlangen, sondern zeigen mehr Ähnlichkeiten mit den Eidechsen. Die früher einmal vorhandenen Gliedmaßen haben sich im Laufe von Jahrmillionen zurückgebildet. Am Skelett (▷ B 2) finden sich noch Reste ehemaliger Beckenknochen und des Schultergürtels. Wie die Eidechse, kann auch die Blindschleiche bei Gefahr ihren Schwanz an der Bruchstelle abwerfen.

Im Gegensatz zu den meisten Eidechsenarten legen Blindschleichen aber keine Eier, sondern bringen lebende Junge zur Welt (▷ B 1). Die Jungen entwickeln sich bis zur Geburt gut geschützt im Körper der Mutter. Nach 11 bis 14 Wochen werden sie in einer dünnen Eihülle geboren, die sie sofort nach der Geburt durchstoßen.

Die Blindschleiche ist mit den Eidechsen verwandt. Sie bringt lebende Junge zur Welt.

Die bis zu 45 cm langen Blindschleichen leben in unterholzreichen Wäldern, auf Wiesen und in Parkanlagen. Besonders abends nach einem Regenschauer kannst du sie auf Waldwegen beobachten. Sie ernähren sich vorwiegend von Regenwürmern und Nacktschnecken, die sie mit ihren spitzen Zähnen packen.

Im Spätherbst fallen die Blindschleichen wie die anderen einheimischen Reptilien in **Winterstarre**. Sie sind wechselwarm. Zu mehreren ziehen sie sich dann in Erdlöcher zurück, wo sie gemeinsam die kalte Jahreszeit überstehen.

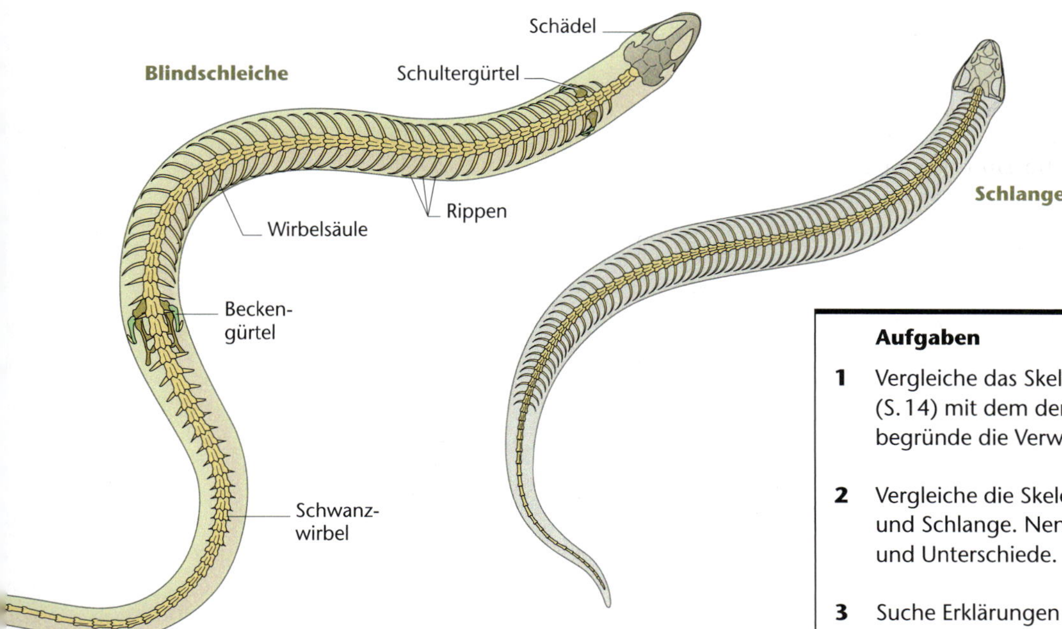

2 Skelette von Blindschleiche und Schlange

Aufgaben

1 Vergleiche das Skelett der Eidechse (S. 14) mit dem der Blindschleiche und begründe die Verwandtschaft der Tiere.

2 Vergleiche die Skelette von Blindschleiche und Schlange. Nenne Gemeinsamkeiten und Unterschiede.

3 Suche Erklärungen dafür, dass wir Menschen Tiere wie Vögel oder Seehunde lieber schützen als Kriechtiere.

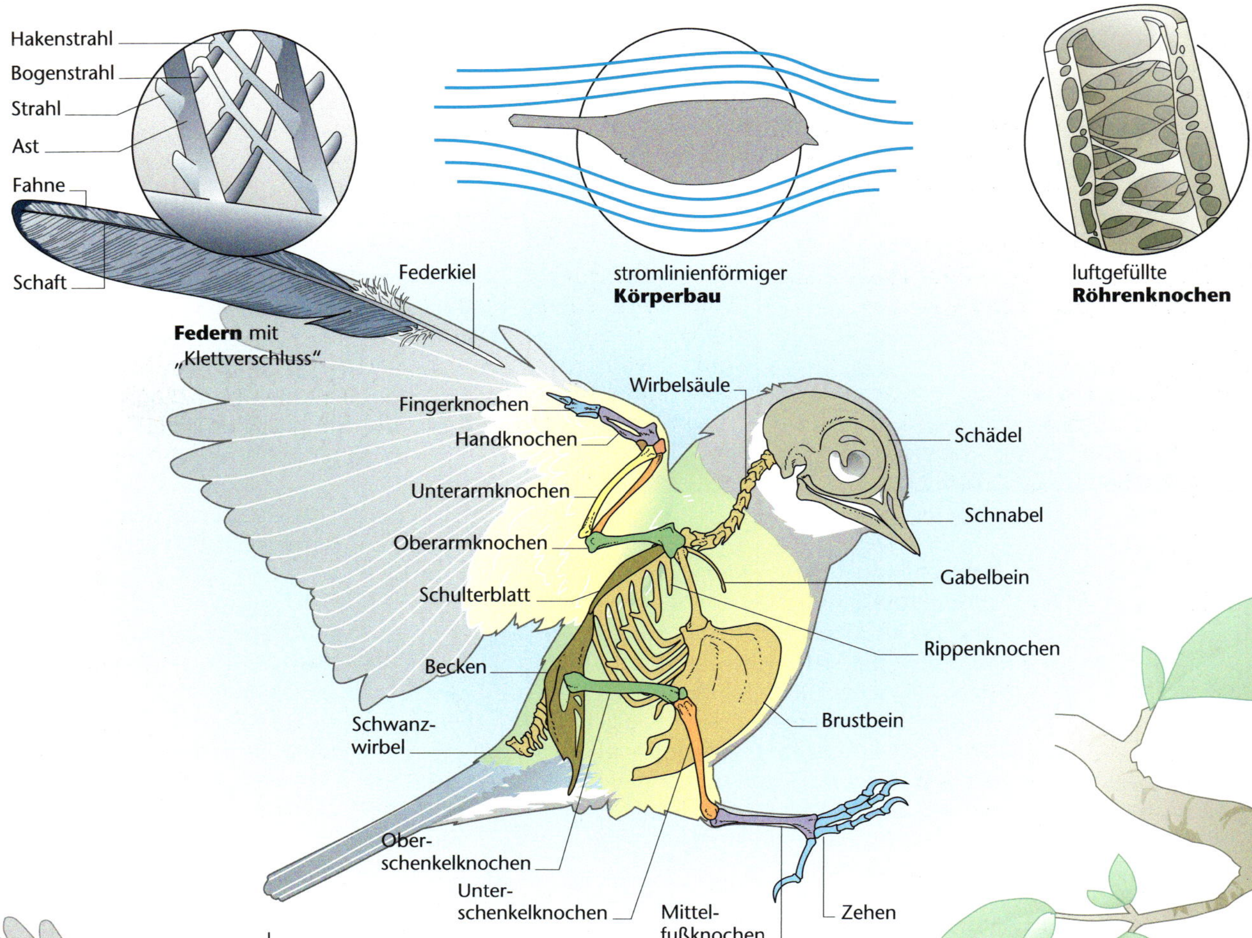

1 Körperbau der Vögel

2 Luftsäcke unterstützen die Atmung.

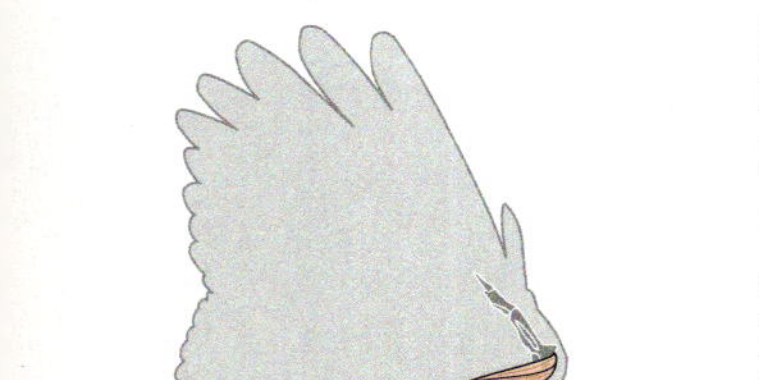

3 Die Flugmuskeln sind kräftig und ausdauernd.

Der Traum vom Fliegen

Eine Kohlmeise fliegt mit breit gefächertem Schwanz und weit ausgebreiteten Flügeln am Fenster vorbei. Mit lang gestreckten Beinen und gespreizten Zehen steuert sie auf einen Ast zu. Die vier Zehen umschließen den Zweig, der Vogelkörper sackt zusammen, die Flügel werden angelegt – die Kohlmeise ist gelandet.

Der scheinbar so leichte Vogelflug hat die Menschen schon immer begeistert. Manche versuchten, sich mit künstlichen Flügeln in die Luft zu erheben. ALBRECHT BERBLINGER (1770–1829), der berühmt gewordene Schneider von Ulm, ist dabei ebenso gescheitert wie viele andere auch. Es genügt also nicht, Flügel anzuschnallen. Unser Körper ist einfach nicht zum Fliegen geschaffen. Wir sind zu schwer und die Kraft der Armmuskeln reicht nicht aus.

Federleicht

Das Körpergewicht der Vögel ist vergleichsweise gering: Eine Taube wiegt z. B. nur halb so viel wie ein gleich großer Igel. Ein Grund dafür sind die mit Luft gefüllten **Röhrenknochen** (▷ B 1) der Vögel. Bei Säugetieren sind diese mit Mark gefüllt.

Im Körper befinden sich **Luftsäcke** (▷ B 2), die mit der Lunge in Verbindung stehen. So können Vögel doppelt so viel Luft aufnehmen wie ein vergleichbares Säugetier. Die große Flügelfläche verhindert ein schnelles Absinken. Kräftige Flügelschläge drücken den Körper gegen die Luft nach oben und nach vorn.

Erst nachdem man die **„Leichtbauweise“** des Vogelkörpers genau studiert hatte, konnte man wirklich fliegende Flugzeuge bauen. Auch die Form des Vogelkörpers (▷ B 1) hat man nachgeahmt: Er ist stromlinienförmig gebaut, sodass die Tiere bei geringem Energieverbrauch hohe Fluggeschwindigkeiten erreichen. Deshalb haben auch Flugzeuge die **Stromlinienform**.

Während des Fliegens wirken durch die auf und ab schlagenden Flügel ganz erhebliche Kräfte auf den Körper des Vogels. Die

Flugmuskeln benötigen deshalb bei ihrer schweren Arbeit einen festen Halt. Die zusammengewachsenen Brust- und Lendenwirbel und die Knochen des Brustkorbes bilden trotz der „Leichtbauweise" der Knochen ein starres und stabiles Gerüst.

Das geringe Körpergewicht, die Stromlinienform und die kräftige Flugmuskulatur ermöglichen den Vogelflug.

Federn halten warm
Ein bitterkalter Wintertag. Das Amsel sitzt in einem kahlen Fliederstrauch und plustert ihr Gefieder auf. Sie vergrößert die isolierende Luftschicht zwischen ihren **Daunenfedern,** die den ganzen Körper bedecken. Die Amsel tut damit etwas Ähnliches wie wir, wenn wir einen Pullover unter einer Jacke anziehen oder unter ein Federbett schlüpfen. Der Vogel schützt sich mit seiner „Unterwäsche", den Daunenfedern, gegen Wärmeverlust.

Vögel sind wie wir **gleichwarme Lebewesen.** Ihr Körper hat stets die gleiche Temperatur.

Die „Oberbekleidung" der Vögel besteht aus den **Deckfedern,** die den Vogelkörper dachziegelartig einhüllen. So schützen sie die Daunenfedern vor Nässe und Wind und geben dem Vogelkörper seine stromlinienförmige Gestalt. Die schnellsten Flieger, z. B. Baumfalken, besitzen sehr harte Gefiederflächen. So werden die Vögel von der Luftströmung nur wenig gebremst.

Die beiden übrigen Federtypen haben ganz besondere Aufgaben. Die **Schwungfedern** bilden die Tragflächen. Mit den **Schwanzfedern** kann der Vogel während des Fluges steuern und bei der Landung abbremsen. [Struktur und Funktion, S. 136]

Federn schützen vor Kälte. Sie sind zusammen mit der Leichtbauweise des Körpers die Voraussetzung für den Vogelflug.

Wie sind Federn gebaut?
Die einzelne Feder ist ein Meisterwerk der Natur (▷ B 1). Sie besteht aus einem langen Röhrchen, das zur Spitze hin immer dünner wird. Das ist der **Federkiel,** von dem seitlich zahlreiche Seitenäste abzweigen. Im oberen Teil des Federkiels, dem **Schaft,** befinden sich lufthaltige Zellen, die zum geringen Gewicht der Feder beitragen. Der untere Teil, die **Spule,** ist hohl. Mit ihr ist die Feder in der Haut des Vogels befestigt. Vom Schaft laufen zu beiden Seiten kleine Äste, die aneinander zu kleben scheinen. Erst die Lupe enthüllt das Geheimnis zweier benachbarter Äste. Von dem oberen Ast laufen winzige bogenförmige Strahlen nach unten. In diese greifen zahllose kleine Häkchen, die an Strahlen des unteren Astes sitzen. Wie ein Klettverschluss greifen Haken- und Bogenstrahlen ineinander und bilden die geschlossene **Fahne** (▷ B 1). Dort kommt sehr wenig Luft hindurch. [Struktur und Funktion, S. 136]

4 Olympiade der Vögel

Aufgaben

1 Erkläre anhand der Abbildungen 1 und 3, weshalb Vögel ein ausgeprägtes Brustbein besitzen.

2 Erkläre, warum ein Fasan ein weicheres Deckgefieder besitzt als ein Habicht.

Versuche

1 Versuche, eine brennende Kerze durch eine Schwungfeder hindurch auszublasen.

2 Untersuche den Aufbau einer Vogelfeder mit der Lupe. Ziehe dabei vorsichtig die Äste der Feder auseinander und zeichne die Haken- und Bogenstrahlen.

1 Stute mit Fohlen

2 Junge mit Pferd

3 Polizeipferde im Einsatz

Kaltblut

Warmblut

Vollblut

4 Pferdetypen

Pferde unterscheiden sich im Körperbau
Wenn du dir Fotos von Pferden anschaust, fallen dir bestimmt Unterschiede in der Größe und in der Gestalt auf. Pferde werden nach ihrem Körperbau eingeteilt in **Kaltblut**, **Warmblut** und **Vollblut** (▷ B 4). Diese Bezeichnungen haben aber nichts mit der Temperatur des Blutes zu tun. Die ist bei allen gleich.
Kaltblutpferde wirken wuchtig und ruhig. Sie werden dort eingesetzt, wo viel Kraft gebraucht wird. Deshalb arbeiten sie vor allem als Zugpferde, z. B. für die schweren Brauerei-Wagen. **Vollblutpferde** sind temperamentvoll und schnell. Sie werden vor allem bei Pferderennen eingesetzt. Sie gelten als die edelsten und schönsten Pferde. **Warmblutpferde** sind kompakt, aber trotzdem elegant gebaut. Sie sind sowohl zäh als auch schnell und deshalb die häufigsten Reit- und Nutzpferde.

Pferde sind Säugetiere
Die Stuten können jedes Jahr ein Fohlen bekommen. Schon bald nach der Geburt steht es auf seinen Beinen und kann der Mutter folgen. Etwa ein Jahr lang wird es von der Stute gesäugt (▷ B 1, S. 22).
[Entwicklung, S. 138]

Pferde sind Säugetiere. Sie werden nach ihrem Körperbau eingeteilt in Kaltblut, Warmblut und Vollblut.

Was ist eigentlich eine Art?
Lebewesen einer **Art** stimmen in vielen Merkmalen überein und sie können untereinander fruchtbare Nachkommen zeugen. Pferd und Esel sind z. B. zwei verschiedene Arten. Sie sehen sich zwar sehr ähnlich und können auch Junge bekommen. Diese Maultiere und Maulesel sind aber unfruchtbar und können keine Jungen menr bekommen.

Pferde im Einsatz
Noch vor wenigen Jahren waren Pferde aus dem Arbeitsleben fast ganz verschwunden. Heute kommen sie überall dort, wo Fahrzeuge nicht eingesetzt werden können oder störend sind, wieder öfter zum Einsatz (▷ B 3).

Die Speisekarte der Pferde
Pferde sind **Weidetiere**, die den ganzen Tag fressen. Mit ihren weichen Lippen umschließen sie das Futter und rupfen es mit den schräg gestellten Schneidezähnen ab. Bevor es geschluckt wird, zermahlen die großen Backenzähne das Futter. Dabei nutzen sie sich nach und nach ab. Geschulte Pferdehalter können an dieser Abnutzung das Alter des Pferdes erkennen.

Pferde sind keine Wiederkäuer. Sie haben einen kleinen Magen, der nur wenig Futter aufnehmen kann. Deshalb müssen

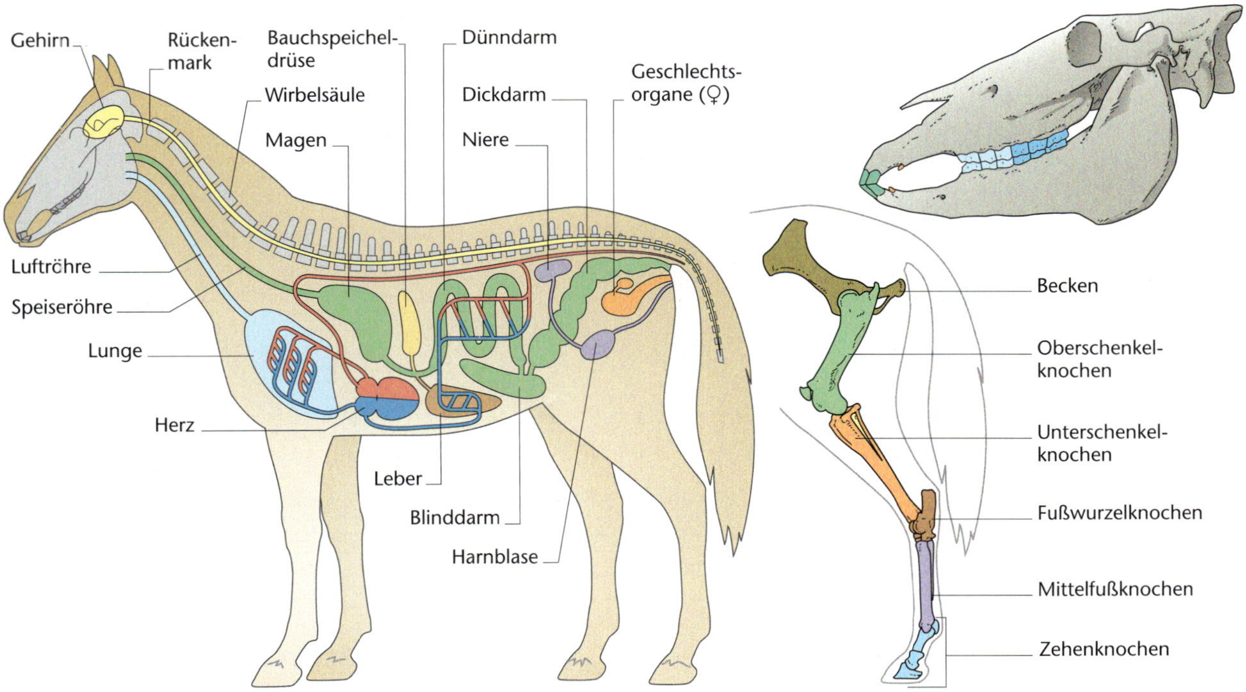

5 Körperbau eines Pferdes

Pferde viel häufiger fressen als Kühe. Die Verdauungsarbeit leisten dann der fast 35 Meter lange Darm und der große Blinddarm.

Pferde haben ein Pflanzenfressergebiss. Sie sind keine Wiederkäuer.

Schnelles Laufen auf Zehenspitzen

Ausdauer und Geschwindigkeit werden durch den Bau des Beinskeletts aus kräftigen Knochen (▷ B 5) möglich. Dabei treten die Pferde treten nur mit der Spitze einer Zehe, der verbreiterten Mittelzehe, auf. Sie sind **Zehenspitzengänger**.
Ein Zehennagel aus Horn umschließt das vorderste Zehenglied als Huf. Pferde sind also **Unpaarhufer**. Der Huf berührt den Boden nur mit seinen harten Rändern. Auf steinigem Untergrund braucht er ein schützendes Hufeisen. Das Pferd wird dann „beschlagen" (▷ B 6). Der englische Begriff „horseshoe" für das Hufeisen macht die Funktion des Eisens besonders deutlich.

Pferde laufen in verschiedenen **Gangarten** unterschiedlich schnell (▷ B 7). Im **Schritt** könntest du nebenher gehen. Beim **Trab** müsstest du schon ein Fahrrad benutzen. **Galoppiert** ein Pferd, kannst du im Auto hinterher fahren. Gute Rennpferde erreichen Geschwindigkeiten bis zu 60 km/h.

Pferde sind Unpaarhufer und Zehenspitzengänger.

Aufgaben

1 Bei Rindern hilft der besondere Bau des Magens, die nährstoffarme pflanzliche Nahrung zu verdauen. Wie ist das Problem bei Pferden gelöst? Begründe deine Antwort mithilfe von Abb. 5.

2 Begründe, warum ein Pferd auf der Weide fast den ganzen Tag lang frisst.

3 Informiere dich, wie das Gebiss des Rindes aufgebaut ist. Vergleiche mit dem Pferdegebiss (▷ B 5). Nenne Unterschiede.

6 Beim Hufschmied

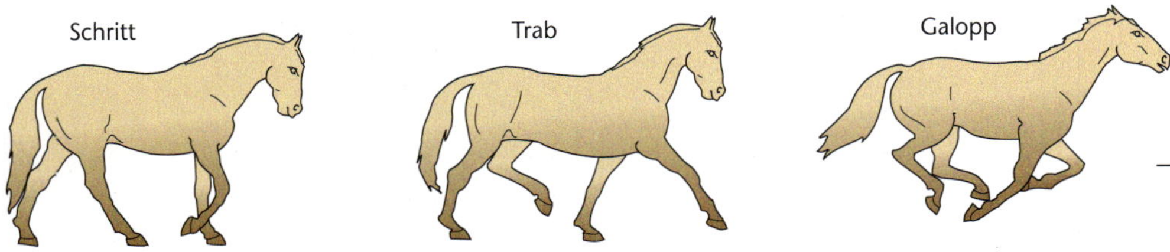

7 Gangarten der Pferde

Fische sind optimal an das Leben im Wasser angepasst. Ein stromlinienförmiger Körper, Kiemen und Flossen ermöglichen das Atmen und eine schnelle Fortbewegung im kühlen Nass.

Mit den **Amphibien** begann die Eroberung des Landes. Allerdings sind sie zur Fortpflanzung auf eine feuchte Umgebung angewiesen.

Erst die **Reptilien** sind weitgehend unabhängig vom Wasser und haben selbst trockenste Lebensräume wie Wüsten besiedelt. Sie sind wechselwarme Tiere und deshalb nicht in der Lage, in sehr kalten Regionen zu leben.

Ganz anders als **Vögel** und **Säugetiere**. Aufgrund ihrer gleichwarmen Körpertemperatur bewohnen sie auch Gebiete, in denen das Thermometer den größten Teil des Jahres nicht über 0° C steigt.

Für das Leben an Land sind spezielle Anpassungen erforderlich.

Aufgaben

1 Vergleiche das Herz von Amphibien und Reptilien. Welches Herz ist leistungsfähiger? Begründe.

2 Weshalb können sich Amphibien nicht an Land vermehren? Begründe.

3 Übertrage das Herz der Vögel in dein Heft. Finde für jede Ziffer den richtigen Begriff.

4 Übertrage den Blutkreislauf der Säugetiere in dein Heft. Schreibe zu jeder Ziffer den entsprechenden Fachbegriff auf.

5 Durch eine spezielle Strategie kann die Waldeidechse auch in kälteren Regionen leben. Informiere dich darüber im Internet.

Fische

einfacher Blutkreislauf

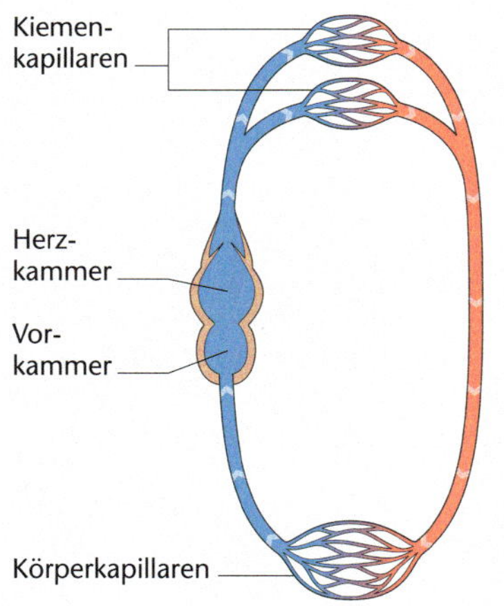

Körpertemperatur
wechselwarm

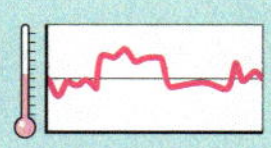

Fortpflanzung
- äußere Befruchtung
- Jungtiere entwickeln sich in Eiern mit Gallerthülle

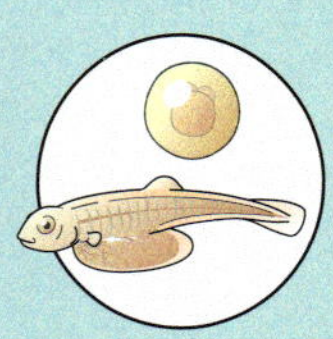

Haut
mit Schuppen

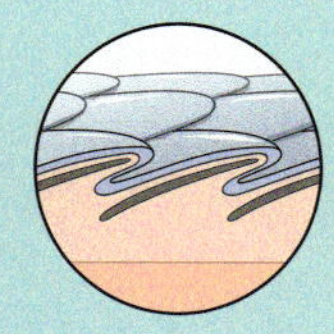

Atmung
Kiemen

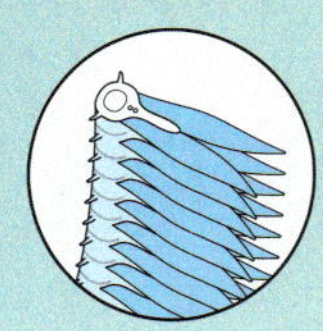

Amphibien

doppelter Blutkreislauf

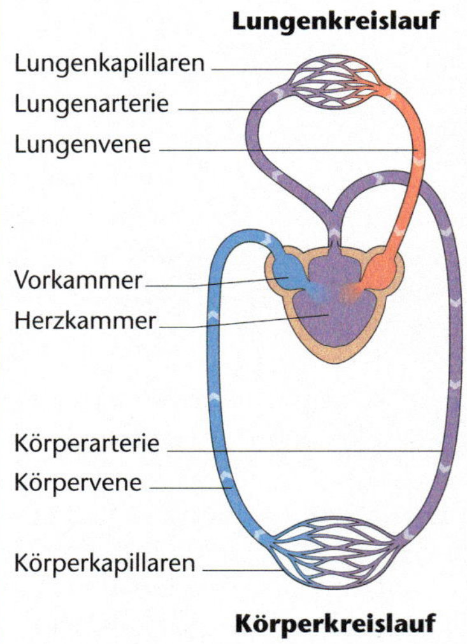

Körpertemperatur
wechselwarm

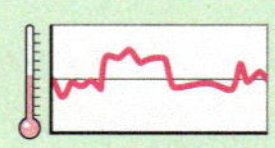

Fortpflanzung
- äußere Befruchtung
- aus Eiern mit Gallerthülle schlüpfen Kaulquappen und entwickeln sich zu erwachsenen Lurchen

Haut
feucht und drüsenreich

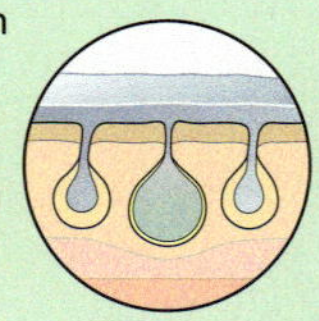

Atmung
- Kaulquappen: Kiemen
- erwachsene Lurche: Haut und Lunge

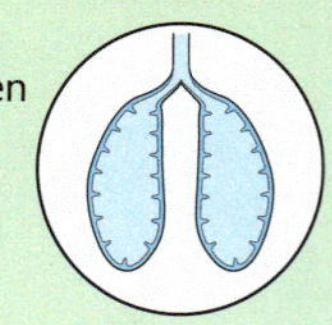

Reptilien

doppelter Blutkreislauf

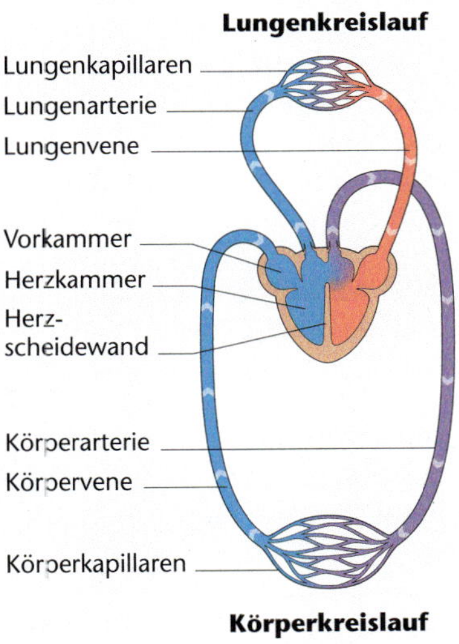

Körpertemperatur
wechselwarm

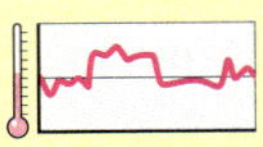

Fortpflanzung
- innere Befruchtung
- Jungtiere schlüpfen aus Eiern mit weicher, pergamentartiger Hülle

Haut
mit Hornschuppen

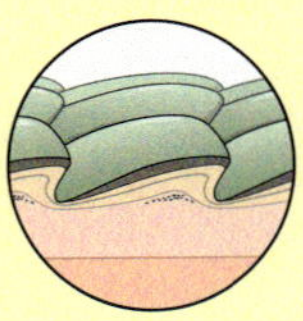

Atmung
Lunge

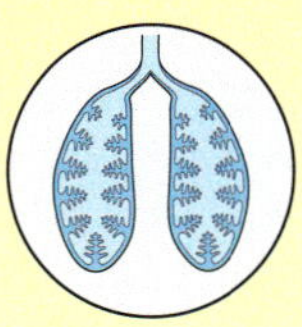

Vögel

doppelter Blutkreislauf

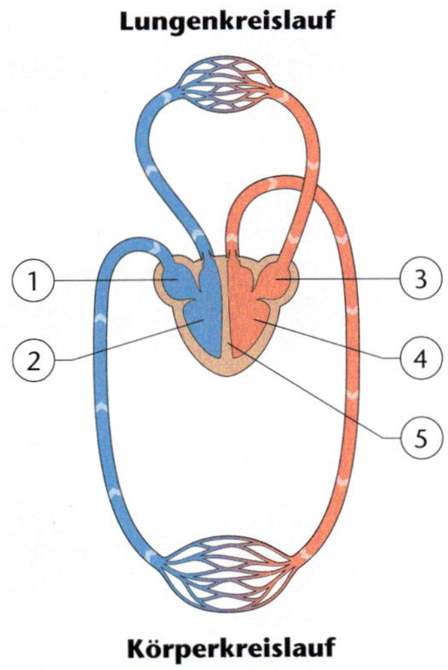

Körpertemperatur
gleichwarm

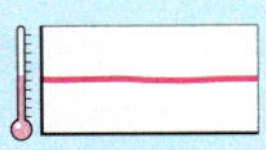

Fortpflanzung
- innere Befruchtung
- Jungtiere schlüpfen aus Eiern mit stabiler Kalkschale

Haut
mit Federn

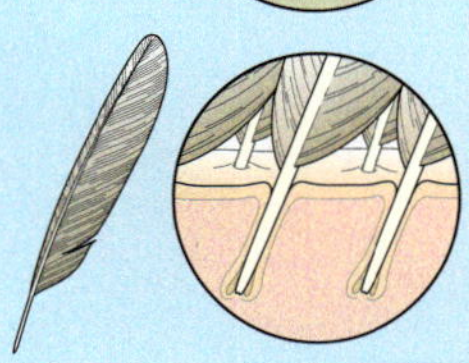

Atmung
leistungsfähige Lunge mit Luftsäcken

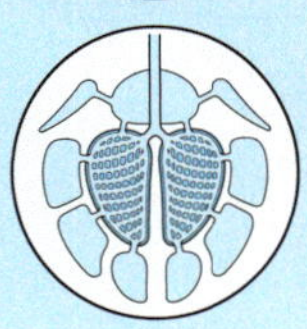

Säugetiere

doppelter Blutkreislauf

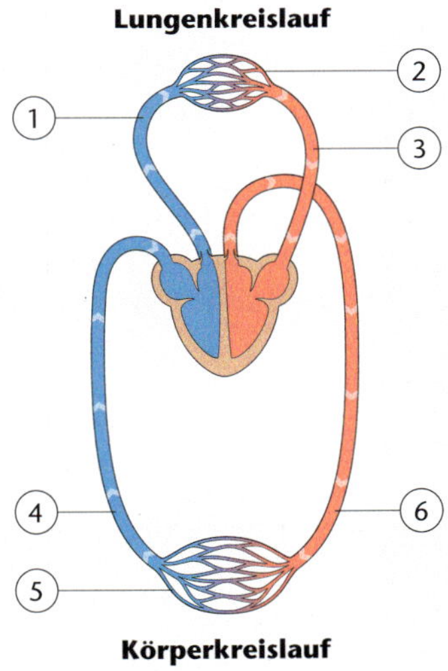

Körpertemperatur
gleichwarm

Fortpflanzung
- innere Befruchtung
- lebendgeborene Junge, die mit Milch ernährt werden

Haut
mit Fettschicht und Fell

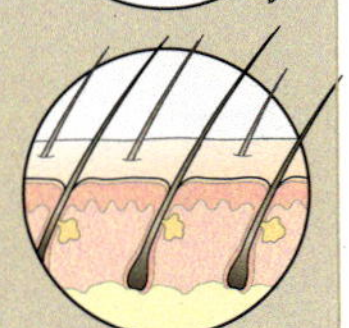

Atmung
Lunge mit großer Oberfläche

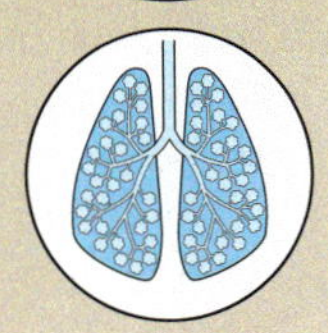

1 Fische: Beispiel Karpfen

2 Amphibien: Beispiel Wasserfrosch

3 Reptilien: Beispiel Zauneidechse

Wirbeltiere
Wissenschaftler fassen Lebewesen mit ähnlichem Körperbau in einer Gruppe zusammen. Diese Tiere hatten vor langer Zeit gemeinsame Vorfahren und sind deshalb miteinander verwandt. Doch auch so unterschiedliche Tiere wie Karpfen, Wasserfrosch, Eidechse, Rotkehlchen und Fuchs werden in einer Gruppe zusammengefasst, da sie alle eine Wirbelsäule besitzen. Die Biologen nennen sie **Wirbeltiere**. Die Wirbelsäule gehört zum Stützsystems des Körpers und schützt das empfindliche Rückenmark. Die Wirbelkörper bestehen meist aus harten Knochen. Sie liegen dicht hintereinander und ermöglichen den Lebewesen ihre Beweglichkeit. [Entwicklung, S. 138]

Fünfmal Wirbeltiere
Die Wirbeltiere werden aufgrund spezieller Merkmale in verschiedene **Klassen** eingeteilt: Viele Tiere haben ein mehr oder weniger dichtes Haarkleid. Es sorgt mit dafür, dass die Körpertemperatur immer gleich bleibt. Ihre Jungen werden lebend zur Welt gebracht. Da die Jungen mit Milch gesäugt werden, fassen wir diese Tiere in der Klasse der **Säugetiere** zusammen.

Vögel erkennt man an ihrem Federkleid. Auch Federn sorgen für eine gleichbleibende Körpertemperatur. Vögel legen Eier und brüten ihre Jungen aus. Die vorderen Gliedmaßen sind zu Flügeln umgewandelt. Fast alle Vögel können fliegen.

4 Vögel: Beispiel Rotkehlchen

5 Säugetiere: Beispiel Rotfuchs

Zu den **Reptilien** oder **Kriechtieren** gehören so unterschiedliche Tiere wie die Schlangen, Eidechsen, Krokodile und Schildkröten. Ihre Haut ist mit trockenen Schuppen bedeckt. Die Jungen entwickeln sich aus Eiern, die im Boden abgelegt werden. Im Winter suchen die heimischen Reptilien geschützte Orte auf, denn ihre Körpertemperatur hängt von der Temperatur der Umgebung ab.

Die Jungen der **Amphibien** oder **Lurche** entwickeln sich aus Eiern, die im Wasser abgelegt werden. Sie atmen zunächst mit Kiemen und stellen sich erst als erwachsene Tiere auf Lungenatmung um. Fast alle Lurche haben eine nackte und drüsenreiche Haut, die ständig feuchte Luft benötigt.

Fische sind auf den Lebensraum Wasser angewiesen. Kiemenatmung, Flossen, Seitenlinienorgan und fast immer eine Schwimmblase sind typische Kennzeichen dieser Klasse. Auch bei Fischen ist die Körpertemperatur von der Umgebung abhängig.

Tiere mit gleichen Merkmalen im Körperbau werden zu Gruppen zusammengefasst. Die Wirbeltiere werden in die Klassen Fische, Amphibien, Reptilien, Vögel und Säugetiere eingeteilt.

Wir können es noch genauer!
Die Klassen der Wirbeltiere kann man genauer sortieren: Bei den Säugetieren bezeichnet man Arten, die wie Eichhörnchen Nagezähne besitzen, als **Nagetiere**. Die **Raubtiere** haben ein Fleischfressergebiss mit spitzen Fangzähnen und gezackten Reißzähnen. Tiere mit zweiteiligen Hufen wie Reh, Schaf oder Rind werden als **Paarhufer** zusammengefasst.

Tiere sortieren

Stell dir vor, du hast einen großen Karton voller Tierbilder. Die sollst du nun wegen der besseren Übersicht in verschiedene kleinere Schachteln einsortieren.
Beim Betrachten der Bilder fällt dir auf, dass manche Tiere Ähnlichkeiten haben. Sie haben eine Wirbelsäule, vier Gliedmaßen und einen Schädel, der das Gehirn schützt. Diese Tierbilder legst du in eine Schachtel mit der Aufschrift „Wirbeltiere“.
Tiere ohne Wirbelsäule, wie Insekten und Spinnen, kommen in die Schachtel Wirbellose.

Die Bilder in der Wirbeltierschachtel kannst du dann ein weiteres Mal nach neuen Gesichtspunkten sortieren.

So kannst du Tiere sortieren:
Schau dir das Tier genau an und vergleiche seine Merkmale mit den Hinweisschildern. An jeder Wegkreuzung musst du dich entscheiden, welches Merkmal auf das Lebewesen zutrifft. So näherst du dich Schritt für Schritt dem Ergebnis an.

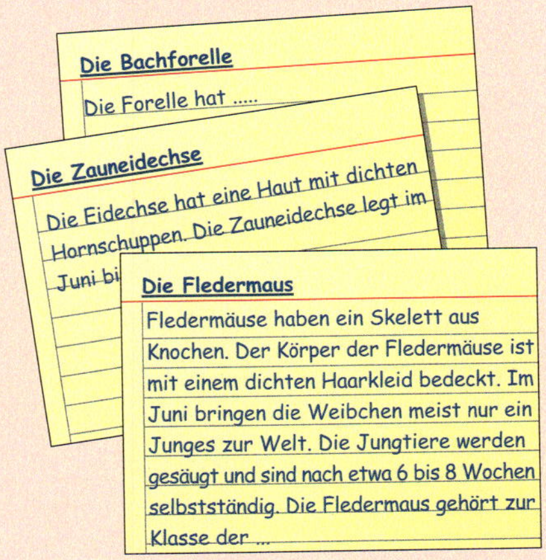

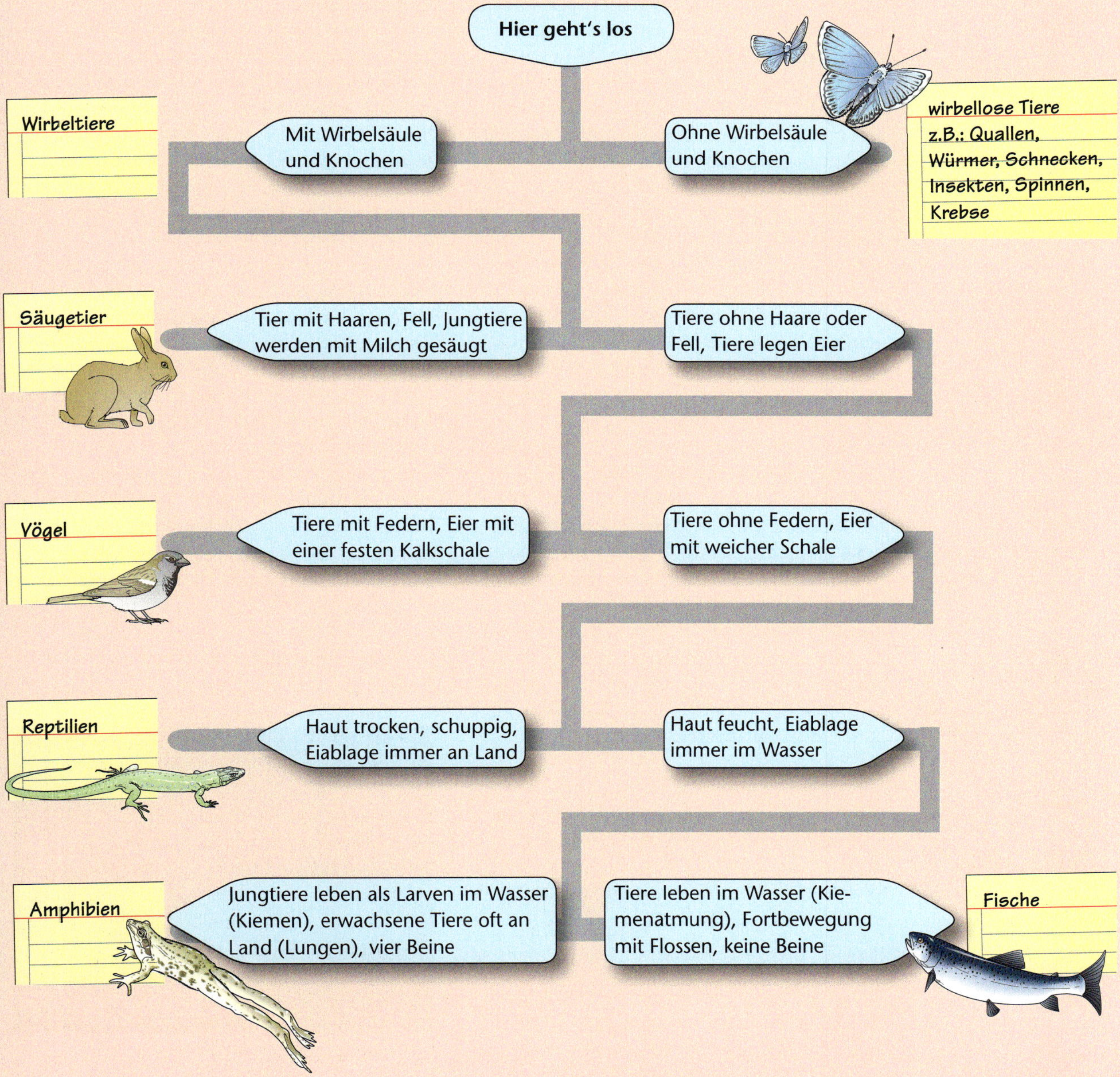

1 Herde von Plateosauriern

Der Plateosaurus (▷ B 1) – auch „Deutscher Lindwurm“ genannt – ist der am häufigsten in Deutschland gefundene Dinosaurier. Einige Fundstellen kann man geradezu als „Saurier-Friedhöfe“ bezeichnen. Die ersten versteinerten Knochen von Plateosaurus wurden 1834 nordöstlich von Nürnberg gefunden.

Riesige Pflanzenfresser

Wenn eine Herde von Plateosauriern vor mehr als 200 Millionen Jahren durch die Wälder zog, bot sich ein beeindruckendes Schauspiel: Mit einer Körperlänge von bis zu 10 m gehörten sie zu den größten damals in unserem Gebiet lebenden Tieren.

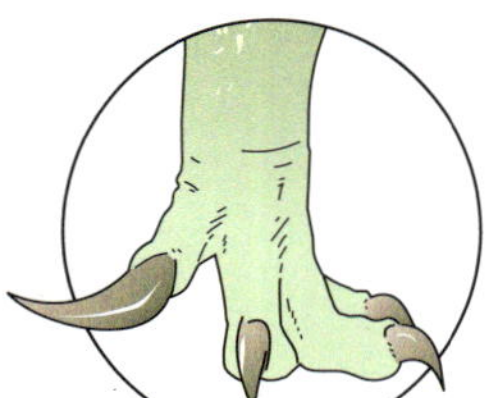

2 Vorderfuß mit Daumenkralle

Zahnuntersuchungen lassen vermuten, dass sie **Pflanzenfresser** waren. Die Plateosaurier konnten sich auf ihren kräftigen Hinterbeinen aufrichten und aufgrund des langen Halses noch Nahrung in einer Höhe von 5 – 6 m erreichen. Mit dem kräftigen Schwanz stützten sie sich dabei auf dem Boden ab. Sie rissen Pflanzenteile einfach mit ihrem kräftigen Gebiss ab. In den Backen wurde die Nahrung zunächst mit Speichel vorverdaut und dann, ohne zu kauen, hinuntergeschluckt.

Die spitzen Zähne waren zum Kauen ungeeignet, sodass wahrscheinlich **Magensteine** das endgültige Zerkleinern übernehmen mussten. Man hat bei mehreren Skeletten blankpolierte Steine entdeckt, die dafür infrage kommen.

Fortbewegung

Obwohl die Hinterbeine des Plateosaurus erheblich kräftiger waren als die Vorderbeine (▷ B 3), wird er meistens auf allen Vieren gegangen sein. Es ist denkbar, dass er sich jedoch auf der Flucht vor räuberischen Sauriern im schnellen Lauf auf die Hinterbeine aufgerichtet hat. Ob er dadurch eine Chance hatte, den schnellen Raubdinosauriern zu entkommen, ist fraglich. Vermutlich haben sich die Tiere im Schutz der Herde mit ihren kräftigen Krallen verteidigt. Am „Daumen“ trugen sie eine besonders große gebogene Kralle (▷ B 2), die höchstwahrscheinlich der Verteidigung diente.

▶ Der Plateosaurus war ein Pflanzenfresser, der sich im Schutz der Herde mithilfe der Daumenkralle gegen Feinde verteidigte.

Fortpflanzung

Über die Fortpflanzung kann man zurzeit nur Vermutungen anstellen, da man bisher keine Eier oder Reste von Jungtieren gefunden hat. Aus Funden von anderen Saurierarten kann man jedoch schließen, dass auch der Plateosaurus, wie die heutigen Kriechtiere, Eier gelegt hat.

Rätselhaftes Sauriersterben

Bis heute ist unklar, wie die vielen gefundenen Plateosaurier gestorben sind. Eine mögliche Erklärung ist folgende: In der **Triaszeit** vor 200 Millionen Jahren gab es bei uns große Wüsten, in denen es nur selten regnete. Viele Saurier versammelten sich an den wenigen Wasserstellen. Mit ihrem Gewicht von bis zu zwei Tonnen sanken viele Tiere im Schlamm ein und konnten sich nicht mehr befreien. Sie wurden zur leichten Beute für Raubdinosaurier.

Ebenso unklar ist das Aussterben aller Saurier vor etwa 65 Millionen Jahren. Meteoriteneinschläge und weltweit sinkende Temperaturen könnten dazu beigetragen haben. [System, S. 140]

3 Skelett und Rekonstruktion von Plateosaurus

Schnittpunkt

Geschichte: Zeitreise zu den Sauriern der Jurazeit

Wie sah es in der Jurazeit vor 145 Millionen Jahren auf der Erde aus?
Wir gehen mit einem mausgroßen Säugetier aus der Jurazeit auf eine Zeitreise:

„Wie Donnern kommt es mir vor, wenn eine Herde von Apatosauriern vorbeizieht. Mit 21 m Körperlänge und einem Gewicht von 30 t gehören sie zu den größten Sauriern. Zum Glück fressen sie nur Pflanzen. Meist stapfen sie durch tiefes Wasser, so kommen die massigen Tiere besser vorwärts. Manchmal gehen sie auch an Land, um neue Weidegebiete zu suchen. Plötzlich wird die Herde unruhig, zwei Allosaurier sind aufgetaucht. Trotz ihrer Körperlänge von 10 m sind es schnelle und gefährliche Raubsaurier. An Land holen sie jeden Apatosaurier ein. Heute haben sie Pech. Die Apatosaurier verschwinden im Wasser. Bevor die Allosaurier auf die Idee kommen, mich zu fressen, verschwinde ich schnell in meinem Bau.
Aber zum Glück haben sie am Waldrand einen weidenden Stegosaurier entdeckt. Als dieser die Angreifer bemerkt, geht er sofort in Abwehrhaltung. Dabei wölbt er bedrohlich seinen Rücken, der mit schweren Knochenplatten besetzt ist. Die hungrigen Allosaurier lassen sich aber nicht beeindrucken und greifen an. Doch der Stegosaurier wehrt sich: Mit seinem Schwanz, an dem dolchartige Stacheln sitzen, teilt er mehrere heftige Hiebe aus. Wieder Pech für die Raubsaurier!

Ein anderer hat mehr Jagdglück gehabt: Der schnelle Ornitholestes hat einen jungen Camptosaurus erwischt, der sich zu weit von seiner Herde entfernt hatte. Vor den ausgewachsenen, etwa 9 m langen Pflanzenfressern muss sich der nur 1,80 m große Ornitholestes in Acht nehmen.

Am Meeresstrand darf ich mich nicht sehen lassen. Dort wimmelt es vor Sauriern. Ein Ichthyosaurier taucht ab und zu bei der Jagd nach Fischen aus dem Wasser auf. In der Luft kreisen Flugsaurier, die mich auf keinen Fall entdecken dürfen.

Über mir auf dem Baum sitzt ein Archaeopteryx, der sieht irgendwie seltsam aus. Sein Körper ist ganz mit Federn bedeckt …“

1 Gesteinsschichten

2 Paläontologe bei der Arbeit

3 Urpferdchen (Fossil)

Knochenarbeit

Wieder einmal macht sich Professor Johnson mit einem Team von Wissenschaftlern auf, um nach Spuren frühzeitlicher Lebewesen zu suchen. Professor Johnson ist Paläontologe. Die **Paläontologie** ist die Wissenschaft, die sich mit den Lebewesen vergangener Erdzeitalter beschäftigt.
Nach tagelanger harter Ausgrabungsarbeit bei glühender Hitze und in unwegsamem Gelände stoßen zwei Mitarbeiter auf etwas, das aussieht wie ein Knochen. Die Spezialisten beginnen sofort damit, das Fundstück vorsichtig freizulegen und entdecken dabei noch mehr Knochen. Auch ein Schädel kommt zum Vorschein.

4 Fossilien von Ammoniten

Ein Pferd wird entdeckt

Professor Johnson betrachtet die Fundstücke genau und vermutet dann, dass es sich hierbei um die Überreste eines Vorfahren unseres heutigen Pferdes handeln könnte. Alle Teile werden sorgfältig geborgen, verpackt und ins Labor gebracht (▷ B 2). Genaue Untersuchungen ergeben, dass es sich tatsächlich um die Überreste eines Pferdes aus einem anderen Erdzeitalter handelt. Solche Überreste werden **Fossilien** genannt (▷ B 3).

Leitfossilien geben die Zeit an

Fossilien, die häufig und nur in bestimmten Gesteinsschichten vorkommen, nennt man **Leitfossilien**. Mit ihnen kann man das Alter der jeweiligen Gesteinsschicht herausfinden. Findet man später irgendwo auf der Welt eine Gesteinsschicht mit diesen Leitfossilien, weiß man sofort, wie alt die gefundende Schicht ist. Außerdem kann man auch das Alter anderer, in dieser Schicht vorhandener Funde bestimmen. Diese **Altersbestimmung** funktioniert für den Zeitraum der vergangenen 600 Millionen Jahre!
Die bekanntesten Leitfossilien sind die Ammoniten (▷ B 4). Ammoniten sind die ausgestorbenen Verwandten unserer heutigen Tintenfische. Sie lebten von vor ca. 370 Millionen Jahren bis vor 65 Millionen Jahren in den Meeren der Erde. Die Größe der Tiere betrug von wenigen Zentimetern bis zu 2 m Gehäusedurchmesser.

Mithilfe von Leitfossilien kann man das Alter von Gesteinsschichten und das Alter von anderen Fossilien bestimmen.

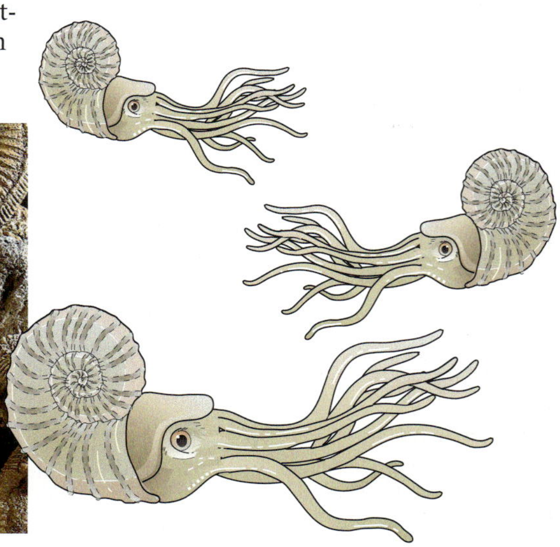

Wie Fossilien entstehen

Am Beispiel des Fischsauriers (▷ B 5) kannst du das verstehen: Nach seinem Tod wäre der Fischsaurier normalerweise am Gewässergrund verwest. Verwesung bedeutet, dass winzige Organismen, wie z. B. Bakterien, den Leichnam fressen und auf diese Weise zersetzen. Dafür brauchen die Bakterien den Sauerstoff aus der Luft oder, wie in unserem Beispiel, aus dem Wasser. Der tote Fischsaurier wurde aber sehr schnell von Sand und Schlick zugedeckt. Die Bakterien hatten deshalb nicht genügend Sauerstoff für ihre Tätigkeit und konnten nur die weichen Organe des Sauriers zersetzen. Harte Teile, wie die Knochen, blieben übrig.

Über viele Millionen Jahre hinweg lagerten sich immer mehr Sand und Gestein auf den Resten des Fischsauriers ab. Jede neue Schicht presste die darunterliegenden Ablagerungen und die Knochen des Sauriers zusammen. Durch den großen Druck wurden im Laufe der Zeit die Reste des Sauriers zu Stein, sie versteinerten.

Steinkerne

Eine besondere Form von Versteinerungen sind die Steinkerne (▷ B 6). Sie entstehen, wenn die Weichteile z. B. eines Ammoniten verwesen und sich das leere Gehäuse mit Ablagerungen füllt. Die Füllung versteinert und bleibt als Steinkern zurück.

Abdrücke und Inkohlung

Abdrücke entstehen, wenn ein toter Körper am Gewässergrund im weichem Schlamm versinkt. Der Schlamm erhärtet und der Körper wird zersetzt. Der Abdruck im Schlamm bleibt aber erhalten und wird so konserviert (▷ B 7).

Bei der **Inkohlung** werden abgestorbene Pflanzen durch hohen Druck und hohe Temperaturen zuerst zu Torf und dann zu **Kohle**. Oft bleiben dabei Pflanzenteile erhalten. So findet man beim Abbau von Steinkohle oft Reste von Baumfarnen oder Schachtelhalmgewächsen (▷ B 8).

Mumien

Wird ein toter Körper in Eis eingeschlossen, wird er wie in einer Gefriertruhe tiefgefroren und bleibt erhalten. Das Gleiche gilt für tote Körper in heißen Gegenden. Durch die Hitze trocknen sie aus, bevor sie verwesen. Auch im Moorwasser bleiben Leichen vollständig über lange Zeiträume erhalten. Bekannte Beispiele sind die Mumien von Mammuts im Eis Sibiriens, der berühmte „Ötzi" aus den Alpen oder Moorleichen.

Durch Versteinerungen, Abdrücke, Inkohlung entstehen Fossilien. Durch Mumifizierung bleiben die Körper abgestorbener Lebewesen über lange Zeiträume hinweg gut erhalten.

5 Entstehung von Fossilien

8 Inkohlung eines Schachtelhalmes

6 Steinkern eines Ammoniten

7 Abdruck eines Haselnussblattes

Aufgaben

1 Informiere dich über den Beruf des Paläontologen und berichte darüber.

2 a) Schreibe mithilfe von ▷ B 5 einen kurzen Text, in dem du die Entstehung der Fossilien erklärst.
b) Schließe dann das Buch und zeichne anhand deines selbstgeschriebenen Textes die Entstehung der Fosslien in dein Biologieheft.

3 Informiere dich darüber, wie „Ötzi" gefunden wurde und was man heute bereits über dessen Leben weiß.
Stelle deine Ergebnisse mithilfe von Plakaten dar.

Jetzt ist alles klar
Professor Johnson hatte mit seinem Team die Knochenfunde eindeutig als Pferdeknochen identifiziert. Es handelte sich um einen Vorfahren unserer heutigen Pferde, der vor ca. 8 Millionen Jahren gelebt hat. Bis heute wurden noch viele andere Pferdevorfahren gefunden. Mit diesen Fossilien konnten Paläontologen klären, wie sich aus den Vorfahren die heutigen Pferde entwickelt haben. Auf dieser Seite lernst du die wichtigsten Vertreter vom **Stammbaum der Pferde** kennen.

„Das Pferd der Morgenröte"
Die Entwicklung der Pferde begann vor ca. 55 Millionen Jahren im Erdzeitalter **Eozän**. Diese Zeit ist nach der griechischen Göttin der Morgenröte Eos benannt. Nachdem die Saurier ausgestorben waren, konnten sich die Säugetiere erst richtig entwickeln. Diese Zeit war also die Morgenröte für die Säugetiere.

Unendliche Urwälder bedeckten vor 55 Millionen Jahren weite Teile von Amerika und Europa. In diesen Wäldern lebte das **Urpferdchen**. Es hatte den Namen **Eohippus** (Pferd der Morgenröte) bekommen. Das Urpferdchen sah nicht aus wie ein Pferd. Es war nur etwa fuchsgroß und besaß einen runden Rücken. Es hatte an den Vorderbeinen vier und an den Hinterbeinen drei Zehen, die jeweils mit einem Hornschuh versehen waren.

Das Gebiss war zum Kauen weicher Pflanzennahrung bestens geeignet.
Das Urpferdchen lebte in Amerika und Europa. Die Gruppe, die in Europa lebte, starb aus. Die weitere Entwicklung der Pferde fand fast ausschließlich in Amerika statt. Etwa 20 Millionen Jahre lang lebten Vertreter des Urpferdchens erfolgreich in den Wäldern der Erde.

Das Urpferdchen entwickelt sich
Vor etwa 35–40 Millionen Jahren taucht **Mesohippus** (mittleres Pferd) auf. Es ist mit einer Schulterhöhe von etwa 50–55 cm deutlich größer als sein Vorfahre. Auffällig sind die Veränderungen an den Zehen und dem Gebiss. Mesohippus besitzt nur drei Zehen, wobei der mittlere Zeh deutlich hervortritt. Die Zähne haben bereits Schmelzfalten. Sie eignen sich hervorragend für das Zerkauen der harten Grasnahrung in der Steppe.

1 Przewalski-Pferde

Auch in der Steppe kann man leben
In der Epoche von vor etwa 25 Millionen Jahren bis vor etwa 5 Millionen Jahren wurde das Klima kälter und auch trockener. Die großen Wälder wurden durch steppenartige Landschaften verdrängt. Für das Leben in der Steppe waren andere Anpassungen nötig als für das Leben in den Wäldern.

In diesen Steppen lebt vor etwa 20 Millionen Jahren **Merychippus**. Das Pferd ist bereits etwa 90 cm hoch. Der Schädel zeigt schon deutliche Formen des heutigen Pferdes. Das Tier ist noch dreizehig, aber der Mittelzeh ist bereits zu einem Huf ausgebildet. Die Zähne haben hohe Furchen mit einer dicken Zahnschmelzschicht. Damit sind die Zähne bestens geeignet zum Zerkauen der harten Grasnahrung der Steppen. Mit diesen Eigenschaften ist Merychippus also sehr gut an das Leben in der Steppe angepasst.

Vor ca. 10–15 Millionen Jahren erscheint **Pliohippus**. Es hat am Ende seiner Entwicklung nur noch einen Zeh und besitzt das typische Pferdegebiss. Die Anpas-

Eurasien

vor ca. 10 000 Jahren

vor ca. 4 Millionen Jahren

vor ca. 10–15 Millionen Jahren

vor ca. 25 Millionen Jahren

vor ca. 35–40 Millionen Jahren

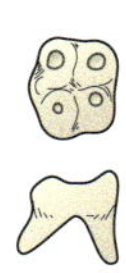

Backenzahn

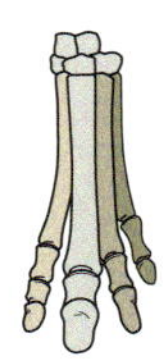

Vorderfuß vierzehig

Eohippus

vor ca. 55 Millionen Jahren

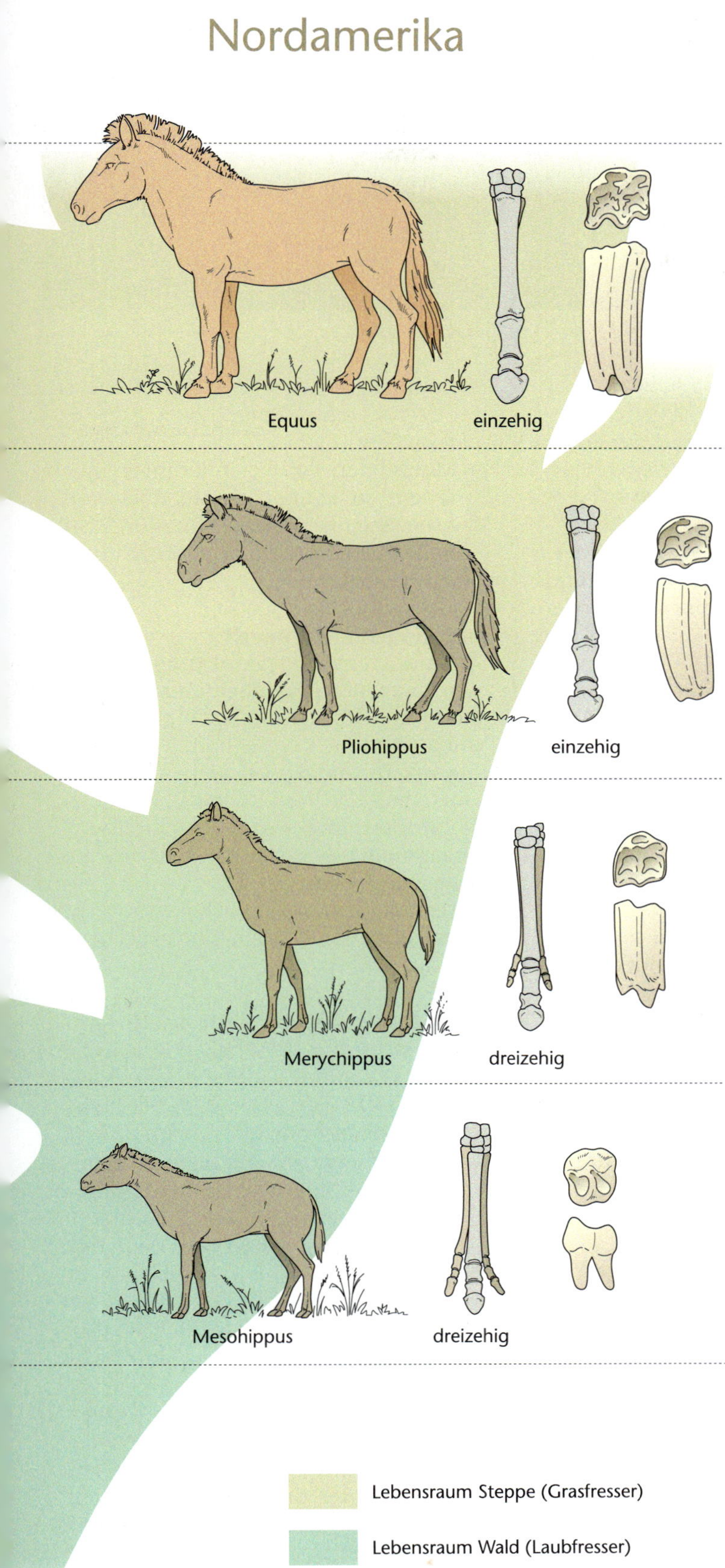

sungen an das Leben in der offenen Graslandschaft sind offensichtlich: Das Tier ist bereits über 1 m hoch und hat Beine, die sich zur schnellen Fortbewegung auf hartem Steppenuntergrund eignen. Das Gebiss besteht aus Zähnen mit Schmelzfalten, die bestens geeignet sind, die harte Grasnahrung zu kauen.
Pliohippus kann als direkter Vorfahre unserer heutigen Pferde betrachtet werden.

Vor etwa vier Millionen Jahren erscheint **Equus**. Der Name bedeutet „Einzeher". Equus ist mit ca. 1,30 m Körpergröße etwa so hoch wie ein heutiges Pony.
[Entwicklung, S. 138]

Amerika ohne Pferde
Vor ca. 2 Millionen Jahren waren Nordamerika und Asien noch über eine Landbrücke verbunden. Einige Equusarten wanderten über diese Landbrücke nach Asien aus. Sie besiedelten bald den gesamten Kontinent und gelangten auch nach Europa und Afrika. Vor etwa einer Million Jahren starben in Nord- und Südamerika alle Pferdearten aus. Der Grund hierfür ist nicht genau bekannt, könnte aber in einer Klimaveränderung liegen. Erst mit den spanischen Eroberern im 16. Jahrhundert gelangten wieder Pferde nach Amerika. Von den vielen verschiedenen Pferdearten in Eurasien und Afrika starben am Ende der letzten Eiszeit, also vor ca. 12 000 Jahren, die meisten aus. Übrig blieb einer der möglichen Stammväter unseres heutigen Pferdes, das **Przewalski-Pferd**. Benannt ist es nach seinem Entdecker, dem russischen Forscher PRZEWALSKI (1839–1888).

Auch der **Tarpan**, ein Wildpferd Osteuropas, könnte als Urahn der heutigen Hauspferde angesehen werden.

Die Entwicklung der Pferde begann vor ca. 55 Millionen Jahren und endet vorläufig mit dem Przewalski-Pferd, einem möglichen Stammvater der heutigen Pferde.

Aufgaben

1 Informiere dich über die Herkunft und die Lebensweise des Przewalski-Pferdes und halte ein Referat darüber.

2 Warum ist das heutige Pferd für ein Leben im Wald ungeeignet? Begründe.

3 Albinorehbock

4 Birkenspanner

1 Hausmaus, naturfarben und Albino

2 Rotbuche und Blutbuche

Biologische Vielfalt

Die Vielfalt der Lebewesen ist unvorstellbar groß: Zurzeit schätzt man, dass auf der Erde etwa 500 000 Pflanzenarten und über 1 300 000 Tierarten leben. Darüber hinaus gleicht innerhalb einer Art bei genauer Betrachtung kaum ein einzelnes Lebewesen, ein sogenanntes **Individuum**, dem anderen. Woher kommt diese große Vielfalt?

Änderung des Erbgutes durch Mutation

In allen Lebewesen befinden sich „Baupläne", die festlegen, wie z. B. Merkmale wie Ohrform oder Haarfarbe ausgeprägt werden. Diese Baupläne eines Lebewesens nennt man **Erbgut**. Das Erbgut kann unter bestimmten Bedingungen verändert werden. Solche Veränderungen nennt man **Mutationen**. [Entwicklung, S. 138]

Im Tierreich gibt es zahlreiche Beispiele für Mutationen. Am bekanntesten sind wahrscheinlich die **Albinos**. Albinos sind Tiere, bei denen der schwarze Farbstoff Melanin nicht gebildet werden kann. Sie haben daher meist ein vollständig weißes Fell oder Gefieder, eine sehr helle Haut und rote Augen. Diese Mutation tritt bei viele Tierarten auf. So gibt es z. B. Albinos bei Mäusen (▷ B 1), bei Rehen (▷ B 3), bei Vögeln und sogar bei Menschen.
Da das Melanin vor den schädlichen UV-Strahlen der Sonne schützt, haben Albinos in sonnigen Ländern große Nachteile. Außerdem sind sie in ihrem natürlichen Lebensraum für ihre Feinde wegen ihrer auffälligen Färbung gut zu erkennen.

Auch bei Pflanzen treten Mutationen auf. Seit dem 15. Jahrhundert kennt man z. B. die **Blutbuche** (▷ B 2). Das ist eine durch Mutation entstandene rotblättrige Form der grünblättrigen Rotbuche. Die Rotbuche kommt in unseren Laub- und Mischwäldern sehr häufig vor. Die mutierte Blutbuche ist sehr selten. Man findet sie nur in Parks oder Gärten.

Mutationen sind Veränderungen im Erbgut. Sie können die Merkmale von Lebewesen verändern. Mutationen sind daher die Ursache für die Vielfalt unter den Lebewesen.

Mutationen und Umwelt

Mutationen haben aber nicht nur Nachteile. Kann sich ein Individuum an veränderte Umweltbedingungen anpassen, sind Mutationen auch vorteilhaft. Das zeigt das folgende historische Beispiel:

Der **Birkenspanner** ist ein Nachtfalter, der tagsüber bevorzugt auf der weißgrauen Rinde von Birken ruht. Dort wird er wegen seiner hell gesprenkelten Flügel von seinen Fressfeinden, den Vögeln, nur schlecht erkannt.

In England kamen bis Mitte des 19. Jahrhunderts fast nur diese hellen Birkenspanner (▷ B 4) vor. Das änderte sich, als viele neue Fabriken gebaut wurden. Der Ruß, der aus ihren Schornsteinen kam, lagerte sich immer mehr auf den hellen Birkenstämmen ab. Dadurch wurden die Stämme dunkler und die hellen Birkenspanner für die Vögel besser sichtbar. Viele der hellen Birkenspanner wurden jetzt gefressen, bevor sie sich fortpflanzen konnten. In den ländlichen Gebieten, wo es nicht so viele Fabriken gab, blieb die Birkenrinde hell.

In den Industriegebieten tauchten nun immer mehr dunkle Birkenspanner auf, die vor der Industrialisierung sehr selten waren. Mit ihren dunklen Flügeln waren sie auf den dunklen Baumstämmen kaum zu sehen. Deshalb wurden sie auch von ihren Fressfeinde seltener entdeckt und gefressen. Die dunklen Birkenspanner konnten sich häufiger fortpflanzen.

An diesem Beispiel wird deutlich, dass die Umwelt starken Einfluss darauf haben kann, ob ein Merkmal für seinen Träger einen Vorteil bietet oder nicht. Die Träger von vorteilhaften Merkmalen können besser überleben. Sie haben mehr Nachkommen und werden häufiger. Träger nachteiliger Merkmale werden dagegen seltener und sterben unter Umständen sogar aus. Das nennt man Auslese oder **Selektion**.

> Angepasste Individuen einer Art überleben eher als nicht angepasste Individuen. Sie haben mehr Nachkommen und die Art bleibt erhalten.

Artbildung durch Isolation

Alle Lebewesen, die sich miteinander fortpflanzen und dabei fruchtbare Nachkommen hervorbringen, gehören zu einer **Art**. Neue Arten können entstehen, wenn z. B. Lebewesen einer Art von ihren Artgenossen räumlich getrennt werden. Das Beispiel einer solchen **geografischen Isolation** soll das veranschaulichen.

Zu Beginn der letzten Eiszeit, also vor ca. 100 000 Jahren, gab es in Europa eine Spechtart. Die wurde durch das Vorrücken der Gletscher in eine westliche und eine östliche Gruppe getrennt. Im Verlauf vieler Jahrtausende traten in beiden Gruppen unterschiedliche Mutationen auf. Außerdem waren die Umweltbedingungen im Osten und Westen verschieden. So entwickelten sich die beiden Gruppen auseinander: Im Osten entstand der Grauspecht (▷ B 5), im Westen der Grünspecht (▷ B 6).

Als das Eis zurückwich, kamen die beiden Gruppen wieder zusammen. Die Unterschiede im Erbgut der Gruppen war aber so groß, dass sie sich nicht mehr miteinander fortpflanzen konnten. Durch die geografische Isolation waren zwei verschiedene Spechtarten entstanden.

> Durch Isolation können aus einer Art zwei oder mehrere Arten entstehen.

Evolution

Im 4. Jahrhundert v. Chr. lebte der berühmte griechische Philosoph und Naturforscher ARISTOTELES. Er hatte Fossilien untersucht und war überzeugt, dass sich die Lebewesen aus einer „Stammform" entwickeln. Diese stammesgeschichtliche Entwicklung nennt man **Evolution**. So stellt man sich ihren Ablauf vor:

- Mutationen verändern das Erbgut. Sie sind ein Grund für die Vielfalt der Lebewesen.
- Durch Selektion überleben nur die Lebewesen, die an die Umweltbedingungen am besten angepasst sind.
- Isolation trennt Lebewesen einer Art voneinander. Kommen die Gruppen wieder zusammen, können aber keine Nachkommen mehr hervorbringen, ist eine neue Art entstanden.

Es können also nicht nur neue Arten entstehen. Arten sterben auch aus, wenn sie sich nicht an Veränderungen anpassen. Je schneller sich die Umweltbedingungen ändern, umso weniger Zeit bleibt, damit durch Mutation anpassungsfähige Lebewesen entstehen.

> Durch Mutation, Selektion und Isolation wandeln sich Arten. Es entstehen neue Arten und alte sterben aus. Diesen Prozess nennt man Evolution (▷ B 7).

Aufgaben

1 a) Nenne Beispiele, wie der Mensch die Umweltbedingungen verändert.
b) Welche Folgen hat dies für die Artenvielfalt auf der Erde?

2 a) Der Schneehase und der etwas größere Feldhase sind eng miteinander verwandt. Der Schneehase kommt vor allem in den schneereichen nördlichen Regionen Europas und Asiens und in den Alpen vor. Der Feldhase bevorzugt hingegen wärmere Gebiete.
Überlege, warum der Schneehase im Winter ein weißes Fell trägt, der Feldhase aber das ganze Jahr über graubraun gefärbt bleibt.
b) Wie könnte dieser Farbunterschied entstanden sein? Erkläre.

3 Erkläre anhand von (▷ B 1), welche Nachteile die weiße Fellfarbe für die Hausmaus haben kann.

5 Grauspecht

6 Grünspecht

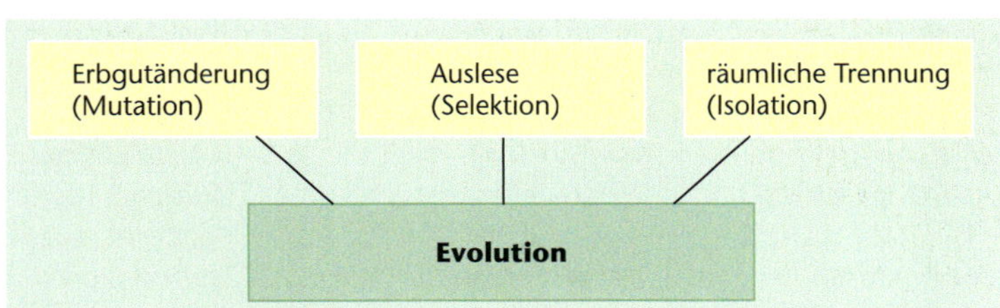

7 Evolution bedeutet Veränderung

Werkstatt

Selektion – spielend verstehen

Material
Bunte Tapete (1 x 1 m), Locher oder Motivstanzer (muss große Plättchen lochen), 10 Blatt farbiges Papier

1 Vorbereitung
Ihr braucht dazu ein Stück möglichst bunter Tapete (1 x 1 m).
Stanzt nun mit einem Locher aus buntem Papier je 10 Spielmarken aus. Die ausgestanzten Plättchen sollten nicht zu klein sein und alle Farben zeigen, die ihr auch in der Tapete wiederfindet.
Ein Spielführer verteilt die 10 x 10 Plättchen gleichmäßig auf der Tapete. Das soll die Ausgangssituation von 100 Individuen darstellen, die sich farblich unterscheiden.

2 So spielt ihr
Die Tapete wird mit den 100 Plättchen auf einem Tisch ausgebreitet.
Fünf Schülerinnen und Schüler stellen die „Räuber" dar. Sie dürfen die Verteilung der Plättchen vorher nicht gesehen haben. Nun sollen sie schnellstmöglich ein Plättchen aufnehmen, das ihnen auffällt.
Dabei dürfen sie die Plättchen nur mit den Augen suchen, nicht aber über die Tapete tasten!
Jede Schülerin und jeder Schüler darf nacheinander 15 Plättchen aufnehmen.
Diese kommen, nach Farbe getrennt, in zehn verschiedene Schälchen.

3 So geht es weiter
Nun sind 75 Plättchen entfernt. Die 25 übrig gebliebenen Plättchen werden von der Tapete abgenommen, geordnet und gezählt. Alle 25 Plättchen, die „überlebt" haben, können sich wieder fortpflanzen. Ergänzt jede Spielmarke um drei neue in derselben Farbe. Eventuell müsst ihr noch einmal nachstanzen.

Nun ist die Zahl der „Beutetiere" wieder auf 100 Exemplare angewachsen. Der Spielführer verteilt die Plättchen wieder auf der Tapete und der Vorgang der Selektion wird noch ein- bis zweimal wiederholt.

Je nach Muster der Tapete werdet ihr das Ergebnis deutlich sehen.

1 Versuchsaufbau

2 Modell-Lebensraum zu Spielbeginn

3 Modell-Lebensraum nach Durchgang der „Räuber"

Aufgaben

1 Was entspricht im wirklichen Leben den Plättchen? Was soll die Tapete darstellen? Nennt die Fachbegriffe.

2 Welche Plättchen sind „ausgestorben", welche bleiben übrig?

3 Entspricht das Ergebnis euren Erwartungen? Diskutiert in der Gruppe. Versucht, aus euren Ergebnissen eine Gesetzmäßigkeit abzuleiten und formuliert diese schriftlich.

Forschung: Meilensteine der Evolutionsgeschichte

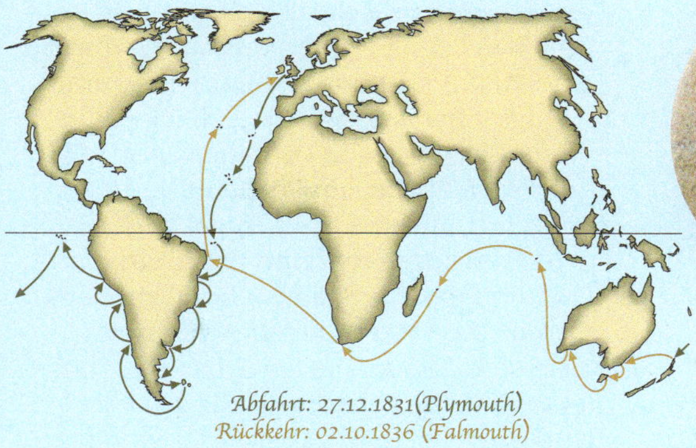

CHARLES DARWIN

3 Reiseroute von DARWIN

Katastrophen

GEORGES BARON DE CUVIER (1769–1832) untersuchte Gesteinsschichten in der Nähe von Paris. Bei seiner Arbeit fand er auch viele Fossilien. Er erkannte, dass Fossilien die Überreste von Lebewesen waren. Er wollte natürlich wissen, wie die Fosslien entstanden waren. Seine Erklärung war folgende:
Immer wieder hatte es Naturkatastrophen in bestimmten Gegenden gegeben. Die Katastrophen waren so schlimm, dass dadurch fast alle Lebewesen ausgerottet wurden. Danach wanderten Lebewesen aus benachbarten Gegenden, die nicht von den Katastrophen betroffen waren, in die zerstörten Gebiete. Wir wissen heute, dass seine **Katastrophentheorie** falsch war.

Der lange Hals der Giraffen

JEAN BAPTISTE DE LAMARCK (1744–1829) war ein französischer Tierforscher. Er meinte, dass alle Lebewesen das „Bedürfnis" haben, sich an Veränderungen in ihrer Umwelt anzupassen. LAMARCK stellte sich diese Anpassung so vor: Wenn Lebewesen bestimmte Organe oft benutzen, werden die größer und kräftiger. Organe, die kaum benutzt werden, werden schwächer und verschwinden irgendwann.
LAMARCKS Beispiel waren die Giraffen: Wenn eine Giraffe das Laub in hohen Bäumen fressen will, muss sie ihren Hals immer wieder strecken. Im Laufe der Zeit wird der Hals deshalb immer länger.
LAMARCK glaubte außerdem, dass die Nachkommen der Giraffe dann auch schon mit einem langen Hals auf die Welt kommen würden (▷ B 1). LAMARCK hatte aber nicht recht: Solche Veränderungen werden nicht vererbt.

Charles Darwins Evolutionstheorie

CHARLES DARWIN (1809–1882) war ein englischer Naturforscher. Im Dezember 1831 ging er an Bord der „Beagle" und begann eine Forschungsreise, die fast fünf Jahre dauerte (▷ B 3). Während seiner Reise entdeckte er viele unbekannte Tier- und Pflanzenarten und verglich sie mit bekannten Arten und Fossilien.
DARWIN erkannte, dass die Lebewesen nicht immer so ausgesehen haben wie heute. Sie haben sich aus gemeinsamen Vorfahren entwickelt und verändern sich immer weiter. Lebewesen müssen gut an ihre Umwelt angepasst sein. Nur so haben sie eine Chance, genügend Nahrung zu finden und sich fortzupflanzen. Können sich Lebewesen nicht an Veränderungen anpassen, werden sie nicht überleben (▷ B 2). Deshalb sterben manche Arten aus.

1 Anpassung der Giraffe nach LAMARCK

2 Anpassung der Giraffe nach DARWIN

Verschieden und doch gleich

Der Flügel einer Fledermaus, die Grabhand eines Maulwurfs und der Vorderlauf eines Pferdes sehen auf den ersten Blick völlig verschieden aus und sie haben auch sehr unterschiedliche Funktionen: Die Fledermaus jagt mithilfe ihrer Flügel in der Luft, der Maulwurf gräbt seine Gänge unter der Erde und das Pferd läuft schnell auf dem Boden. Die **Vorderextremititäten** der Tiere sind also an die jeweilige, ganz unterschiedliche Lebensweise angepasst.
Untersucht man die Vorderextremitäten aber genau, kann man feststellen, dass sie alle gleich aufgebaut sind. Und sie haben den gleichen **Grundbauplan** wie die Vorderextremitäten von anderen Wirbeltieren: Oberarm, Elle, Speiche, Handwurzel, Mittelhand und Finger (▷B 1).
Solche Organe, die den gleichen Grundbauplan, aber unterschiedliche Funktionen haben, nennt man **homologe Organe**. Findet man solche homologen Organe bei verschiedenen Arten, stammen diese Arten wahrscheinlich von gemeinsamen Vorfahren ab.

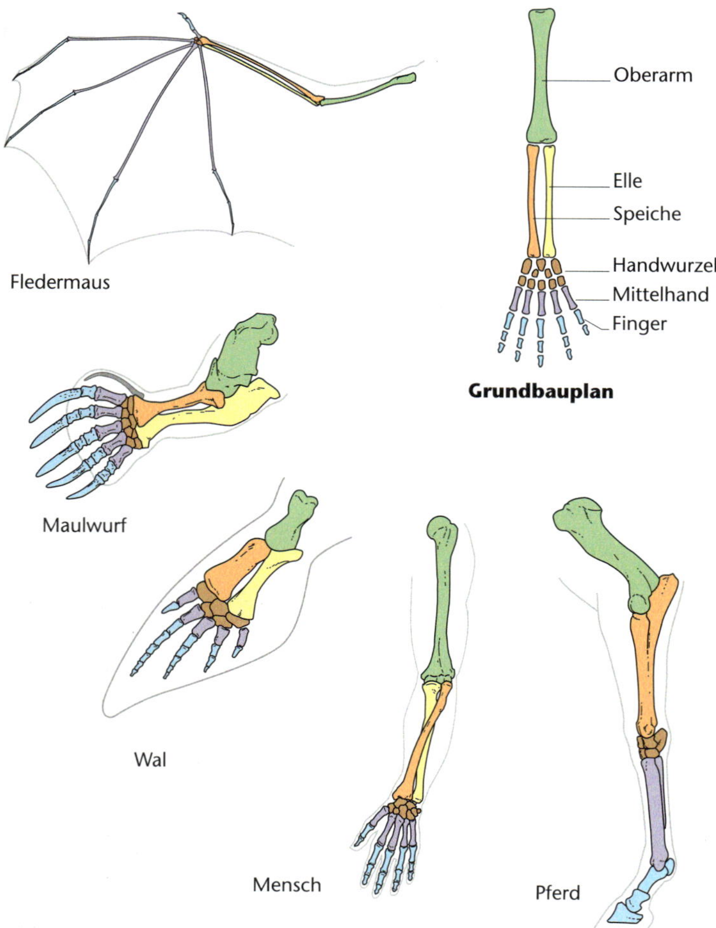

1 Homologe Organe

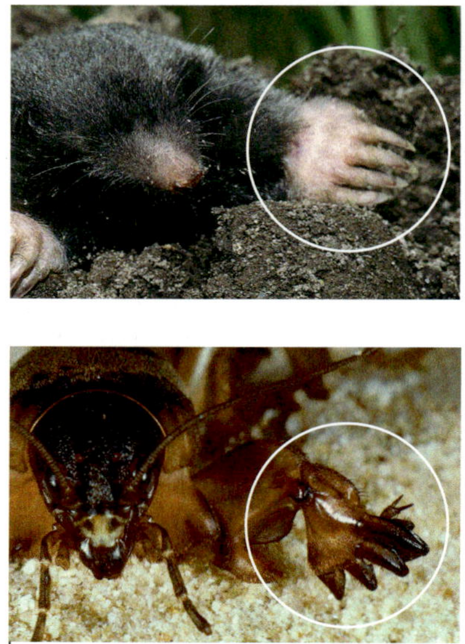

2 Analoge Organe beim Maulwurf und der Maulwurfsgrille

Gleich und doch verschieden

Jetzt betrachten wir Fledermaus und Biene. Beide Tiere haben Flügel und können damit fliegen — die Flügel haben dieselbe Funktion. Die Untersuchung zeigt aber, dass der Grundbauplan der beiden Flügelarten völlig verschieden ist. Fledermaus und Biene können also nicht von einem gemeinsamen Vorfahren abstammen.
Ihre Flügel sind aber an den gleichen Lebensraum angepasst. Organe, die keinen gemeinsamen Ursprung haben, aber die gleiche Funktion erfüllen, heißen **analoge Organe**. **[Struktur und Funktion, S. 136]**

Analoge Organe sind z. B. auch die Grabhände von Maulwurf und Maulwurfsgrille (▷B 2). Die Grabhände haben bei beiden Tieren dieselbe Funktion, sie ermöglichen den Tieren ein Leben unter der Erde. Der Maulwurf ist aber ein Säugetier, die Maulwurfsgrille ein Insekt. Deshalb haben die Grabhände verschiedene Grundbaupläne. Analoge Organe zeigen also, dass verschiedene Lebewesen in gleichen Lebensräumen ähnliche Organe ausbilden.

Aufgaben

1 Zeige anhand der Abb. 1, wie der Grundbauplan jeweils abgewandelt ist und welche Funktion die Gliedmaßen erfüllen.

2 Erkläre den Begriff „Analogie“, indem du den Körperbau von Hai, Delfin und Pinguin vergleichst.

Im Jahr 1861 fanden Paläontologen das versteinerte Skelett eines sehr merkwürdigen Tieres. Die Forscher konnten zwar feststellen, dass es vor ungefähr 150 Millionen Jahren gelebt hatte. Es gelang ihnen aber nicht, das Tier einer bestimmten Tiergruppe zuzuordnen. Es sah eigentlich aus wie ein Vogel, aber es hatte einige Merkmale, die nur bei Reptilien vorkommen. Das Tier besaß z. B. Federn wie ein Vogel und gleichzeitig Zähne und Finger- und Zehenkrallen wie ein Reptil. Wegen seiner Federn bekam es den Namen **Archaeopteryx**, was so viel heißt wie „alte Feder". Archaeopteryx hatte also Merkmale von Vögeln und auch von Reptilien. Er ist eine Übergangs- oder **Mosaikform** zwischen diesen beiden Tiergruppen.
[Entwicklung, S. 138]

Archaeopteryx stammte wahrscheinlich von zweibeinig laufenden Reptilien ab. Ein sehr guter Flieger konnte er aber nicht gewesen sein, denn seine Knochen waren noch nicht hohl. Auch die Flugmuskulatur war nicht sehr stark ausgeprägt, da er noch ein sehr kleines Brustbein besaß. Daher ist es wahrscheinlich, dass das Tier mithilfe seiner Krallen auf Bäume kletterte und sich von dort hinabgleiten ließ. Vielleicht konnte er aber auch schon vom Boden aus kleinere Flüge starten.

Mosaikformen sind Tiere, die Merkmale von zwei Tiergruppen tragen.

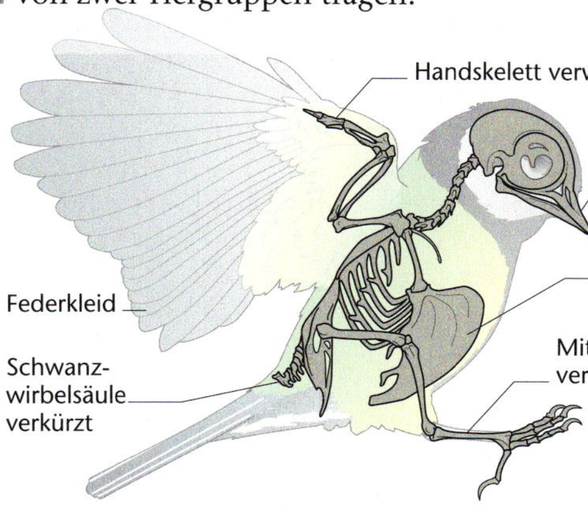

1 Skelett eines Vogels

2 Archaeopteryx

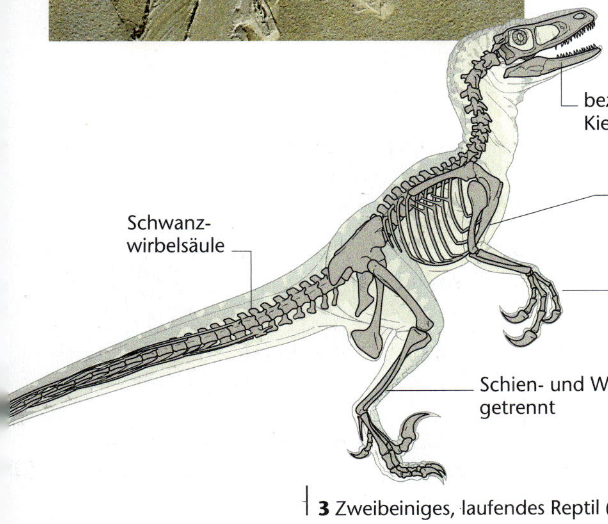

3 Zweibeiniges, laufendes Reptil (Velociraptor)

Aufgaben

1 Vergleiche ▷ B 1, 2 und 3. Welche Merkmale des Archaeopteryx stimmen mit denen der Reptilien, welche mit denen der Vögel überein? Notiere.

2 Fertige eine Präsentation zur Fundgeschichte des Archaeopteryx an.

3 Der Ichthyostega ist auch eine Mosaikform. Suche nach Informationen über ihn und entwerfe einen Steckbrief.

1 Quastenflosser

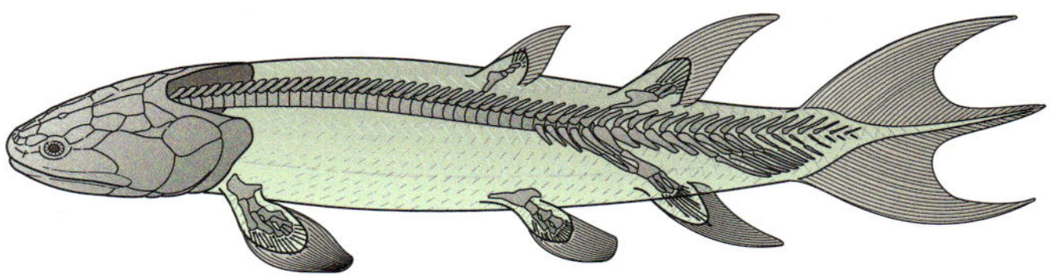

2 Skelett und Fossil eines Quastenflossers

Ein Fisch, der „gehen" kann
Wir machen eine Zeitreise ins Jahr 1938. Im Hafen des Städtchens East-London an der Ostküste Südafrikas wird gerade ein Fischkutter entladen. Miss Courtenay-Latimer (1907 – 2004), eine Mitarbeiterin des Museums, entdeckt unter den gefangenen Tieren einen seltsamen Fisch. Er hat große, blaue Schuppen und einen mächtigen Unterkiefer. Miss Courtenay-Latimer lässt das über 1,50 m lange und fast 60 kg schwere Tier ins Museum bringen. Sie kann den Fund nicht einordnen und verständigt einen Wissenschaftler. Dieser kommt, untersucht das Tier und die Sensation ist perfekt: Es ist ein **Quastenflosser**.

Bis zu diesem Tag hatte man gedacht, dass die Quastenflosser (▷ B 1) schon vor 65 Millionen Jahren ausgestorben seien. Miss Courtenay-Latimer hatte also am Hafen ein **lebendes Fossil** entdeckt.

Quastenflosser gehören zwar zu den Fischen. Bemerkenswert sind aber ihre vier paarigen, knochenverstärkten Flossen. Solche Flossen sind schon ähnlich gebaut wie die Gliedmaßen von Amphibien. Deshalb nimmt man an, dass die Vorfahren der heutigen Quastenflosser wahrscheinlich die frühesten Formen des Übergangs zum Landleben waren.

Der große Widerspruch
Fossilien sind Überreste ausgestorbener Lebewesen. Dann kann es doch eigentlich keine „**lebende Fossilien**" geben. Das Beispiel des Quastenflossers hat aber bewiesen, dass es sie gibt! Lebende Fossilien sind fast unveränderte Nachkommen von Lebewesen aus vergangenen Erdzeitaltern.

Bei lebenden Fossilien finden die Forscher Merkmale, die sie bei ausgestorbenen Vorfahren, also „echten" Fossilien, entdeckt haben. Es gibt noch einige solcher lebenden Fossilien: Im Tierreich z. B. Quastenflosser, Lungenfische, Schlammspringer, Riesensalamander, Schnabeltiere, Brückenechsen, Nautilus sowie Schnecken und Muscheln. Bei den Pflanzen finden wir z. B. den Ginkgo und Schuppenbäume.

▶ Lebende Fossilien geben Hinweise auf die Abstammung der Lebewesen. Bei lebenden Fossilien finden sich viele Merkmale von Lebewesen früherer Entwicklungsstufen.

Eine Ente mit Fell, die Milch gibt?
Das Tier hat einen Schnabel wie eine Ente, besitzt ein Fell wie ein Biber, legt Eier wie ein Reptil und säugt seine Jungen wie ein Säugetier. Wo soll dieses Tier zugeordnet werden? Seit das **Schnabeltier** (▷ B 3) in Australien entdeckt wurde, streiten sich Wissenschaftler über die richtige Zuordnung. Zwar gibt es keine fossilen Vorfahren vom Schnabeltier, aber es besitzt so viele urtümliche Merkmale, dass wir es als lebendes Fossil einordnen können.

Wahrscheinlich ist das Schnabeltier eine Übergangsform zwischen Reptil und Säugetier. Reptilienmerkmale sind die weichschaligen, dotterreichen Eier. Säugetiermerkmale sind das Fell und die Milchdrüsen. [Entwicklung, S. 138]

3 Schnabeltier

4 Von oben nach unten: Lungenfisch, Schlammspringer, Brückenechse

Nautilus – ein Kopffüßer

Auch der **Nautilus** ist ein lebendes Fossil. Er ist ein Nachkomme der Ammoniten (▷ B 6), die am Ende der Kreidezeit, also vor etwa 65 Millionen Jahren, ausgestorben sind. Wie Nautilus diese Katastrophe überlebte, wissen wir nicht. Aber er lebt in kleinen Gebieten der tropischen Meere in 400–600 m Tiefe. Nur selten kommt er näher an die Oberfläche. Sein Gehäuse ist gekammert (▷ B 5). Das Tier selbst lebt nur in der vordersten Kammer. Die hinteren Kammern sind mit Luft gefüllt und dienen dazu, im Wasser schweben zu können. Die relativ großen Augen besitzen noch keine Linsen. Die heute lebende Form ernährt sich von Krebsen und Krabben.

5 Nautilus

Ginkgo – eine Pflanze als lebendes Fossil

Den **Ginkgo** (▷ B 7) gibt es seit ca. 270 Millionen Jahren. Damals war er über die gesamte Erde verbreitet. Aber in Europa und Amerika starb er schon vor einigen Millionen Jahren aus. Der 30–40 m hohe Baum konnte sich nur in kleinen Gebieten von China behaupten. Von China aus kam er nach Japan und wurde dort vor allem in Klostergärten angepflanzt.
Etwa 1730 wurde der Baum in den botanischen Gärten Europas angepflanzt. Dass er bei uns so beliebt ist, kommt wohl daher, dass er sehr widerstandsfähig gegenüber schädlichen Umwelteinflüssen ist. Selbst nach dem Atombombenabwurf über Hiroschima war der Ginkgo das erste Lebewesen, das im darauffolgenden Jahr wieder austrieb.

Der Baum besitzt zweilappige Fächerblätter. Nach dem Aussehen des Blattes und der Blattverfärbung im Herbst könnte man den Ginkgo zu den Laubbäumen zählen. Er ist aber weder ein Laub- noch ein Nadelbaum, sondern stellt eine eigene Pflanzengruppe dar. Die Pflanze genießt in China großes Ansehen und wird seit langem als Heilpflanze gegen Durchblutungsstörungen verwendet.

Abdruck und Blatt des Ginkgo

7 Ginkgo

6 Ammonit

Aufgaben

1. Wissenschaftler sehen den Quastenflosser als eine sehr frühe Form beim Übergang der Wirbeltiere zum Leben an Land. Was fehlt dem Quastenflosser zum echten Landtier?

2. Erkläre mit eigenen Worten die Bedeutung der lebenden Fossilien.

Aufgabe

1 Eine Vorstellung von der tätsächlichen Dauer der einzelnen Zeitalter bekommt ihr, wenn ihr diese mithilfe einer Rolle Toilettenpapier darstellt. Rollt dazu die Rolle im Schulhof oder der Aula aus und kennzeichnet die einzelnen Erdzeitalter. Ein Blatt Toilettenpapier entspricht ca. 20 Millionen Jahren.

In der Biologie und anderen Wissenschaften geht man davon aus, dass die Lebewesen auf der Erde nicht immer so ausgesehen haben wie heute. Es haben Entwicklungen und Veränderungen stattgefunden. Die Biologen fassen diese Vorgänge unter dem Begriff **Evolution** zusammen.

Die ersten Lebewesen

Nach ihrer Entstehung war die Erde ein glutheißer Planet. Noch heute, Milliarden Jahre später, ist das Erdinnere heiß und flüssig. Bei Vulkanausbrüchen gelangte geschmolzenes Gestein als Lava an die Oberfläche. Das Leben konnte erst nach Abkühlen und Erstarren der Erdoberfläche entstehen. Einzellige Lebwesen haben als erste die Erde besiedelt. Sie waren aufgebaut wie heutige Bakterien, die in heißen, salzhaltigen Quellen vorkommen. Diese sind so klein, dass man sie nur mit dem Mikroskop sehen kann. Es ist mehr als drei Milliarden Jahre her, dass die Urbakterien die wasserbedeckten Bereiche der Urerde besiedelt haben.

Die große Vielfalt

Aus den einfachen Lebewesen sind in unvorstellbar langen Zeiträumen immer mehr Formen entstanden; immer weiter entwickelte Lebewesen – die heutigen Tiere, die Pflanzen und die Pilze sind daraus hervorgegangen.

Könnten wir die Erde anschauen, wie sie vor Millionen von Jahren ausgesehen hat, so würde sie uns fremd und unwirklich erscheinen. Die meisten Lebewesen, die jemals die Erde besiedelt haben, sind wieder ausgestorben. Wir müssen davon ausgehen, dass die Evolution nicht zum Stillstand gekommen ist. Die Entwicklung verläuft weiter und die heutige Zeit ist eine Station auf dem weiteren Weg.

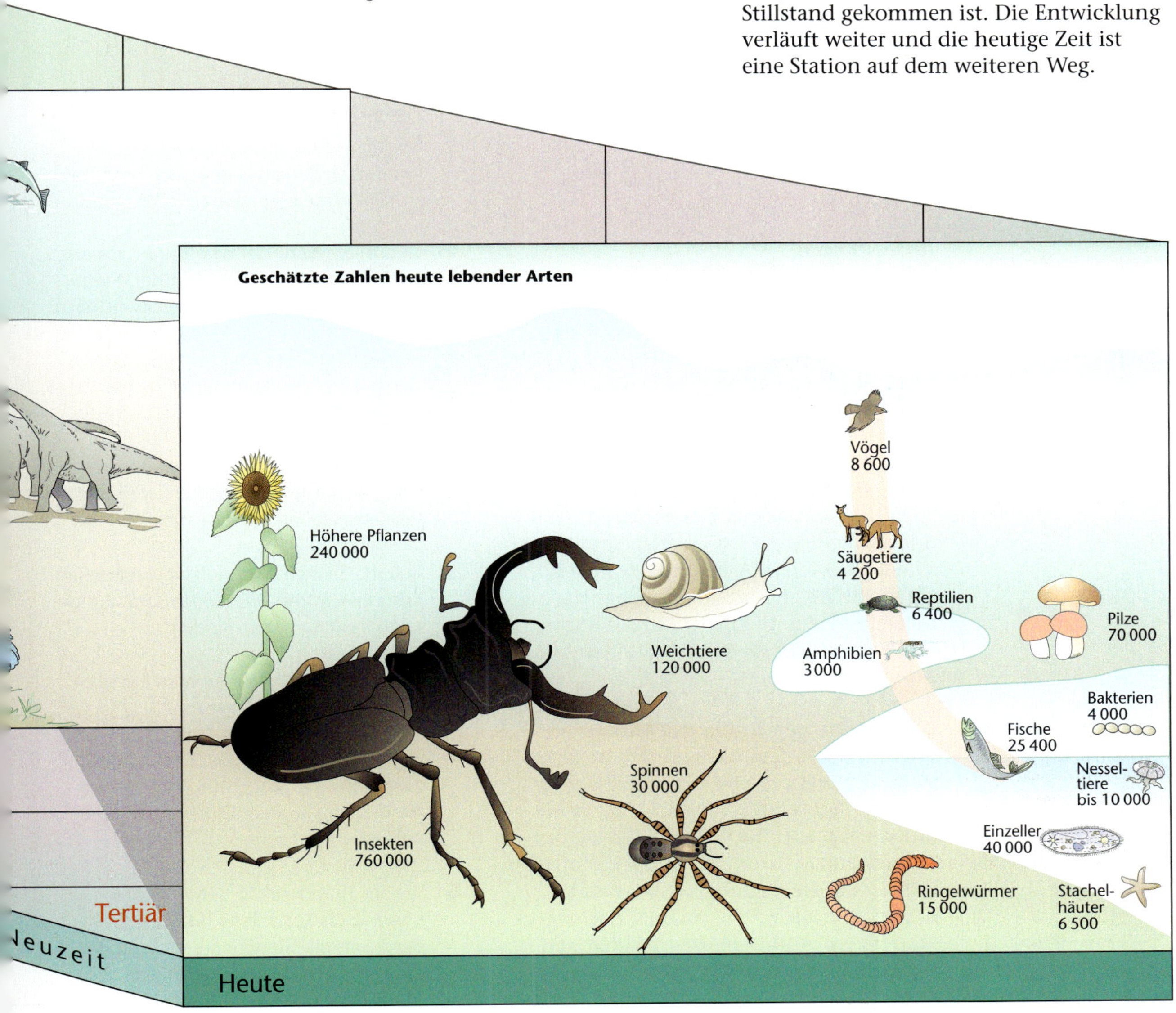

1 Baumkänguru

Neue Arten werden entdeckt

Die Lebensräume auf der Erde erscheinen weitestgehend erforscht, trotzdem entdecken Wissenschaftler ständig unbekannte Tier- und Pflanzenarten. Vor allem in schwer zugänglichen Gebieten stößt man auf so sensationelle Neuentdeckungen, wie z. B. das Baumkänguru (▷ B 1). Die kaum erforschten Tiefen der Ozeane, die Regenwälder, viele Wüsten, aber auch die heimische Natur bergen auch für die Zukunft noch viele Überraschungen.

Artensterben

Wissenschaftler meinen, dass mehrere Millionen Tierarten noch nicht entdeckt worden sind. Diese enorme Anzahl darf aber nicht darüber hinwegtäuschen, dass immer mehr Arten aussterben oder bedroht sind (▷ B 2). Vor allem wir Menschen sind für das Artensterben verantwortlich. Durch Abholzen und Brandrodung werden die tropischen Regenwälder bedroht. Aber auch hier bei uns machen wir vielen Tier- und Pflanzenarten das Überleben schwer: Wälder werden in Äcker umgewandelt, auf vielen freien und unberührten Flächen entstehen neue Wohnsiedlungen und Industriegebiete sowie neue Straßen und Autobahnen.

2 Auerhahn

Schadstoffe gefährden das Klima

Wenn wir mit dem Auto fahren, unsere Wohnung heizen oder ein Lagerfeuer anzünden, verbrennen wir dabei Stoffe wie Erdöl, Erdgas, Kohle oder Holz. Bei jeder Verbrennung entstehen Luftschadstoffe. Dabei ist es gleichgültig, ob wir fossile Brennstoffe wie z. B. Erdöl oder nachwachsende Brennstoffe wie Holz verbrennen. Gasförmige Schadstoffe, wie Kohlenstoffdioxid und Schwefeldioxid, und feste Verbrennungsrückstände, wie z. B. Ruß und Feinstaub, schädigen die Umwelt. Wenn große Mengen von diesen Schadstoffen in die Luft gelangen — ähnlich wie bei einem Vulkanausbruch — können sie sogar das Klima beeinflussen. Vor allem Länder, in denen es viel Industrie und Verkehr gibt, belasten die Umwelt. Um die Schadstoffe zu verringern, müssen z. B. Autos mit Benzin-Motoren einen Katalysator haben und Fabriken müssen in ihre Schornsteine Filteranlagen einbauen.

Aber diese Maßnahmen reichen nicht aus, um den **Klimawandel** gänzlich zu vermeiden. Klimaforscher beobachten überall Veränderungen: es wird wärmer, es gibt teilweise mehr Niederschläge und in manchen Gegenden bleibt der Regen aus. So kommt es, dass es in einigen Gebieten plötzlich zu schweren Überschwemmungen kommt, in anderen dagegen zu Trockenheit und Dürre. [System, S. 140]

Aufgaben

1 Versuche zu begründen, warum es in tropischen Regenwäldern viel mehr Tier- und Pflanzenarten gibt als in Wüsten.

2 Informiere dich über eine Tierart, die erst in den letzten fünf Jahren entdeckt worden ist, und erstelle einen Steckbrief dazu.

3 Finde mindestens drei Tierarten heraus, die in Bayern vorkommen und unter besonderem Schutz stehen.

4 Recherchiere, was man unter „fossilen" und „nachwachsenden Brennstoffen" versteht. Nenne Beispiele dazu.

5 Befrage Erwachsene, welche technischen Lösungen im Auto zu finden sind, um die Luftbelastung zu vermindern.

6 Nenne die im Text erwähnten Faktoren, die das Klima bestimmen.

7 Beschreibe an (▷ B 5) die Unterschiede zwischen 1979 und 2003. Welche Auswirkungen könnten die Veränderungen haben?

8 Welche unterschiedlichen Absichten könnten Naturschützer und Skiliftbetreiber durch die Gletscherabdeckung der Zugspitze (▷ B 4) verfolgen? Stelle die Motive in einer Tabelle gegenüber.

Werkstatt

Treibeis und Festlandeis

Material
2 große Bechergläser, 2 kleine flache Steine, 10 Eiswürfel, Wasser, Filzstift

Versuchsanleitung
In zwei Bechergläser wird jeweils ein ähnlich großer, abgeflachter Stein als Ersatz für das Festland gegeben. Lege in einem der beiden Gefäße 4 – 5 „Treibeisstücke" (Eiswürfel) auf den Boden neben den Stein. Im anderen Glas legst du die gleiche Anzahl an Eiswürfeln als „Festlandeis" auf den Stein. Fülle nun beide Versuchsaufbauten nur soweit mit Wasser auf, dass die Spitzen der Steine knapp nicht bedeckt werden. Markiere den Wasserstand. Lasse das Eis schmelzen und ermittle die Veränderungen der Wasserstände.

Aufgabe
Erkundige dich bei deinem Erdkundelehrer oder deiner -lehrerin über das Vorkommen von Treibeis und Festlandeis. Übertrage mithilfe dieser Informationen den Versuch in die Wirklichkeit. Bewerte die Aussage, dass das Abschmelzen der Pole zum Verlust von Land führen wird.

„Treibeis"

„Festlandeis"

Im Laufe der Erdgeschichte hat sich das Klima immer wieder geändert. Noch nie hat dieser Klimawandel jedoch in so kurzer Zeit stattgefunden wie jetzt.

▶ Durch starke Nutzung unserer Natur vernichten wir Tier- und Pflanzenarten. Vor allem die Industrieländer verbrauchen viel Energie und produzieren viele Schadstoffe. Diese begünstigen einen raschen Klimawandel.

Treibhausgase
Ein Lebensraum, der besonders durch seine Eisflächen geprägt ist, ist die **Arktis**. Wissenschaftler beobachten dort in Forschungsstationen den Zustand des Treibeises und des Festlandeises. Die Ursache für den raschen Rückgang der Eisflächen liegt u. a. an der starken Zunahme der Abgase und Luftschadstoffe. Diese wirken wie die Glasscheiben in einem Auto: Wenn ein Auto längere Zeit in der Sonne steht, heizt sich der Innenraum schnell

3 Eisbär

4 abgedeckter Gletscher

auf. Die Glasscheiben sind zwar durchlässig für die Sonnenstrahlen. Sie verhindern aber wie in einem Treibhaus, dass die Wärme wieder nach außen gelangt. Man bezeichnet diese gasförmigen Stoffe deshalb als **Treibhausgase**.

Der Eisbär braucht seinen Lebensraum
Eisbären leben in der Arktis. Sie durchstreifen auf der Suche nach Nahrung große Reviere. Deshalb geraten sie besonders schnell in Bedrängnis, wenn ihr Lebensraum „dahinschmilzt".

Klimawandel in den Alpen
Viele Tier- und Pflanzenarten sind an das frostige Klima in den Alpen angepasst. Wird es wärmer, können diese Arten dort nicht mehr überleben und sterben aus. Durch Schutzmaßnahmen versucht man, auftretende Veränderungen und Schäden zu verhindern. Die Abdeckung des Zugspitzgletschers mit einer hellen Folie (▷ B 4) soll zum Beispiel das Abschmelzen des Eises außerhalb der Winterzeit verzögern. [System, S. 140]

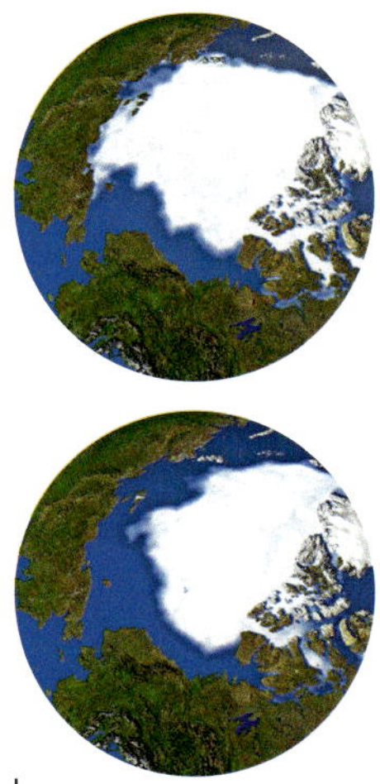
5 Eisschild in der Arktis 1979 (oben) und 2003 (unten)

Strategie

Wir starten ein Projekt

Ein Projekt steht immer unter einem bestimmten Thema. Euer Projektthema könnte lauten: „Bedrohte Tierarten in Bayern".
Ihr besprecht mit eurem Lehrer oder eurer Lehrerin in der Klasse, wie ihr das Thema vorbereiten, durchführen und präsentieren wollt.
Die folgenden Aufgaben könnt ihr in unterschiedlichen Gruppen lösen. Am Ende tragt ihr eure Ergebnisse zusammen und stellt sie vor. Diskutiert auch darüber, was euch Spaß gemacht hat und was nicht.
Vielleicht ist es sogar möglich, die Ergebnisse bei einer Projektwoche oder bei einem Schulfest zu veröffentlichen.

1 Schüler bei der Projektarbeit

2 Mitschüler werden befragt

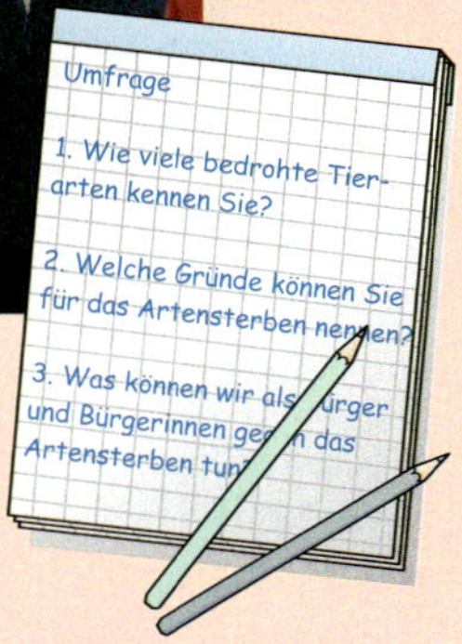

A. Umfrage

Führt eine Umfrage zum Thema „Bedrohte Arten" durch. Befragt mehrere Personen, die an einem belebten Ort (auf dem Markt, an der Post, vor einem bestimmten Geschäft o. ä.) vorbeikommen.
Mögliche Fragen könnten sein:
- Wie viele bedrohte Tierarten kennen Sie?
- Welche Gründe können Sie für das Artensterben nennen?
- Was können wir als Bürgerinnen und Bürger gegen das Artensterben tun?

Überlegt euch selbst geeignete Fragen und wertet die Ergebnisse aus.
Stellt aus den Ergebnissen Plakate zusammen.
Es ist auch möglich, die Umfrage mit einem Tonband oder einer Digitalkamera aufzuzeichnen.

B. Informationen sammeln

Benutzt Lexika, das Internet oder informiert euch bei Experten: Welche Projekte zum Artenschutz gibt es in Bayern?
Können sich auch Schulklassen aktiv beim Naturschutz einbringen? Was könntet ihr auf eurem Schulgelände für den Artenschutz tun?
Schreibt eure Ergebnisse auf.
Glücklicherweise gibt es im Naturschutz auch richtige Erfolgsgeschichten. Informiert euch über die Wiedereinbürgerung des Bibers in Bayern.
Wie sieht es mit Wolf und Braunbär in Bayern aus? Diskutiert eine mögliche Wiedereinbürgerung dieser beiden Arten in der Klasse.

C. Präsentationen

Macht selber einmal eine Werbung für den Artenschutz. Diese Werbung kann z. B. auf einem Plakat oder als Collage dargestellt werden.
Wenn ihr die Möglichkeiten habt, könnt ihr einen Werbespot für den Artenschutz mit einer Digitalkamera aufzeichnen.
Naturschutz ist ein Hit!
Schreibt einen Song oder Rap für eine schützenswerte Tierart in Bayern.
Fragt euren Musiklehrer oder eure Musiklehrerin, ob er oder sie euch dabei hilft. Singt euer Lied vor. Schreibt den Text für die anderen zum Mitsingen auf.

3 Biber beim Burgenbau

Artenvielfalt auch im Schulgarten

Wer möchte nicht die unten abgebildeten Tiere in seinem Garten beobachten können? Hier findest du Ideen, wie die verschiedensten Lebensräume im Garten geschaffen werden können.

Überlegt gemeinsam, welche der Ideen an eurer Schule verwirklicht werden können. Ihr werdet staunen, wie schnell sich die Tiere dann einfinden!

Tipp 1

Wenn ihr **Hecken** und **Büsche** aus einheimischen Gehölzen pflanzt, locken deren Früchte Singvögel an. Diese finden dort auch geeignete Brutplätze.

Tipp 2

Eine **Wandbegrünung** aus Efeu oder Wildem Wein sieht nicht nur schön aus, sie isoliert auch das Haus und bietet Vögeln Brutplätze.

Tipp 3

Viele schöne Schmetterlinge legen ihre Eier auf **Brennnesseln** ab. Ihre Raupen fressen an den Blättern. Später schlüpfen Falter aus den Raupen.

Tipp 4

Wer seinen Rasen zur **Wiese** werden lässt, spart sich nicht nur Arbeit, er lockt auch zahlreiche Insekten an, die an den Blüten der Wiesenblumen nach Nektar suchen.

Tipp 5

In alten **Baumstümpfen** finden viele Insekten und Kleintiere Unterschlupf und Nahrung. Dadurch werden Singvögel und Spechte angelockt.

Tipp 6

Sandflächen in sonniger Lage sind der Lebensraum vieler Kleintiere, die trockene und warme Böden benötigen.

Tipp 7

Ein **Steinhaufen** bietet ideale Verstecke. Da die Steine die Wärme lange speichern, ist dieses ein idealer Lebensraum für wechselwarme Tiere.

Tipp 8

Selbst ein kleiner **Gartenteich**, der mit einer Folie ausgelegt ist, lockt zahlreiche Kleinlebewesen, vor allem Insekten, an.

Tipp 9

Ein **Reisighaufen** aus abgeschnittenen Ästen und Zweigen ist der ideale Platz für den Igel. Ist der Haufen hoch genug, kann der Igel dort sogar den Winter verbringen.

Stammesgeschichtliche Entwicklung

Wirbeltiere

Wirbeltiere haben alle Kontinente der Erde besiedelt. Sie leben an Land oder im Wasser und haben sogar den Luftraum erobert. Allen ist ein Merkmal gemeinsam: Sie besitzen eine Wirbelsäule, die jedoch von Tierart zu Tierart aus unterschiedlich vielen Wirbeln bestehen kann.

Fische

Fische sind wechselwarme Wirbeltiere, deren Körper perfekt an das Leben im Wasser angepasst ist. Sie besitzen einen stromlinienförmigen Körperbau; zur Fortbewegung dienen Flossen. Die meisten Fische besitzen eine Haut mit Schuppen. Alle Fische haben Kiemen, die den Sauerstoff direkt aus dem Wasser aufnehmen. Die Schwimmblase ermöglicht ihnen, im Wasser in unterschiedlichen Tiefen zu schweben.

Lurche

Lurche leben als wechselwarme Wirbeltiere sowohl im Wasser als auch auf dem Land. Weil ihr Körper für beide Lebensräume ausgestattet ist, nennt man Lurche auch Amphibien. Die Haut der Tiere muss ständig feucht sein, da sie als Hautatmer Sauerstoff auch durch die Haut aufnehmen. Die Larven der Lurche entwickeln sich im Wasser. Sie durchlaufen eine Metamorphose, in deren Verlauf sie von Kiemen- zu Lungenatmern werden.

Reptilien

Die Reptilien tragen ein Schuppenkleid oder einen Panzer und sind wechselwarm. Deshalb findet man die meisten Reptilienarten in tropischen oder subtropischen Ländern. In kalten Gebieten fallen sie im Winter in eine Winterstarre. Reptilien schlüpfen aus Eiern. Ihre Fortpflanzung ist vom Wasser unabhängig. Die Vorfahren der heutigen Reptilien waren Saurier, die in der Jurazeit vor rund 145 Millionen Jahren die Erde beherrschten.

Vögel

Vögel haben nahezu alle Lebensräume für sich erobert. Sie unterscheiden sich von anderen Lebewesen vor allem durch ihre Federn. Diese und die Leichtbauweise des Körpers ermöglicht den Vogelflug. Dadurch können die gleichwarmen Tiere bei ungünstigen Bedingungen ihren Lebensraum schnell wechseln. Viele von ihnen sind Nahrungsspezialisten, deren Schnäbel und Füße an eine ganz bestimmte Nahrungsquelle angepasst sind. Alle Vögel legen Eier, wobei viele ein Nest für ihre Jungen bauen und diese dort auch betreuen.

Säugetiere

Säugetiere sind gleichwarme Tiere. Ihre Haut ist mit Haaren bedeckt, die bei den meisten Arten ein dichtes Fell bilden. Die Jungen entwickeln sich im Mutterleib und werden lebend geboren. Danach werden sie mit Muttermilch gesäugt. Dafür hat die Mutter ganz spezielle Milchdrüsen in der Haut. Nach der Geburt kümmern sich die Eltern um ihre Jungen, bis sie selbstständig sind.

Fossilien geben Auskunft

Fossilien sind Überreste ausgestorbener Lebewesen. Leitfossilien sind charakteristisch für ein bestimmtes Zeitalter der Erdgeschichte. Fossilien entstehen auf verschiedene Weise: Versteinerungen, Abdrücke, Inkohlung. Durch Mumifizierung bleiben tote Körper lange erhalten.

Die Entwicklung des Pferdes
Die Entwicklungsgeschichte der Pferde begann vor etwa 55 Millionen Jahren. Das ca. fuchsgroße Eohippus entwickelte sich im Laufe von Millionen von Jahren über viele Zwischenstufen zu unserem heutigen Pferd.

Biologische Vielfalt und Evolution
Durch das Zusammenspiel von Mutation, Selektion und Isolation wandeln sich Arten. Es entstehen neue Arten, nicht angepasste Arten sterben aus. Diesen Prozess nennt man Evolution.

Belege für die Evolutionstheorie von Charles Darwin
- Homologe Organe
- Mosaikformen
- Lebende Fossilien

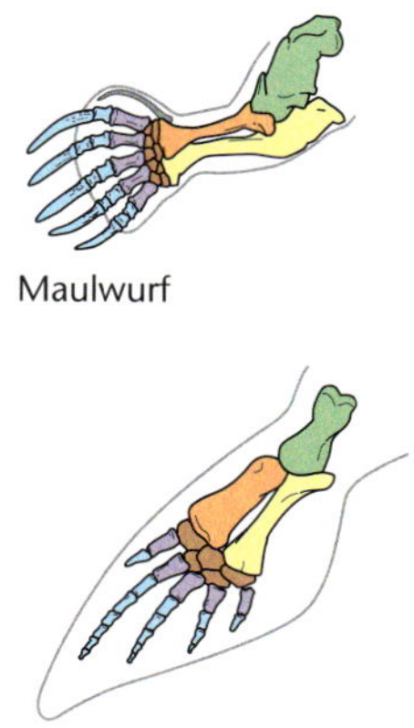

1 Homologe Organe

Aufgaben

1 Benenne in der Abbildung 1 die gekennzeichneten Körperteile und Organe.

2 „Amphibien sind Wirbeltiere, aber keine echten Landtiere". Erkläre diese Aussage.

3 Vergleiche die Merkmale der Reptilien mit denen einer anderen Tierklasse, z. B. den Vögeln oder Amphibien.
Fertige dazu eine Tabelle an. Markiere die Unterschiede farbig.

4 a) Nenne aus jeder Wirbeltierklasse ein Beispieltier, das in Bayern vorkommt.
b) Benenne bei jedem der Beispieltiere mindestens zwei typische Merkmale der jeweiligen Wirbeltierklasse.

5 Gruppen der Ur-Aaskrähen wurden während der letzten Eiszeit räumlich voneinander getrennt. Sie entwickelten sich zu den Raben- und Nebelkrähen. Heute gibt es Gebiete, in denen beide Vögel vorkommen und sich auch paaren können. Kann man hier von einer Artbildung sprechen? Begründe.

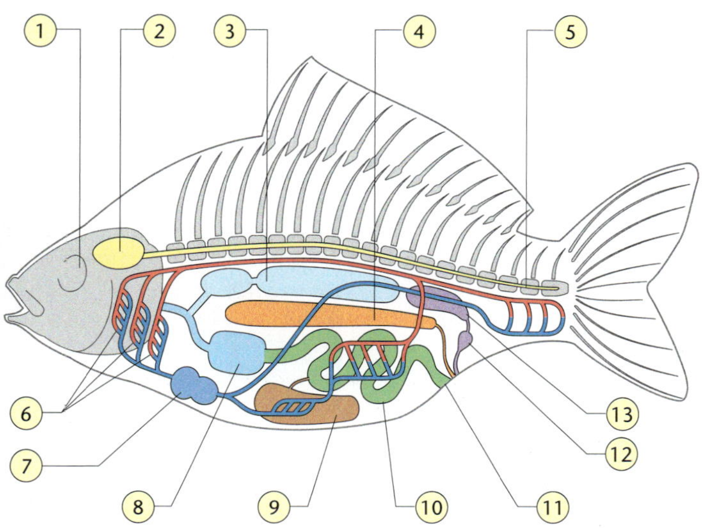

2 Zu Aufgabe 1

6 Erfinde ein Wirbeltier.
a) Schreibe einen Steckbrief für dein Fantasietier. Nenne dabei seine wesentlichen Anpassungen.

b) Erkläre mithilfe der zugehörigen Fachbegriffe, wie diese neue Art entstehen könnte.

3 Zu Aufgabe 7

7 Erkläre mithilfe der beiden Fotos oben den Unterschied zwischen „Fossil" und „lebendem Fossil".

8 Nenne mindestens drei Gründe für das Artensterben.

Lebewesen sind aus Zellen aufgebaut

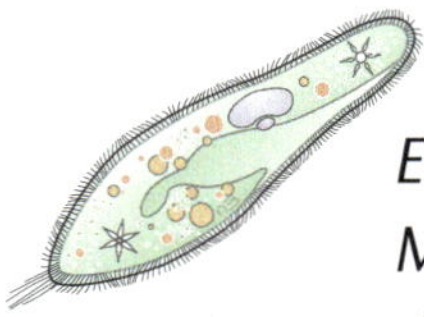

Es gibt eine Welt, die für unsere Augen allein nicht sichtbar ist. Mit einer Lupe oder einem Mikroskop kannst du eine Entdeckungsreise in die geheimnisvolle Welt der Zellen antreten.

Viele Erscheinungen in der Natur kannst du mit dem bloßen Auge beobachten. Bei kleinen Dingen reicht der Sehsinn aber nicht aus. Zur Vergrößerung benutzt du eine Lupe, ein Binokular oder ein Mikroskop. Wie diese Geräte funktionieren und wie du mit ihnen umgehen musst, wirst du in diesem Kapitel erfahren.

Welche Entdeckungen kannst du mit dem Mikroskop machen? Woraus bestehen eigentlich die Tiere und Pflanzen? Welche kleinen Lebewesen kann man in Pfützen finden?

Viele Entdeckungen warten auf dich. Mach dich auf zu einer Reise in die Welt des Kleinen.

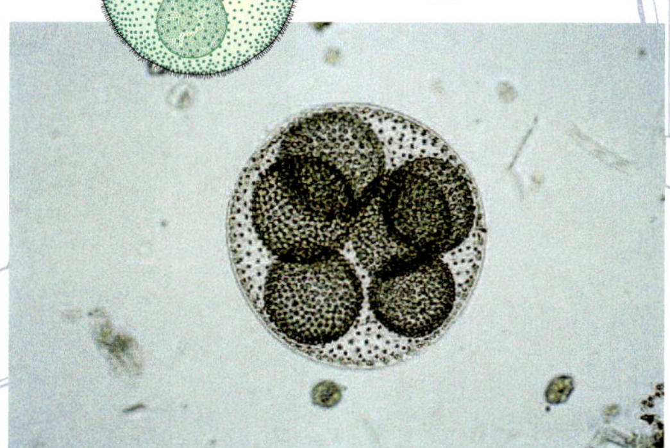

Strategie

Modelle entwickeln, anwenden und beurteilen

A. Eigenschaften von Modellen
Sicher hast du schon oft mit Modellen gespielt, ohne dass dir das bewusst wurde.
Ob es sich um eine Modelleisenbahn oder eine Spielzeugpuppe handelte – bei beiden war die Realität das Vorbild und stand bei der Herstellung „Modell": Die Puppe wurde dem Menschen, die Spielzeugeisenbahn einem echten Zug nachgebaut.
Dabei können die Modelle dem Original sehr genau nachempfunden oder stark vereinfacht sein. Meist wird das Modell aus anderem Material gebaut als das Original und die Größe entspricht auch nur selten dem Original.

B. Modelle in der Biologie
Biologen verwenden Modelle, um eine bessere Vorstellung vom Original zu bekommen. Du hast bestimmt schon einmal das Modell einer Blüte gesehen. Durch die vergrößerte Darstellung lässt sich der Bau leichter nachvollziehen. Daneben gibt es aber auch Modelle, die Wissenschaftlern helfen, sehr komplizierte Zusammenhänge zu verstehen.

C. Modelle entwickeln
Um ein Modell herzustellen, muss man zunächst das Original gut kennen. Dafür sind häufig Hilfsmittel nötig. Mit Lupe oder Mikroskop kannst du kleine Strukturen vergrößern. Für die Herstellung eines richtigen Modells reicht diese Vergrößerung aber oft noch nicht aus. Ist es nicht möglich, das Original als Vorbild zu nehmen, so können auch Bilder aus dem Schulbuch oder aus dem Internet als Vorlage dienen.

Beim eigentlichen Bau kannst du deiner Fantasie freien Lauf lassen. Ob Schuhschachtel, Bindfaden oder Tischtennisball – du wirst überrascht sein, welche Materialen du verwenden kannst.

D. Modelle anwenden
Wenn du deinen Klassenkameraden erklären willst, wie z.B. eine Zwiebelzelle oder eine Blüte aufgebaut sind, so kannst du deinen Vortrag durch ein selbstgebautes Modell veranschaulichen. Oft kann auch die Arbeit mit fertigen Modellen helfen, Sachverhalte besser zu verstehen.

E. Modelle beurteilen
Zwischen der Wirklichkeit und einem Modell gibt es immer Unterschiede. Um eine realistische Vorstellung von der Natur zu bekommen, musst du deshalb immer den Bezug zwischen Original und Modell herstellen. Folgende Fragen helfen dabei:

- Gibt es Material- und Größenunterschiede?
- Was wird nicht durch das Modell gezeigt?
- Was wird gut dargestellt?
- Wie könnte das Modell weiter verbessert werden?

Aufgaben

1 Baue aus Haushaltsmaterialien eine Tier- und eine Pflanzenzelle (siehe S. 50/51).

2 Diskutiert darüber, was an euren Modellen gut ist und wie sie verbessert werden können.

3 Berechne, wie viele Pflanzenzellen du hintereinander legen musst, damit sie eine Strecke ergeben, die so lang ist wie dein gebautes Modell.
(Länge der Pflanzenzelle: 0,1 mm)

4 Wie viele Zellen musst du übereinander legen, um den Durchmesser deines Modells zu erreichen? Führe für beide Werte die Berechnung durch.
(Höhe der Pflanzenzelle:
minimal: 0,01 mm; maximal: 0,1 mm)

Bau und Funktion des Mikroskops

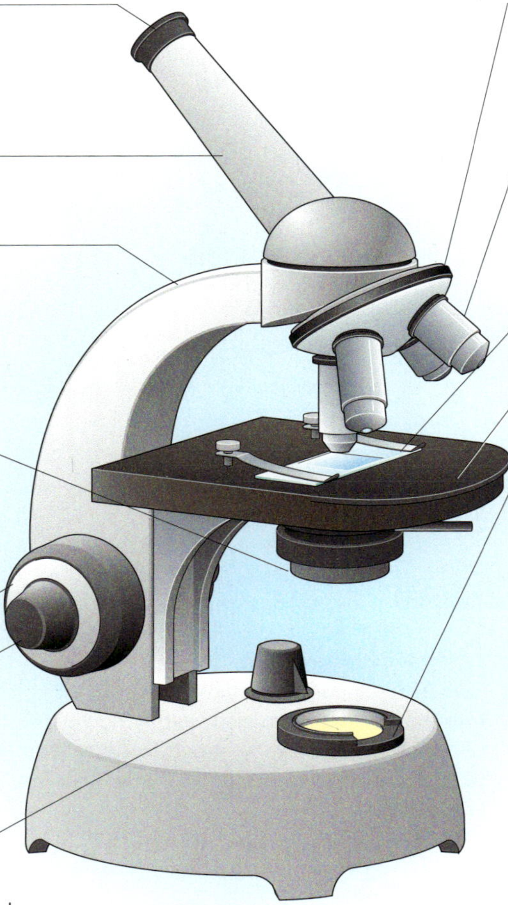

1 Aufbau eines Mikroskops

Die Gesamtvergrößerung eines Mikroskops ist die Okularvergrößerung multipliziert mit der Objektivvergrößerung.

Mikroskopisches Längenmaß
Um die Größe sehr kleiner Dinge anzugeben, verwendet man die Längeneinheit Mikrometer. Teilt man die Strecke eines Millimeters in 1000 Teile, so erhält man 1 Mikrometer (1 µm).
Es gilt: 1 mm = 1000 µm

2 Schmetterlingsflügel, unten vergrößert

Eine Lupe reicht nicht
Lupen vergrößern Objekte bis zum 16-Fachen, das Binokular bis zum 100-Fachen. Mithilfe eines Mikrokops kannst du sehr kleine Dinge noch viel stärker vergrößern. Im Mikroskop werden die Vergrößerungsmöglichkeiten der Lupe doppelt genutzt. Das **Objektiv** enthält mehrere Sammellinsen, die ein vergrößertes Bild erzeugen. Dieses Bild wird durch das **Okular** wie durch eine Lupe noch einmal weiter vergrößert.

Die Vergrößerung kann man berechnen
Die Gesamtvergrößerung eines Mikroskops lässt sich berechnen, indem man die Werte von Okularvergrößerung und Objektivvergrößerung miteinander multipliziert.
Besitzt das Okular z. B. eine 10-fache und das Objektiv eine 4-fache Vergrößerung, so ergibt sich eine 40-fache Gesamtvergrößerung. Ein Schülermikroskop vergrößert in der Regel bis zu 400-fach, gute Lichtmikroskope sogar bis zu 2000-fach.

Größer ist nicht immer besser
Die unterschiedlichen Vergrößerungen lassen sich unterschiedlich nutzen. Um ein Insekt genauer anzusehen oder ein Detail näher zu betrachten, reicht die Lupe. Willst du einzelne Teile wie das Flügelpaar betrachten, ist das Binokular geeignet. Die genaue Struktur eines Schmetterlingsflügels (▷ B 2) erkennst du nur mit deinem Mikroskop.

Aufgaben

1 Berechne weitere Vergrößerungsmöglichkeiten deines Schülermikroskops.

2 Zeichne mit spitzem Bleistift unter der Lupe eine Strecke von einem Millimeter. Wie viele Striche kannst du in diese Strecke einzeln einzeichnen? Wie viele Striche kannst du auch ohne Lupe erkennen?

3 Schätze, wie stark die beiden unteren Ausschnitte in Bild 2 vergrößert sind, wenn das oberste Bild das Original zeigt.

Umgang mit dem Mikroskop

Wenn du erfolgreich mit dem Mikroskop arbeiten willst, musst du nach bestimmten Regeln vorgehen. Arbeite stets in der folgenden Reihenfolge.

1 Einstellung des Mikroskops

Material
Mikroskop, Objektträger, auf Folie kopierte Buchstaben, Deckgläschen

Versuchsanleitung
a) Mache das Mikroskop betriebsbereit, indem du die Blende nur halb öffnest. Schalte das Licht ein oder richte den Spiegel so aus, dass das Licht durch den Objekttisch scheint. Drehe das Objektiv mit der kleinsten Vergrößerung senkrecht nach unten.
b) Lege den Folienbuchstaben auf den Objektträger und decke ihn mit dem Deckgläschen ab.

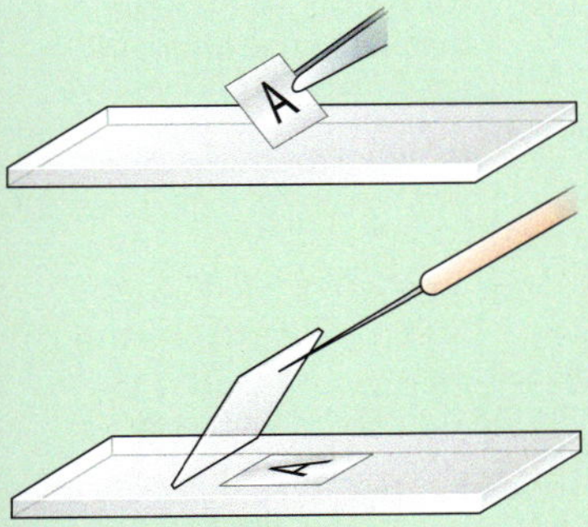

1 Folienbuchstaben auflegen

c) Bringe den Objektträger in die Mitte der Objekttischöffnung und klammere ihn fest.
d) Bringe das Objektiv durch Drehen am Grobtrieb möglichst nah an das Deckgläschen.
Achtung: Kontrolliere dabei den Abstand des Objektivs zum Objekttisch.
e) Sieh durch das Okular. Bewege den Objekttisch so weit nach unten, bis das Bild scharf erscheint. Regle mit dem Feintrieb nach.
f) Reguliere die Helligkeit mit der Blende. Beschreibe den Bildausschnitt.

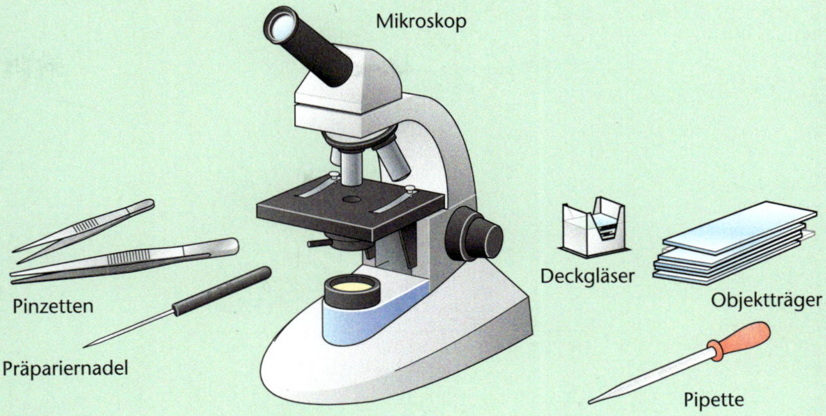

2 Materialien

g) Wechsle in die nächste Vergrößerung. Sieh durch das Okular und beschreibe die Veränderung. Wähle am Objektivrevolver das Objektiv mit der mittleren Vergrößerung. Stelle das Bild scharf. Korrigiere vorsichtig die Stellung des Präparates in der Mitte der Objekttischöffnung.

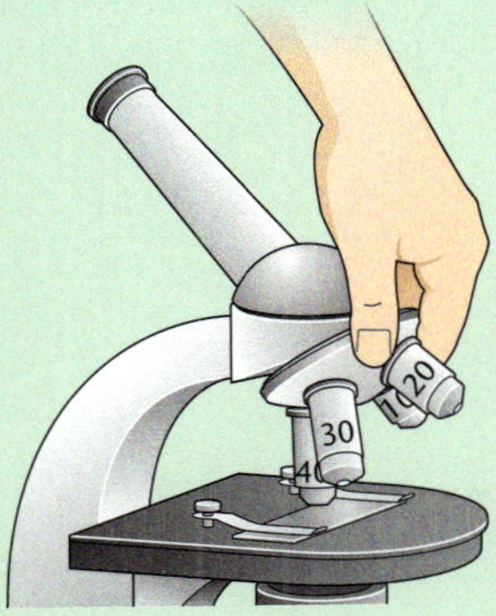

3 Wahl des Objektivs

Was kannst du beobachten, wenn du das Objekt leicht verschiebst?
h) Bewege den Objekttisch nach unten. Wiederhole den Vorgang mit dem Objektiv mit der größten Vergrößerung.

Aufgabe
Vergleiche deine Ergebnisse bei den einzelnen Vergrößerungen. Erkläre, warum es sinnvoll ist, mit der kleinsten Vergrößerung zu beginnen.

Du hast alles nach Anleitung gemacht, kannst aber trotzdem nichts erkennen. Am Anfang fischt man beim Mikroskopieren schon ein bisschen im Trüben. Mit Geduld und einigen Tipps wirst du aber doch zum Ziel kommen.

Mögliche Fehlerquellen
1. Der Folienbuchstabe liegt nicht genau unter dem Objektiv. Überprüfe nochmals seine Position.

2. Du hast nach der Einstellung des Spiegels das Mikroskop bewegt und damit den Lichtweg verändert. Richte den Spiegel neu ein und verschiebe das Mikroskop nun nicht mehr.

3. Der Objektivrevolver ist nicht eingerastet. Das Objektiv hat sich im Gewinde gelockert.

4. Du drehst zu schnell am Grobtrieb. Versuche es noch einmal ganz langsam und vorsichtig. Wenn du dann einen Schatten erkennst, kannst du das Bild mit dem Feintrieb scharf stellen.

Die Pflanzenzelle

1 Laubblatt

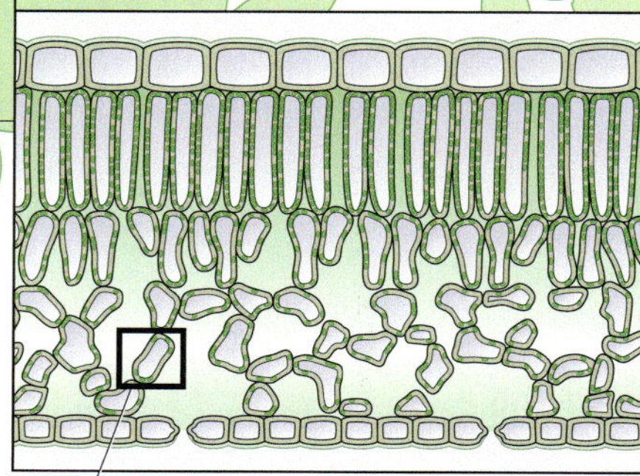

2 Blatt, Querschnitt

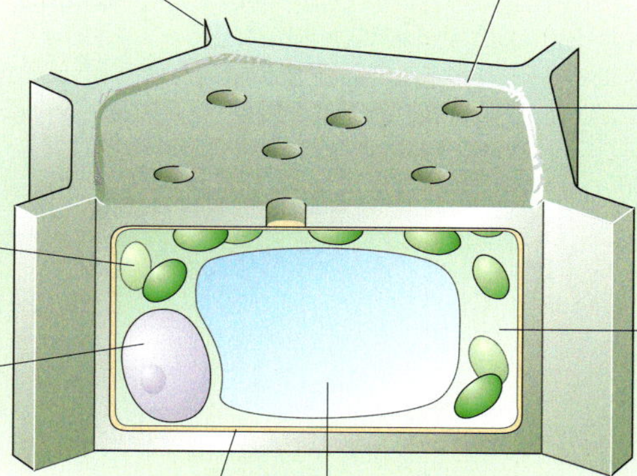

Die Pflanzenzelle

Betrachtest du einen Teil eines Laubblattes unter dem Mikroskop, so kannst du die einzelnen Zellen erkennen, die zum Teil recht unterschiedlich aussehen (▷ B 2). Bei einer starken Vergrößerung entdeckt man in den Zellen viele kleine Zellbestandteile, die **Zellorganellen** genannt werden. Zu den Zellorganellen gehören z. B. der **Zellkern**, die **Blattgrünkörner** (Chloroplasten) und die **Vakuole**. Doch nur wenn die kleinen Zellorganellen richtig zusammenarbeiten, kann die Zelle ihre jeweilige Aufgabe erfüllen. [System, S. 140]

Die wesentlichen Bestandteile einer Pflanzenzelle sind:
- Zellkern
- Vakuole
- Zellplasma
- Blattgrünkörner (Chloroplasten)
- Zellwand
- Zellmembran

Aufgabe

1 Erstelle eine Tabelle, in der du die Zellorganellen von Pflanzen- und Tierzellen gegenüberstellst. Nenne Gemeinsamkeiten und Unterschiede.

Die Tierzelle

Die Zellen von Mensch und Tier weisen drei wesentliche Unterschiede zu Pflanzenzellen auf: Sie besitzen keine Zellwand, sondern nur eine dünne **Zellmembran**. Sie haben keine Chloroplasten und meist keine Vakuole.

Tierzellen haben keine Chloroplasten, keine Zellwand und oft keine Vakuolen.

Zelle – Gewebe – Organ

Jede Zelle erfüllt eine ganz bestimmte Aufgabe. Oft sind Zellen, die die gleiche Aufgaben in einem Körper erfüllen, zu Zellverbänden zusammengeschlossen. Dann bilden sie ein **Gewebe**. Ein Beispiel ist das Muskelgewebe. Verschiedene Gewebe bilden zusammen ein **Organ**. Die Haut des Menschen z. B. ist aus verschiedenen Geweben aufgebaut und deshalb ein Organ.

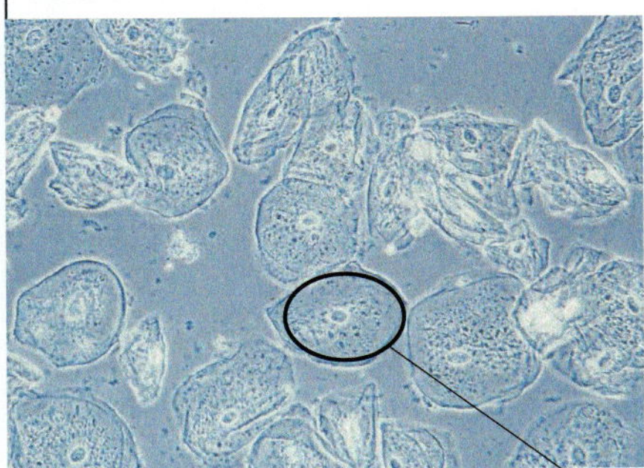

1 Mundschleimhautzellen

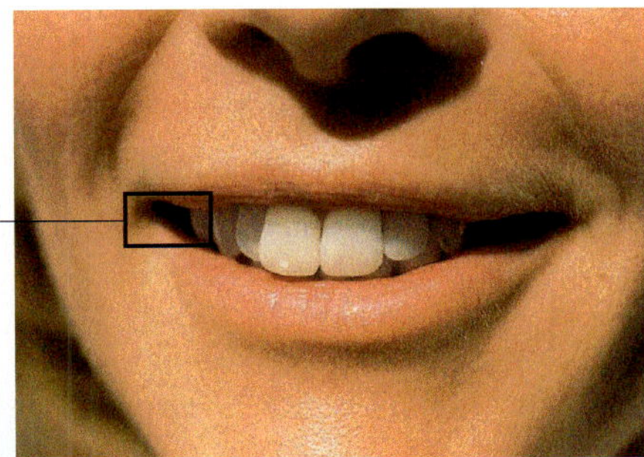

2 Mund

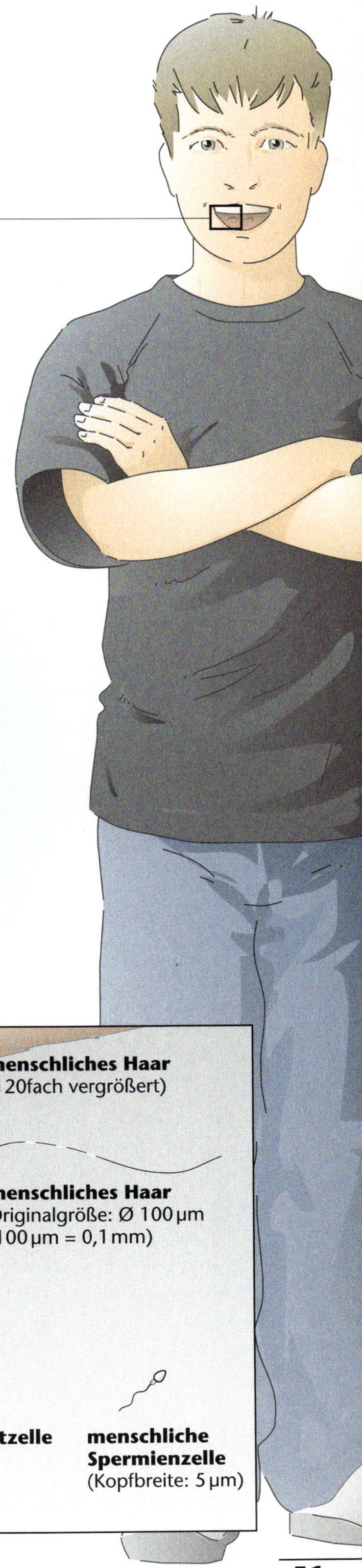

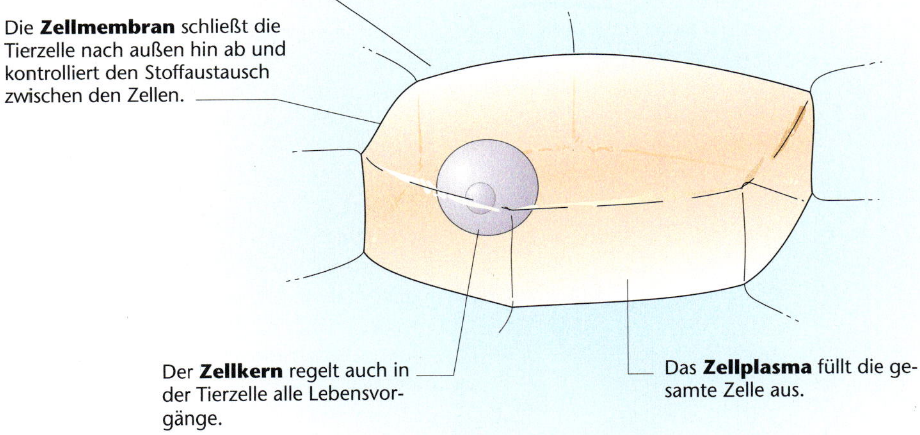

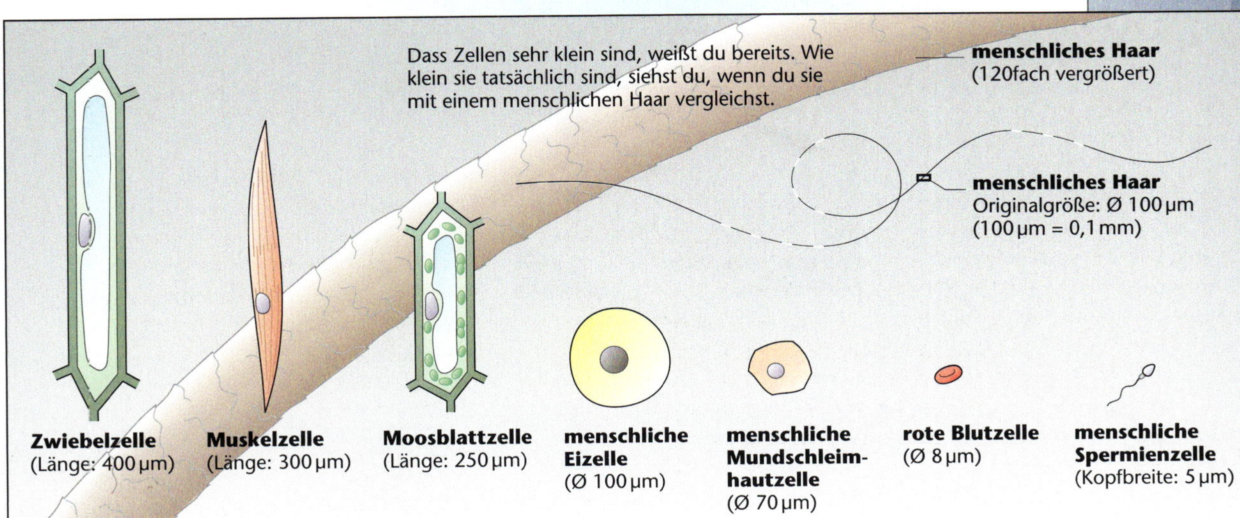

3 Verschiedene Zellen im Vergleich

Richtig zeichnen

Naturwissenschaftler haben schon immer Zeichnungen von ihren Untersuchungsobjekten erstellt, um ihre Versuchsergebnisse festzuhalten. So wurden diese auch für Nicht-Wissenschaftler anschaulich und leichter verständlich. Du wirst sehen: Man muss kein Künstler sein, um die Regeln des wissenschaftlichen Zeichnens zu erlernen.

1 Richtig zeichnen

Material

Mikroskop, Bleistift, unliniertes Papier, Zirkel, Millimeterpapier auf Folie (ein Zentimeterquadrat)

Versuchsanleitung

a) Bereite auf einem unlinierten Blatt drei mit dem Zirkel gezogene Kreise vor (Radius = 2,5 cm). Hier wirst du deine Beobachtungen einzeichnen. Beschrifte sie mit den drei möglichen Vergrößerungen (40-fach, 100-fach, 400-fach).

1 Drei Kreise mit dem Zirkel ziehen

Wenn du durch das Okular des Mikroskops blickst, siehst du einen hellen Kreis. Bei manchen Mikroskopen siehst du einen Pfeil, der zur Kreismitte zeigt. Er hilft dir, dich im vergrößerten Bild zu orientieren.

b) Lege das Folienquadrat auf den Objektträger. Bringe den Objektträger in die Mitte der Objekttischöffnung und klammere ihn fest. Stelle das Mikroskop so ein, dass ein scharfes Bild des Millimeterpapiers entsteht. Verschiebe den Objektträger so lange, bis du möglichst viele vollständige Quadrate erkennen kannst.

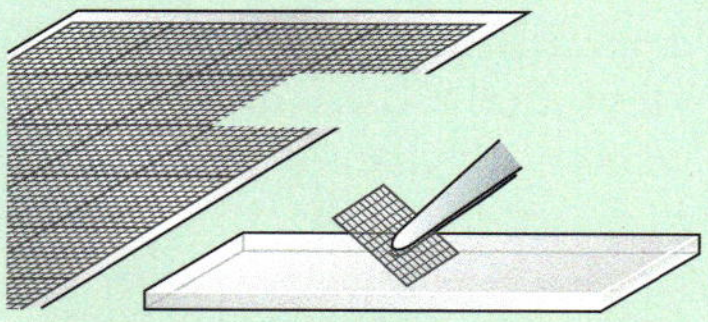

2 Millimeterpapier auflegen

c) Zähle nach, wie viele Quadrate sich in der Waagerechten und in der Senkrechten befinden. Schätze ab, in welcher Größe du die Quadrate in deine Zeichnung bzw. in den Kreis einzeichnen kannst.

d) Zeichne die Quadrate ein. Achte darauf, dass in deiner Zeichnung das Verhältnis zwischen der Dicke der Linien und der Größe der freien Flächen stimmt. Die Linien sind jetzt nicht mehr nur dünne Striche.

e) Sieh immer wieder durch das Okular und vergleiche das Original mit deiner Zeichnung.

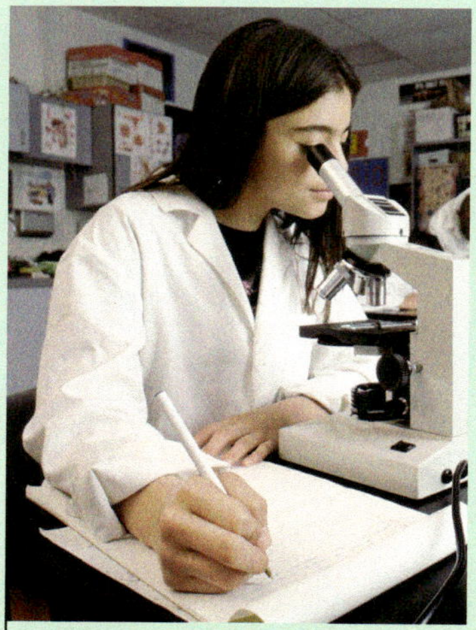

3 Eine Zeichnung anfertigen

f) Verfahre nun ebenso bei den anderen Vergrößerungen. Korrigiere immer erst vorsichtig die Stellung des Objektträgers, bevor du zu zeichnen beginnst, damit der Bildausschnitt gut gewählt ist.

Achtung

Es kann sein, dass du bei der stärksten Vergrößerung nichts siehst, obwohl du alle Regeln beachtet hast.
Das Millimeterquadrat ist jetzt stark vergrößert. Vielleicht siehst du nur die freie Fläche zwischen den Linien, weil sich die Millimeterstriche aufgrund der starken Vergrößerung nicht mehr im Bild befinden.
Verschiebe den Objektträger vorsichtig, bis du wieder eine Linie findest.

Tipp

1. Stelle dir im Mikroskop die Stundenzeiger einer Uhr vor. Du kannst dann besser kontrollieren, ob eine Linie wirklich dort liegt, wo du sie hingezeichnet hast.

2. Zeichne mit lockerem, leichtem Strich, ohne zu drücken.

3. Zeichne das Wesentliche, nicht jede Einzelheit. Suche nach Mustern, die sich wiederholen.

3. Achte auf die Stellung der Linien zueinander.

4. Vergleiche deine Zeichnung immer wieder mit dem Bild im Mikroskop. Stimmt die Größe in der Zeichnung? Zeichnest du genau so viele Teile, wie du im Okular siehst?

Aufgabe

Übe das mikroskopische Zeichnen an Präparaten von Moosblättchen und Zwiebel.

Werkstatt

Mikroskopieren

Wir untersuchen die Zellen einer Küchenzwiebel. Dafür benötigen wir die oben abgebildeten Arbeitsgeräte.
Mit den Arbeitsgeräten musst du sehr sorgfältig umgehen, damit du dich oder andere nicht verletzt.

Material
Küchenzwiebel, Messer, Rasierklinge, Pinzette, Objektträger, Deckgläschen, Pipette, Löschpapier

Versuchsanleitung
a) Lege die Arbeitsgeräte bereit und zerschneide die Zwiebel.

b) Löse eine Zwiebelschuppe heraus.

c) Schneide die Zwiebelschuppe mit dem Skalpell oder einer Rasierklinge ein.

d) Gib mit einer Pipette einen Tropfen Wasser auf den Objektträger.

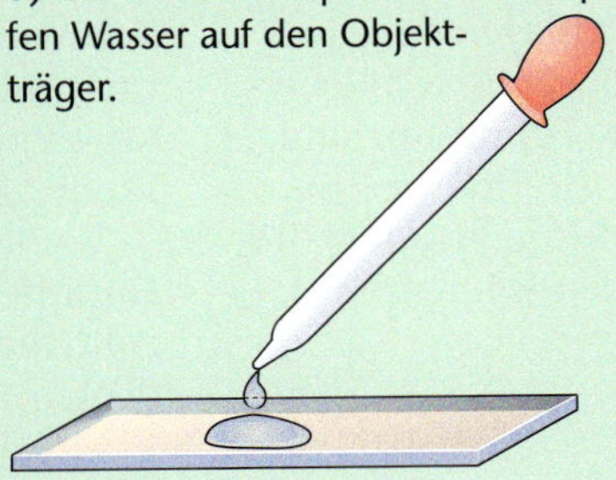

e) Löse mit der Pinzette ein kleines Stückchen Zwiebelhaut heraus.

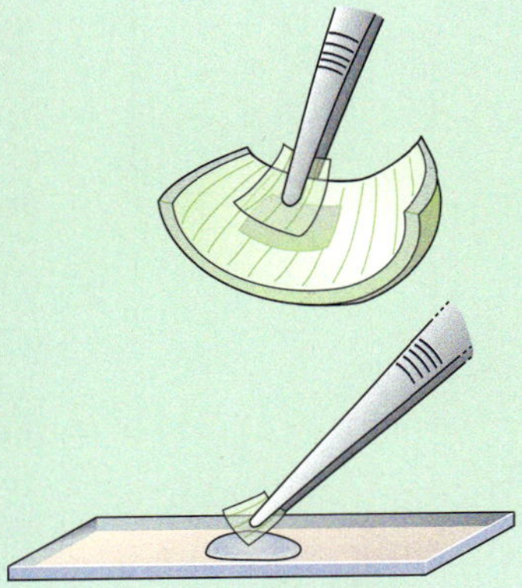

f) Lege das Zwiebelhäutchen in den Wassertropfen auf dem Objektträger.

g) Senke das Deckgläschen vorsichtig auf das Zwiebelhäutchen ab, am besten mithilfe der Präpariernadel.

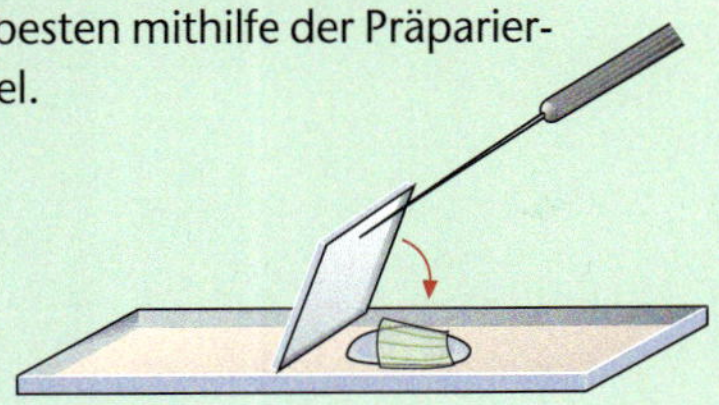

h) Sauge überschüssiges Wasser mit einem Löschblatt ab.

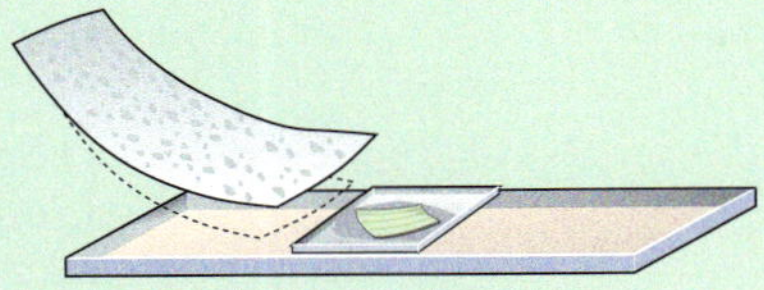

i) Lege das fertige Präparat unter das Mikroskop.

j) Beginne mit der kleinsten Vergrößerung.

k) Stelle eine immer stärkere Vergrößerung ein und stelle scharf.

l) Schaue dir das Präparat in Ruhe genau an.

m) Fertige eine große Zeichnung von dem Zwiebelhautpräparat an. Zeichne mindestens drei Zellen.

n) Wenn du fertig bist, nimm das Präparat vom Objekttisch und reinige Objektträger und Deckgläschen.

o) Stelle das Mikroskop wieder auf die kleinste Vergrößerung und räume alle Arbeitsgeräte auf.

Aufgaben

1 Betrachte Haare und einen Salzkristall unter dem Mikroskop. Fertige dann jeweils eine Zeichnung an.

2 Besorge dir Blättchen der Wasserpest und betrachte sie unter dem Mikroskop. Zeichne mindestens fünf Zellen.

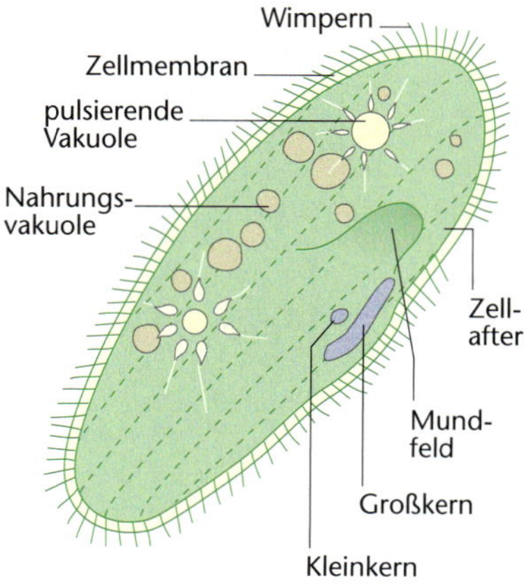

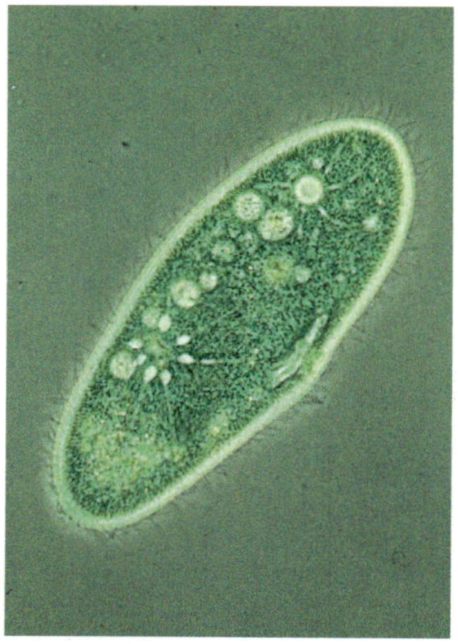

1 Pantoffeltierchen

Gewässer sind Lebensräume für eine Vielzahl von Tier- und Pflanzenarten. Dabei denkst du sicher zunächst an Fische oder Seerosen. Mit dem Mikroskop kannst du jedoch winzige Lebewesen im Wasser entdecken. Viele von ihnen bestehen nur aus einer einzigen Zelle, in der sich alle Lebensvorgänge abspielen. [System, S. 140]

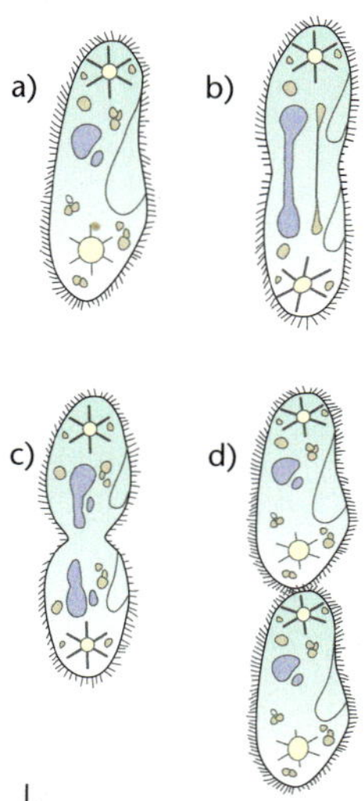

2 Zellteilung

Pantoffeltierchen sind Einzeller

Pantoffeltierchen sind **Wimpertiere**, die es im Süßwasser in einer unübersehbaren Artenzahl gibt. Der gesamte Zellkörper ist von Wimpern besetzt, die in Längsreihen stehen. Die Wimpern schlagen entgegen der Schwimmrichtung, wobei sie alle hervorragend aufeinander abgestimmt sind. Dadurch bewegen sich die Tiere in jede beliebige Richtung. Nahrung strudeln die Pantoffeltierchen mit den Wimpern ins **Mundfeld** (▷B 1).

3 Heuaufguss

Das Pantoffeltierchen ist etwa 0,3 mm lang und findet sich häufig in Heuaufgüssen. Für einen **Heuaufguss** legst du etwas Heu in ein Einmachglas und übergießt es mit Tümpelwasser (▷B 3). Bereits nach wenigen Tagen bildet sich auf der Wasseroberfläche eine Kahmhaut aus Bakterien. Darin findet man auch viele Pantoffeltierchen, die nach Nahrung suchen.

Zellorganellen übernehmen wichtige Aufgaben

Organe besitzen die winzigen Tiere nicht. Die Aufgabe der Organe übernehmen Zellorganellen, die sich im Zellplasma befinden. Über den Zellmund gelangen die Nahrungsteilchen in das Zellplasma. **Nahrungsvakuolen** schließen Bakterien und andere Nahrungsteilchen ein und verdauen sie mithilfe von Verdauungssäften aus dem Zellplasma. Unverdauliche Reste werden anschließend durch den Zellafter ausgeschieden.

Eine Besonderheit vieler Einzeller sind die **pulsierenden Vakuolen**. Das sind kleine Bläschen, die sich in einem bestimmten Rhythmus zusammenziehen und wieder ausdehnen. Sie sorgen dafür, dass überschüssiges Wasser und auch Abfallstoffe aus dem Zellkörper entfernt werden.

Als Schutz vor Feinden sitzen zwischen den Wimpern in der Außenhaut so genannte **Trichocysten**. Das sind winzige Eiweißnadeln, die bei Reizung als lange Fäden abgeschossen werden.

Pantoffeltierchen vermehren sich durch Zellteilung (▷B 2). Dabei teilt sich auch der **Großkern**, die Steuerzentrale der Zelle.

Aufgaben

1 a) Lege ein Transparentpapier über das Foto des Pantoffeltierchens (▷B 1) und zeichne alle Strukturen genau nach.

b) Beschrifte dann mithilfe des Schemas (▷B 1 links) in deiner Kopie die verschiedenen Strukturen.

2 Vergleiche Pantoffeltierchen und Euglena hinsichtlich der Fortbewegung, Ernährung, Ausscheidung und Reizbarkeit durch Licht. Welche Gemeinsamkeiten bzw. Unterschiede lassen sich feststellen? Erstelle dazu eine Tabelle.

Tier oder Pflanze?
In nährstoffreichen stehenden Gewässern oder in lange stehenden Heuaufgüssen findet man oft auch das **Augentierchen Euglena** (▷ B 1). Den Namen hat Euglena wegen des **roten Augenflecks** erhalten. Es ist ein Einzeller, der sich nur schwer den Pflanzen oder den Tieren zuordnen lässt: Es kann wie die Pflanzen mithilfe von Chloroplasten Nährstoffe selbst herstellen. Manche Arten nehmen im Dunkeln aber auch Nahrungsteilchen auf.

Bei günstigen Nährstoffbedingungen vermehren sich Augentierchen so stark, dass sie das Wasser grün färben. Am vorderen Körperende sitzt das **Geißelsäckchen**, in dem zwei **Geißeln** liegen. Belichtet man den Einzeller, so schwimmt er in Richtung der Lichtquelle. Dabei schraubt sich Euglena mithilfe der langen Geißel wie mit einem Propeller vorwärts. Ebenfalls im vorderen Bereich befindet sich eine **pulsierende Vakuole**, die wie bei den Wimpertieren überschüssiges Wasser und Abfallstoffe beseitigt. Der **Zellkern**, die Steuerzentrale der Zelle, liegt in der Mitte des Einzellers (▷ B 1).

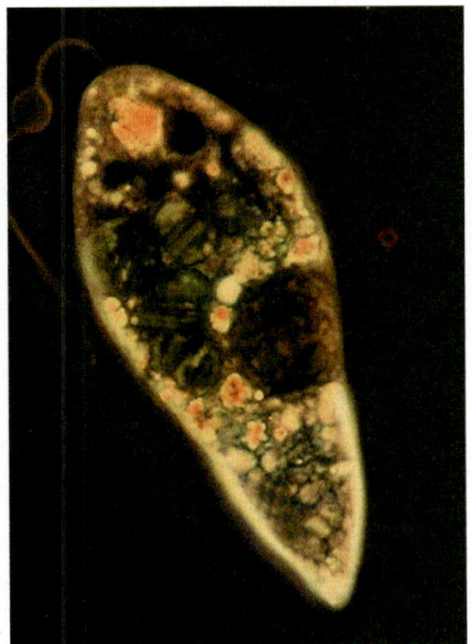

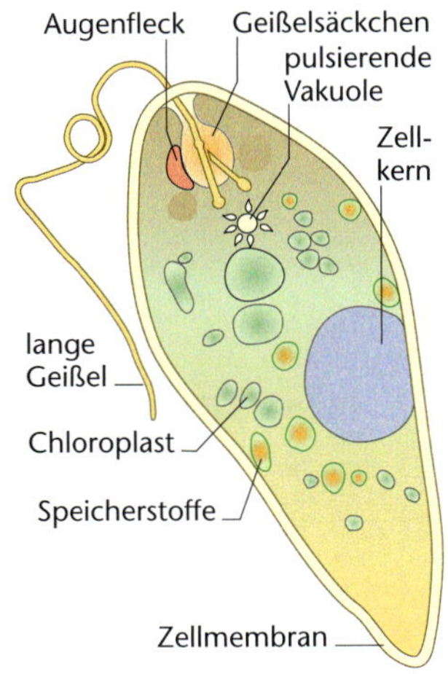

1 Euglena

Weil Euglena nicht eindeutig zu den Pflanzen oder Tieren gehört, haben Wissenschaftler die Augentierchen in ein eigenes **Reich** eingeordnet. Wie die Pantoffeltierchen, zeigt auch Euglena alle Kennzeichen des Lebendigen: Es ist beweglich, es reagiert auf Umweltreize, es zeigt Wachstum und Stoffwechsel und es vermehrt sich durch Längsteilung. [System, S. 140]

Lexikon

Kleinlebewesen im Gewässer

Amöben sind Einzeller. Aus ihrem Zellkörper treten Scheinfüßchen hervor, mit denen sie sich fortbewegen. Damit umschließen sie Nahrungsteilchen und nehmen diese in ein Nahrungsbläschen auf.

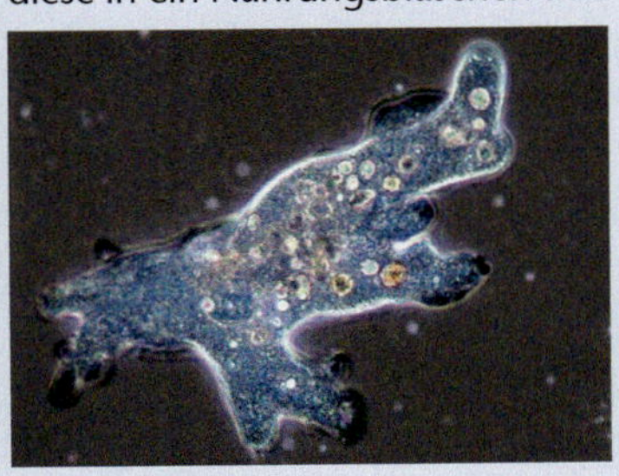

Glockentierchen sind Wimpertiere, die an dünnen Stielen an Wasserpflanzen und anderen Unterlagen festgeheftet sind. Sie sind mit mehreren Arten in fast allen Gewässern zu finden.

Die **Stab-Kieselalge** kommt in allen Gewässern sehr häufig vor. Wie eine Schachtel mit Deckel und

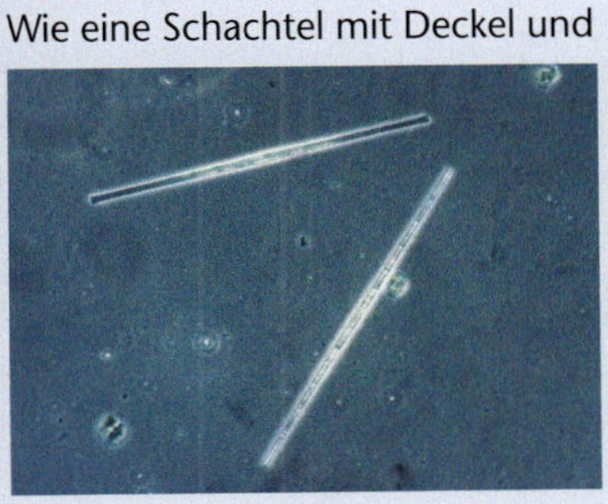

Boden umschließt die kieselhaltige Wand den Körper.

Die **Große Wimperkugel** (Volvox) ist eine Grünalge, also eine Pflanze, die aus einer Zellkolonie mit mehreren tausend Einzelzellen besteht. Sie ist in stehenden Gewässern oft in dichten Wolken zu beobachten.

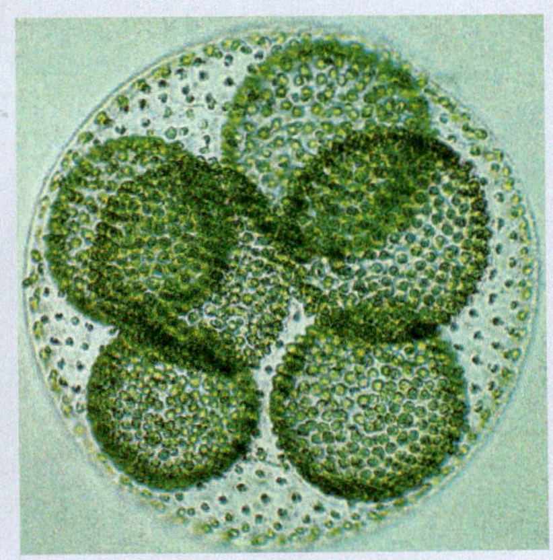

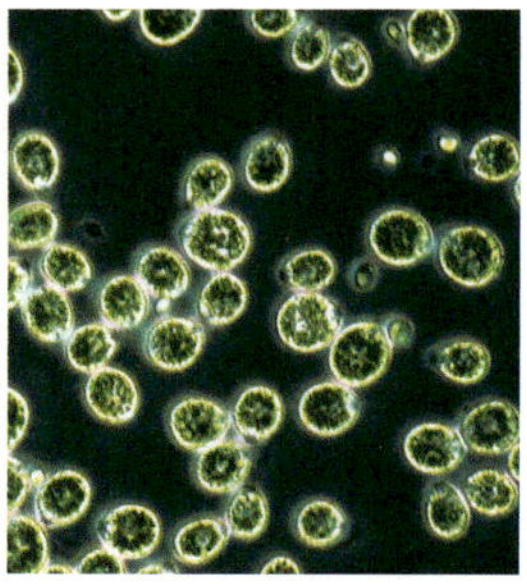

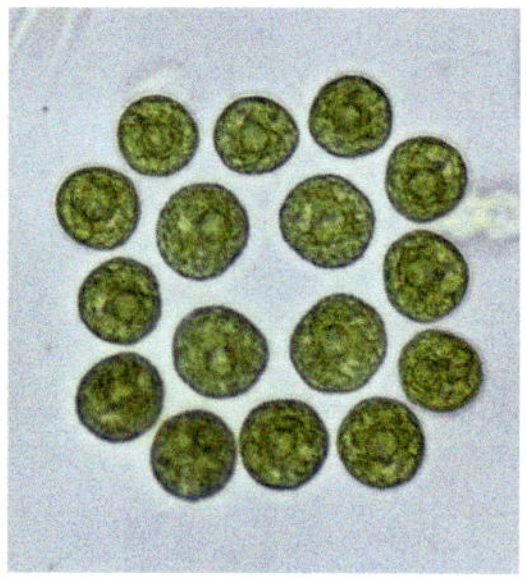

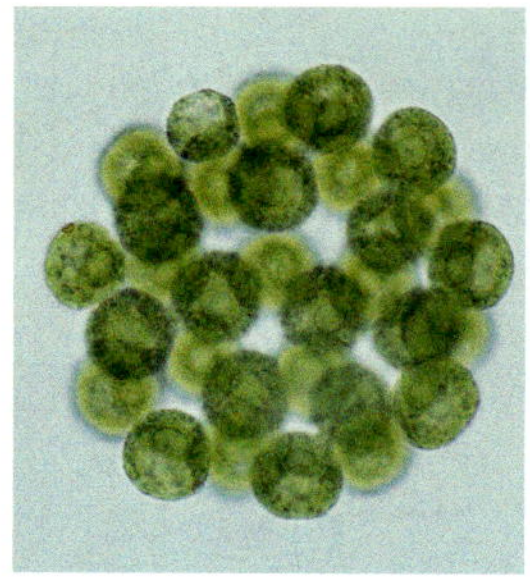

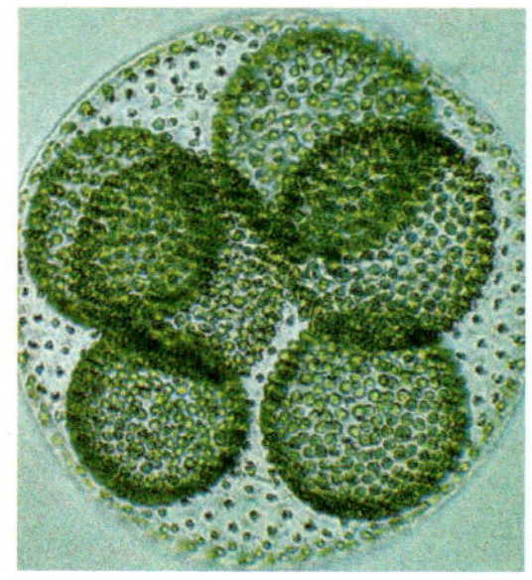

1 Mikrometer (µm) ist der tausendste Teil eines Millimeters: 1 µm = 0,001 mm

Vielzeller entstehen

Chlamydomonas ist eine einzellige Grünalge. Sie kommt in Tümpeln sehr häufig vor und ist ähnlich aufgebaut wie Euglena. Sie hat aber zwei lange Geißeln. Eine pulsierende Vakuole fehlt.

Ebenfalls in stehenden Gewässern lebt die **Mosaik-Grünalge**. Sie ist aber kein Einzeller, sondern besteht aus 16 Einzelzellen. Jede Einzelzelle ist genauso aufgebaut wie Chlamydomonas. Die 16 Zellen werden durch eine gallertartige Masse verbunden und sehen aus wie eine Scheibe. Diese Scheibe ist wahrscheinlich so entstanden: Einzelne Zellen haben sich nach der Teilung nicht getrennt, sondern sind in der Gallerthülle zusammengeblieben. Solche Zusammenschlüsse nennt man **Kolonie**.

Bei der Algenkolonie **Eudorina** sind bereits 32 Zellen zu einer Hohlkugel verbunden. Eudorina kann sich ungeschlechtlich vermehren. Sie bildet aber auch schon Geschlechtszellen aus. [Entwicklung, S. 138]

Die **Große Wimperkugel Volvox** besteht aus etwa 10 000 Zellen, die eine winzige Hohlkugel bilden. Jede Zelle hat einen Chloroplast, zwei Geißeln und einen Augenfleck. Die Zellen sind durch Plasmafäden miteinander verbunden. Volvox ist keine Zellkolonie mehr, sondern ein vielzelliges Lebewesen. Die einzelnen Zellen sind allein nicht lebensfähig. Sie haben sich für bestimmte Aufgaben spezialisiert. Viele kleine Zellen dienen der Fortbewegung und der Ernährung. Wenige große Zellen dienen der Fortpflanzung.

Einzeller zeigen alle Kennzeichen des Lebendigen. Bei den Vielzellern sind die einzelnen Zellen nicht lebensfähig, sondern haben sich für bestimmte Aufgaben spezialisiert. [System, S. 140]

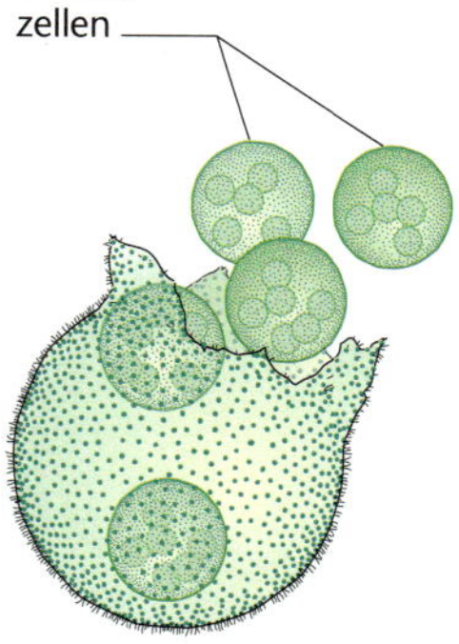

1 Vermehrung bei der Großen Wimperkugel Volvox

Versuch

1 Lege mehrere verschiedene Aufgüsse für die Zucht von Einzellern an. Dazu wird einfach etwas Heu von verschiedenen Standorten zu einer lockeren Kugel geformt, in ein Becherglas gedrückt und mit Tümpelwasser übergossen (siehe Seite 54).

Setzt in arbeitsteiliger Gruppenarbeit auch Aufgüsse mit anderen Pflanzenmaterialien an, z. B. mit trockenem Laub oder zerkleinerten – möglichst getrockneten – Futterrüben. Färbt mit Neutralrot, indem ihr mit Filterpapier einen kleinen Tropfen unter das Deckglas saugt (Schutzbrille!). Welche Arten kommen vor (Bestimmungsbuch!)? Gebt an, in welcher zeitlichen Reihenfolge die Arten auftreten (Beobachtungszeit ca. 2–3 Wochen). Zeichnet oder fotografiert.

Aufgaben

1 Stelle in einer Tabelle die Gemeinsamkeiten und Unterschiede von Chlamydomonas, der Mosaik-Grünalge, Eudorina und Volvox zusammen.

2 Rechne die oben in Mikrometern angegebenen Durchmesser in Millimeter um und füge sie entsprechend in der Tabelle ein.

3 Welche Vorteile ergeben sich aus dem Zusammenschluss einzelner Zellen zu Zellkolonien? Ein Tipp: Bedenke die Größe einer Zelle.

4 Beschreibe die Tätigkeit von Organellen in einer Zelle. Vergleiche sie mit den Aufgaben eines Organs.

Ein einfach gebauter Vielzeller

Süßwasserpolypen sind etwa einen bis drei Zentimer groß. Sie leben vor allem in langsam fließenden, sauerstoffreichen Gewässern. Dort haften die bräunlich oder grün gefärbten Polypen mit ihrer Fußscheibe an Wasserpflanzen. Am oberen Körperende kann man die **Tentakel** sehen. Das sind Fangarme, die vom fließenden Wasser hin und her bewegt werden. Mit ihnen fängt der Polyp Wasserflöhe und winzige Fische. Die Polypen können sogar ihren Standort wechseln. Dazu machen sie langsame Bewegungen, die wie ein Handstandüberschlag aussehen.

Wie sieht der Polyp innen aus?

Der Körper gleicht einem schlauchförmigen Becher. Der große Hohlraum ist gleichzeitig Magen und Darm des Polypen. Er wird von zwei Schichten begrenzt. Die **Außenschicht** ist aus Muskel-, Sinnes- und Nesselzellen aufgebaut. Die **Innenschicht** besteht aus Drüsen- und Fresszellen. Zwischen beiden Schichten liegen einfache Nervenzellen (▷ B 1). Obwohl der Polyp spezialisierte Zellen und Gewebe besitzt, hat er noch keine echten Organe. [System, S. 140]

Beutefang beim Süßwasserpolyp

Berührt ein Beutetier einen Tentakel, löst es die Explosion der Nesselzellen aus. Stilettapparate schnellen vor und durchdringen die Beute. Gleichzeitig werden **Nesselfäden** ausgestoßen, die das Opfer lähmen oder töten. Die Fangarme ergreifen die Beute und stopfen sie in die Mundöffnung. Im Magen-Darm-Raum wird sie durch Verdauungssäfte der Drüsenzellen zersetzt. Die Nahrungsteilchen werden dann von Fresszellen aufgenommen und vollständig verdaut.

Aus Einem mach Zwei

Die Polypen können sich geschlechtlich fortpflanzen. Sie vermehren sich aber auch ungeschlechtlich durch **Knospung**. Dabei entsteht eine Ausstülpung am unteren Körperende, aus der sich in kurzer Zeit ein junger Polyp entwickelt. Er löst sich vom Elterntier ab und lebt selbstständig weiter (▷ B 2). [Entwicklung, S. 138]

Aufgabe

1 Beschreibe anhand von ▷ B 3 die Explosion einer Nesselzelle.

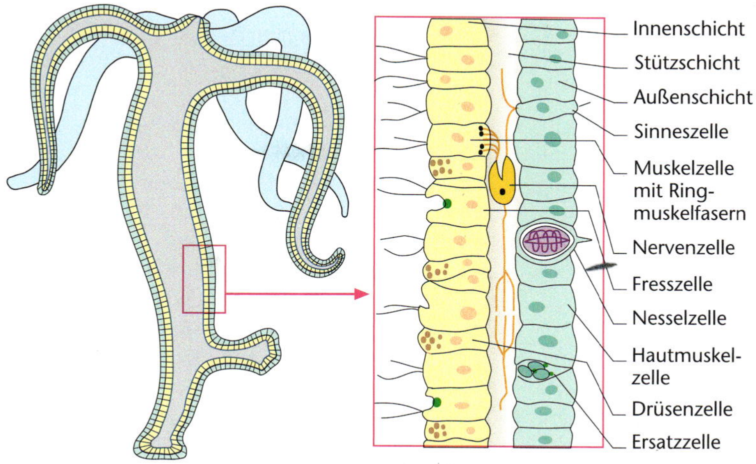

1 Aufbau eines Süßwasserpolypen

2 Süßwasserpolyp mit Knospen und jungem Polyp

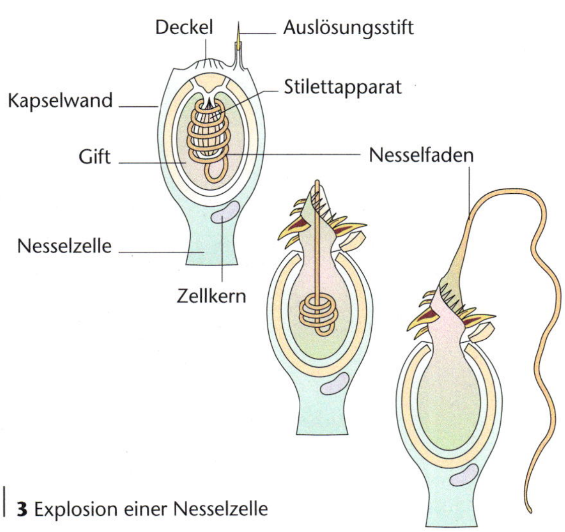

3 Explosion einer Nesselzelle

Lebewesen sind aus Zellen aufgebaut

Ohne Mikroskope keine Zellforschung

Tier- und Pflanzenzellen können nicht mit einer Lupe untersucht werden. Dazu sind sie zu klein. Erst das Mikroskop ermöglicht eine genaue Betrachtung der Zellbausteine. Das Lichtmikroskop enthält lichtbrechende Linsen, die Okular- und Objektivlinsen. Multipliziert man deren Einzelauflösungen, so erhält man die Gesamtvergrößerung des Mikroskops. Bereits bei 100-facher Vergrößerung sind Zellwand, Zellkern und Chloroplasten zu erkennen.

Pflanzen und Tiere sind aus Zellen aufgebaut

Pflanzen- und Tierzellen sind die kleinsten Lebenseinheiten von Pflanze, Tier und Mensch. Sie haben viele Gemeinsamkeiten: Beide sind von einer Membran umschlossen, die den Stoffaustausch zu den Nachbarzellen ermöglicht. Der Zellkern übernimmt wichtige Steuerungsfunktionen. Er ist in das Zellplasma eingelagert. Pflanzen- und Tierzellen unterscheiden sich aber in einigen wesentlichen Punkten: Tierzellen haben keine zusätzliche feste Zellwand. Nur in Pflanzenzellen finden sich Vakuolen. Grüne Pflanzen besitzen außerdem in ihrem Plasma Blattgrünkörner, auch Chloroplasten genannt.

Pantoffeltierchen sind Einzeller

Pantoffeltierchen sind im Heuaufguss regelmäßig zu finden. Sie bestehen aus einer einzigen Zelle. Außen ist das Tierchen mit Wimpern besetzt, die der Fortbewegung im Wasser dienen. Die Wimpern nehmen aber auch Berührungsreize auf, die zu einer Änderung der Schwimmrichtung führen. Pantoffeltierchen gehören zu den Wimpertieren, deren Artenzahl weltweit sehr groß ist. Pantoffeltierchen besitzen keine inneren Organe. Deren Aufgaben übernehmen winzige Organellen, wie zum Beispiel die Nahrungsbläschen.

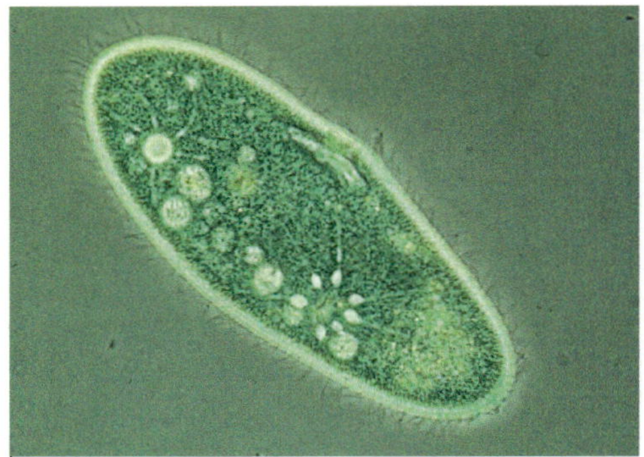
2 Pantoffeltierchen

Euglena – Pflanze oder Tier?

Das Augentierchen (Euglena) lebt in nährstoffreichen Gewässern. Es ist ein Einzeller, der in seinem Zellplasma Chloroplasten enthält. Damit kann es Nährstoffe herstellen. Lebt es lange im Dunkeln, nimmt es auch Nahrungsteilchen auf. Mithilfe einer Geißel kann sich Euglena bewegen. Den Namen hat Euglena wegen des roten Augenflecks bekommen.

Vielzeller besitzen spezialisierte Zellen

Bei den Einzellern muss eine Zelle alle Lebensfunktionen erfüllen. Die Zelle ist fähig zur Fortbewegung, zur Fortpflanzung, zur Nahrungsaufnahme, zum Wachstum und verfügt über einen eigenen Stoffwechsel. Außerdem kann sie Reize aus der Umwelt empfangen und darauf reagieren. Bei vielzelligen Lebewesen werden diese Aufgaben von zahlreichen spezialisierten Zellen übernommen.

1 Mehrzeller

3 Euglena

Zellen schließen sich zu Geweben und Organen zusammen

Gleichartige Zellen schließen sich bei Pflanzen und Tieren zu Geweben zusammen. Sie übernehmen gemeinsam bestimmte Aufgaben. Ein Organ besteht immer aus mehreren Gewebearten. Die Haut ist zum Beispiel ein Organ des Menschen. Sie enthält mehrere Gewebearten, die aus jeweils gleichartigen Zellen bestehen.

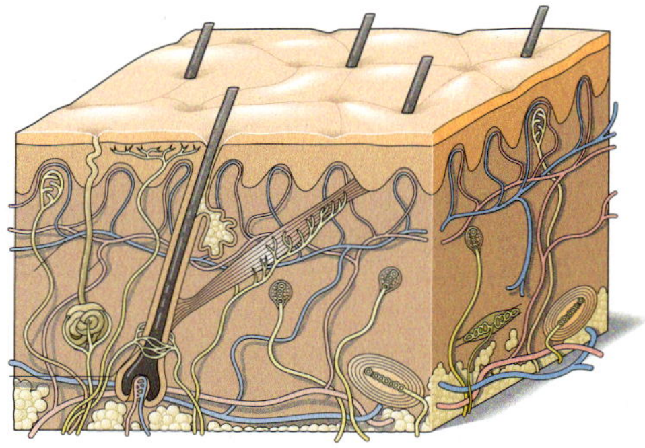

Aufgaben

1 Erkläre, warum manche preisgünstige Mikroskope nur schlechte Ergebnisse liefern.

2 Nenne die Hauptbauteile eines Lichtmikroskops und deren Funktionen.

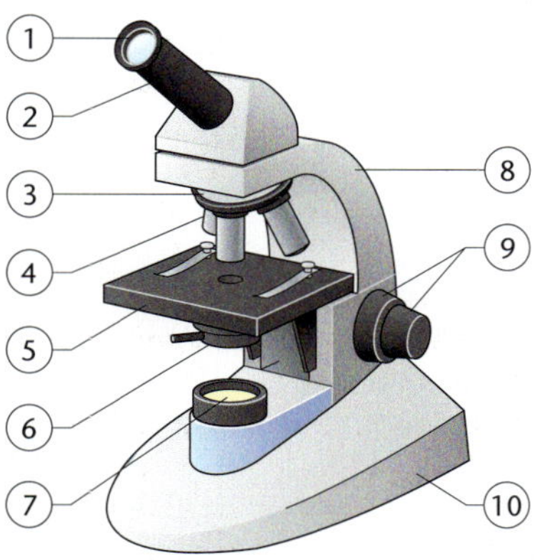

3 Du schaust durch dein Mikroskop und erhältst kein scharfes Bild.
Welche Ursachen könnte es dafür geben?

4 Ein Mikroskop ist folgendermaßen ausgestattet:
Okulare: 10x und 12x
Objektive: 5, 10 und 40
Fertige eine Tabelle an und trage die zu erreichenden Gesamtvergrößerungen der möglichen Linsenkombinationen ein.

5 Im Heuaufguss tauchen nach einigen Tagen wie von selbst Pantoffeltierchen auf. Überlege, wie die Tiere in den Heuaufguss hineingekommen sein könnten.

Überprüfe deine Theorie auf ihre Wahrscheinlichkeit und versuche, durch Internetrecherche eine Antwort zu finden.

6 Zellen und Organismen sind lebende Systeme, die aus vielen Elementen bestehen.
a) Stelle in einer Tabelle die Elemente der Zelle (Organellen) und eines Wirbeltieres (Organe) gegenüber und beschreibe deren jeweilige Hauptfunktion.

b) Beschreibe anhand einiger Beispiele, wie die Elemente im jeweiligen System zusammenarbeiten.

7 Einzeller haben verschiedene Möglichkeiten der Fortbewegung entwickelt. Beschreibe Struktur und Funktion dieser Elemente.

8 Erkläre den Begriff „Zellorganellen“, nenne einige Beispiele und beschreibe deren Aufgaben in der Zelle.

9 Pflanzenzellen besitzen Zellwände. Begründe, warum Tierzellen keine Zellwände benötigen.

10 Zähle die Lebenseigenschaften der Zelle auf und beschreibe sie jeweils an einem Beispiel.

11 Der Zellkern hat in einer Zelle eine ganz besondere Bedeutung. Erkläre.

12 Ordne die Begriffe und Aussagen der Gruppen a) und b) einander richtig zu und schreibe sie in dein Heft.
a) Zellkern, Zellwand, Vakuole, Chloroplast, Membran, Zellplasma.

b)
- umhüllt die Pflanzenzelle
- umhüllt Pflanzen- und Tierzelle
- füllt den Innenraum der Zelle aus
- enthält das Erbgut
- ermöglicht die Fotosynthese
- befindet sich in Pflanzenzellen und enthält Zellsaft

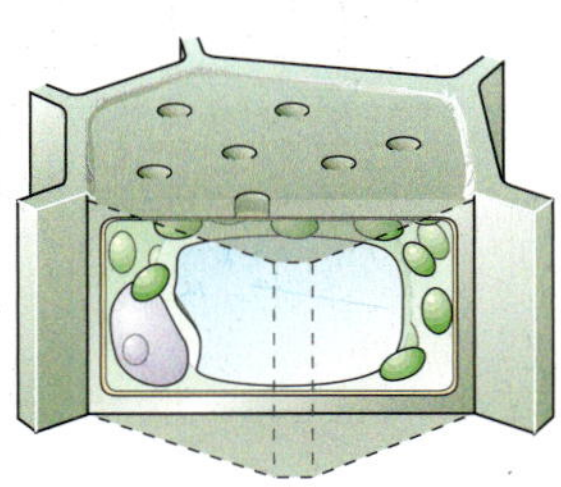

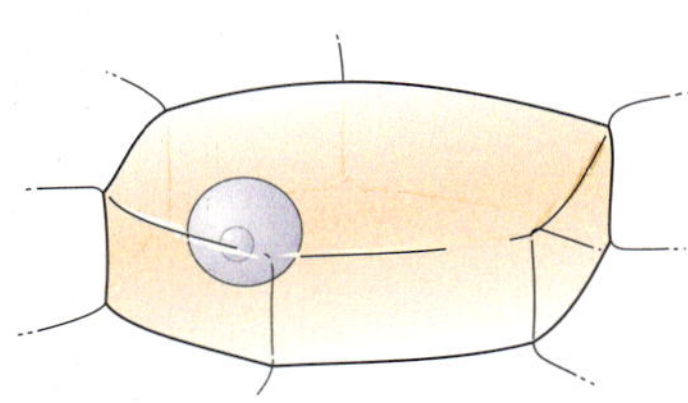

Stoffwechsel bei Pflanzen

Die Zahlen sind beeindruckend: Mit 115,5 m ist ein Küstenmammutbaum der höchste Baum der Welt und mit 46 m Umfang hat eine Zypresse den Titel „dickster Baum“ der Erde. Doch woher stammt das Baumaterial für diese Rekorde?

Bis aus einem winzigen Samen ein Baum mit 50 m Höhe und einem tonnenschweren Gewicht entsteht, vergehen zahlreiche Jahre. Blätter und Holz werden gebildet, Blüten und Samen sorgen für die Vermehrung. Doch auch Obst und Gemüse enthalten energiereiche Stoffe wie Zucker und Fette, die aber erst von den Pflanzen hergestellt werden müssen. Wie eine Fabrik braucht die Pflanze dazu Rohstoffe, die mithilfe von Energie umgewandelt werden. Um diese Leistung zu erbringen, nimmt z. B. ein ca. 20 m hoher Baum die Wassermenge von 2–3 Vollbädern an einem heißen Sommertag über seine Wurzeln auf. Zudem benötigt er ungefähr 6 kg Kohlenstoffdioxid aus der Luft.

In diesem Kapitel erfährst du, was in der Pflanze mit dem Wasser und dem Kohlenstoffdioxid passiert und warum diese Vorgänge auch für dich lebenswichtig sind.

Aufgaben

1 Auch in Bayern gibt es zahlreiche Baumriesen. Recherchiere darüber im Internet.

2 Sucht nach Möglichkeiten, die Länge und den Durchmesser eines Baumes zu veranschaulichen.

Schnittpunkt

System: Zelle – Gewebe – Organ – Organismus

Wie kann man sich erklären, dass Lebewesen so unterschiedlich aussehen, obwohl sie doch alle aus einem einzigen Grundbaustein — der Zelle — aufgebaut sind? Das liegt einmal daran, dass der Bauplan der Zelle abgewandelt werden kann. Wir Menschen haben zum Beispiel mehr als 200 verschiedene Zelltypen.

Zellen sind spezialisiert
Zellen können aber nicht nur unterschiedlich aussehen. Sie können auch eine ganz unterschiedliche Anzahl von Zellbestandteilen besitzen. So sind zum Beispiel die Zellwände der Steinzellen sehr dick und hart. Steinzellen findet man deswegen in Pflanzenteilen, die fest sein müssen, wie z. B. in den Schalen von Walnüssen, Erdnüssen und Bucheckern.
In den Blättern der Pflanzen, in denen die Nährstoffe hergestellt werden, findet man Zellen mit vielen Chloroplasten. Dagegen haben die Zellen der Wurzeln gar keine Chloroplasten.

Spezialisierte Zellen bilden Gewebe
Spezialisierte Zellen kommen aber nie alleine vor, sie sind immer zu Zellverbänden zusammengeschlossen. Weil sie in den Zellverbänden die gleiche Aufgabe haben, sind die Zellen dort auch alle gleich aufgebaut und haben dieselbe Form. Die Form ist stets der jeweiligen Aufgabe angepasst. Einen Zusammenschluss solcher gleichartiger Zellen mit einer bestimmten Aufgabe nennt man **Gewebe**.

Organe – Organsystem – Organismus
Jedes vielzellige Lebewesen, wie ein Baum oder der unten abgebildete Ackersenf, besteht aber nicht nur aus einem Gewebetyp. Der Ackersenf hat viele verschiedene Gewebetypen, die entsprechend ihrer Aufgabe unterschiedlich gebaut sind. Verschiedene Gewebetypen, die eine übergeordnete Aufgabe erfüllen, bilden ein **Organ**. Organe des Ackersenfs sind zum Beispiel die Blütenblätter, aber auch der Stempel oder die Staubblätter.

Aus den verschiedenen Organen ist das **Organsystem** Blüte aufgebaut. Und aus mehreren Organsystemen und Organen besteht der **Organismus** Ackersenf (▷ B 1).

Systemebenen
Zelle, Organ und Organismus sind Beispiele für verschiedene Systemebenen, die sich bei allen Pflanzen und Tieren finden lassen. Auf jeder Systemebene gibt es Angepasstheiten an die jeweiligen Aufgaben und die Funktion. Auf jeder höheren Ebene kommen neue Eigenschaften hinzu. [System, S. 140]

- Die **Zelle** ist der Grundbaustein aller Lebewesen. Zellen können unterschiedlich aussehen und verschiedene Aufgaben haben.
- Gleichartige Zellen, die eine bestimmte Aufgabe haben und miteinander in Verbindung stehen, bilden ein **Gewebe**.
- mehrere Gewebearten, die wie bei der Blüte an einer übergeordneten Aufgabe zusammenarbeiten, bezeichnet man als **Organ**.
- Ein **Organismus** ergibt sich aus der Zusammenarbeit aller seiner Organe und Organsysteme.

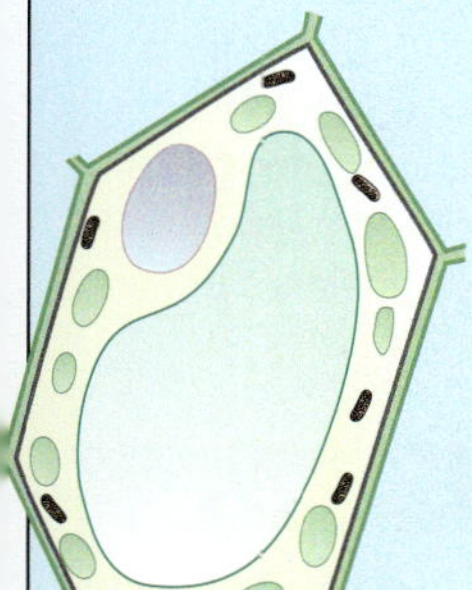

Zelle
Beinhaltet z. B. Zellkern, Chloroplasten, Vakuole und Zellplasma.

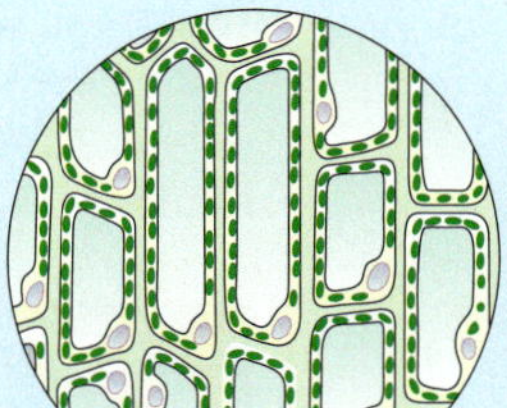

Gewebe
Besteht aus gleichartigen Zellen mit einer bestimmten Aufgabe.

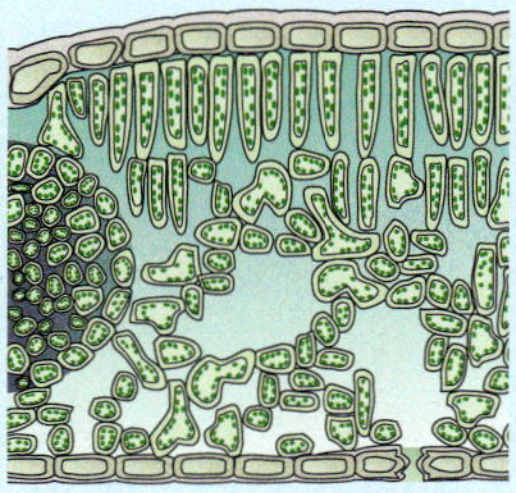

Organ
Wird aus mehreren Geweben gebildet, die gemeinsam eine übergeordnete Aufgabe haben.

Organsystem
ist aus mehreren Organen aufgebaut, die gemeinsam eine größere Funktionseinheit bilden.

Organismus
ist das Lebewesen, das sich aus mehreren Organen und Organsystemen zusammensetzt.

1 Systemebenen der Pflanze

Wir untersuchen eine Wurzel

Eine wichtige Aufgabe der Wurzel ist die Verankerung der Pflanze im Boden. Die Wurzelspitze dringt beim Wachsen in die Erde ein. Dabei wird sie von den Zellen der Wurzelhaube vor Verletzungen geschützt. Alle Wurzelhaarzellen bilden das Sauggewebe, das für die Wasseraufnahme der Pflanze verantwortlich ist. Über die Gefäße des Leitgewebes, das im innenliegenden Zentralzylinder der Wurzel zu finden ist, wird das Wasser in den Spross transportiert.
[Struktur und Funktion, S. 138]

1 Aufbau der Karottenwurzel

Material
Große Karotte, scharfes Küchenmesser, Küchenhobel, Mikroskop, Objektträger, Deckgläschen

Versuchsanleitung
Schneide die Karotte mit einem scharfen Messer vorsichtig (!) der Länge nach auf. Fertige eine Zeichnung der Schnittfläche in deinem Heft und vergleiche diese mit der Abbildung. Welche der dargestellten Elemente kannst du wiederfinden?

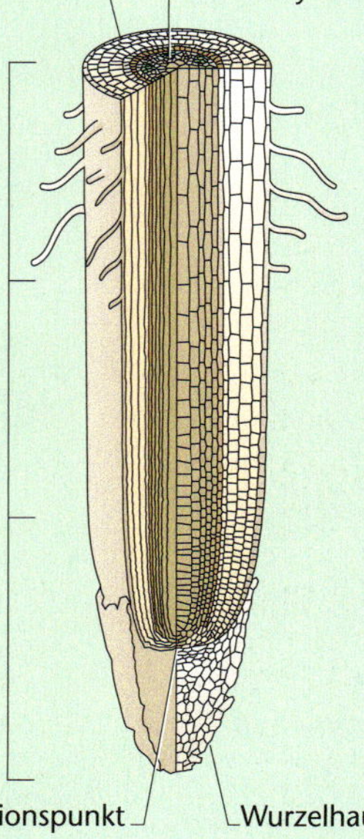

1 Zu Versuch 1

2 Zu Versuch 1

Stelle mithilfe eines Küchenhobels einen dünnen Querschnitt durch die Karottenwurzel her. Fertige anschließend daraus ein mikroskopisches Präparat und betrachte es bei zunehmender Vergrößerung. Was kannst du erkennen?

3 Zu Versuch 1

2 Wurzelfarbstoffe sind löslich

Die auffällige Färbung der Karotte kommt durch den Farbstoff ß-Carotin zustande. Führe nachfolgenden Versuch zur Eigenschaft dieses Farbstoffes durch.

Material
Reibeisen, zwei Bechergläser, Wasser, Pflanzenöl

Versuchsanleitung
Zerreibe ein Stück Karotte mit einer Küchenreibe. Die Hälfte der Karottenschnitzel gibst du in ein Becherglas und überschichtest es mit Wasser.
Die andere Hälfte der zerriebenen Karotte gibst du in ein zweites Becherglas und bedeckst es mit Pflanzenöl. Beide Ansätze werden kräftig verrührt und einige Minuten stehen gelassen. Mache eine Aussage über die Löslichkeit des Farbstoffes.

3 Die Wildform der Karotte

Die Wildform der Karotte wächst häufig an Wegrändern, die sandigen oder steinigen Untergrund haben. Von Unerfahrenen kann sie auf den ersten Blick leicht mit ähnlich aussehenden Pflanzen verwechselt werden. Mit der folgenden Hilfe erkennst du die Wilde Möhre sicher:
In der Mitte der Doldenblüte findest du nur bei der Möhre eine einzelne dunkelpurpurne bis schwarze Blüte („Mohr").

Versuchsanleitung
Ziehe die Wilde Möhre vorsichtig aus dem Erdboden. Zeichne ihren Aufbau und vergleiche die Größenverhältnisse zwischen Wurzel und Spross sowie die Färbung der Wurzel mit der Kulturkarotte.

Aufgaben
1. Informiere dich über die Fortpflanzung der Wilden Möhre. Welche Bedeutung könnte die dunkle, zentrale Blüte haben?

2. Finde heraus, welche Inhaltsstoffe die Karotte so wertvoll für die Ernährung machen.

3. Folgere aus dem Versuch zur Löslichkeit, welche Art der Zubereitung der Karotte die Aufnahme der Inhaltsstoffe in deinem Körper fördert.

4 Zu Versuch 3

Wie kommt das Wasser bis zur Blüte?
Die meisten Pflanzen nehmen mit ihren Wurzeln Wasser aus dem Erdboden auf und leiten es bis in die Zweige, Blätter und Blüten. Hierfür ist ein Transportsystem erforderlich, das alle Zellen erreicht.
[System, S. 140]

Leitbündel übernehmen den Stofftransport
Die Sprossachse, also der Stängel oder Stamm, ist die Verbindung zwischen der Wurzel und den Blättern und Blüten. Entsprechend muss hier das Transportsystem zu finden sein. Im Stängelquerschnitt einer Maispflanze fallen kreisförmig angeordnete Bündel von Zellen auf, die von Grundgewebe umschlossen sind. Es sind **Leitbündel**, in denen **Siebröhren** und röhrenförmige **Gefäße** gemeinsam verlaufen (▷B 1, B 2).

Die **Siebröhren** bestehen aus lebenden Zellen. In ihnen werden unter anderem Zucker und Eiweißstoffe von den Blättern zu den Früchten und in die Speicherorgane transportiert (▷B 3). Ihren Namen haben die Siebröhren wegen der siebartig durchbrochenen Zellwände erhalten, mit denen sie untereinander in Verbindung stehen. Die **Gefäße** dienen dem Wassertransport von den Wurzeln bis in alle übrigen Pflanzenteile (▷B 3). Es sind tote röhrenförmige Zellen mit einem rundlichen Querschnitt. Oft besitzen sie holzartige Leisten als Wandverstärkungen. Diese Leisten sehen häufig ring- oder schraubenartig aus. Es kommen aber auch netzartige Verstärkungen vor. Dadurch sind die Gefäße dehnbar. In dieser Form kann man sie vor allem in noch wachsenden Pflanzenteilen finden (▷B 2).

▶ Leitbündel übernehmen den Stofftransport in der Pflanze. Die Siebröhren in den Leitbündeln transportieren Nährstoffe in Früchte und Speicherorgane. Die Gefäße leiten Wasser von den Wurzeln in alle Pflanzenteile.

Hättest du das gedacht?

Höchstgeschwindigkeit des Wasserstroms bei einigen Pflanzen in m/h:

Fichte	1 – 2
Eiche	20 – 45
Brennnessel	bis zu 60
Liane	100

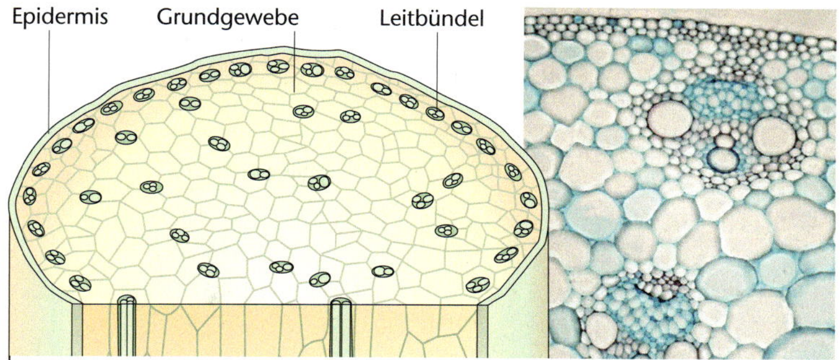

1 Aufbau (Schema) und Querschnitt (Foto) eines Maisstängels

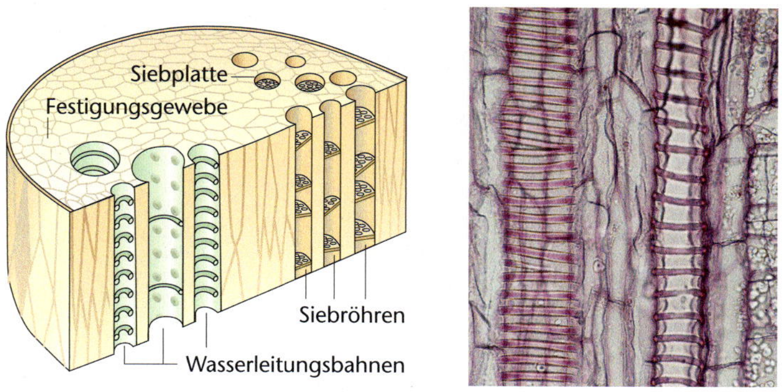

2 Schema eines Leitbündels und Wasserleitungsbahn (Foto)

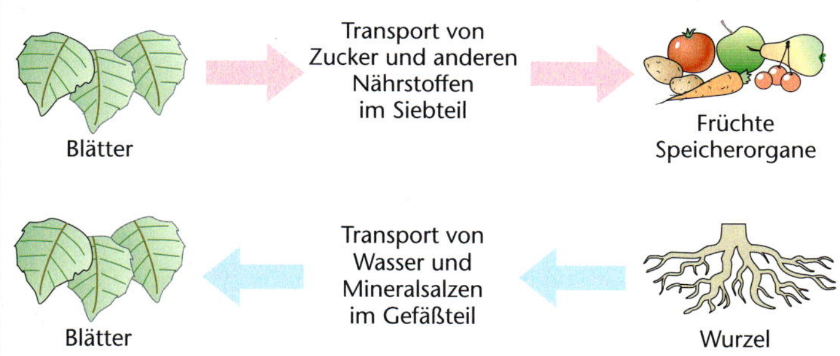

3 Stofftransport in der Pflanze

Versuche

1 Klemme einen Pflanzenstängel zwischen zwei Korkhälften und schneide mit der Rasierklinge eine hauchdünne Scheibe ab (Vorsicht!). Lege diese auf einen Objektträger in einen Wassertropfen, lege ein Deckglas auf und suche mithilfe des Mikroskops nach den Leitbündeln.

2 a) Stelle Staudensellerie in eine Eosinlösung oder in Tinte.
Beobachte die Blütenfarbe über mehrere Tage.
b) Stelle einen Stängelquerschnitt her und untersuche diesen mit der Lupe. Erkläre deine Beobachtung.

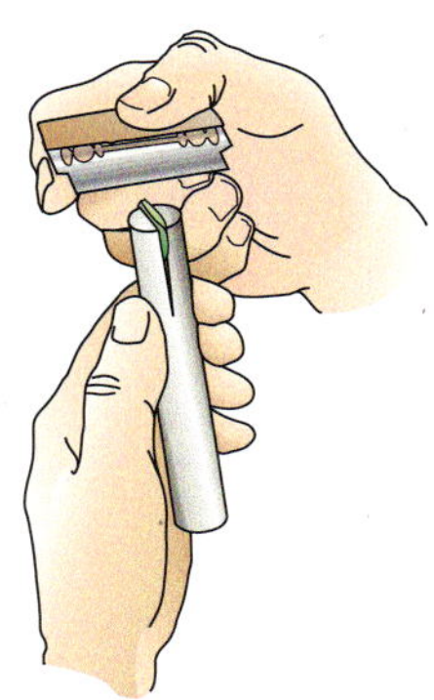
4 So wird ein Stängelquerschnitt hergestellt

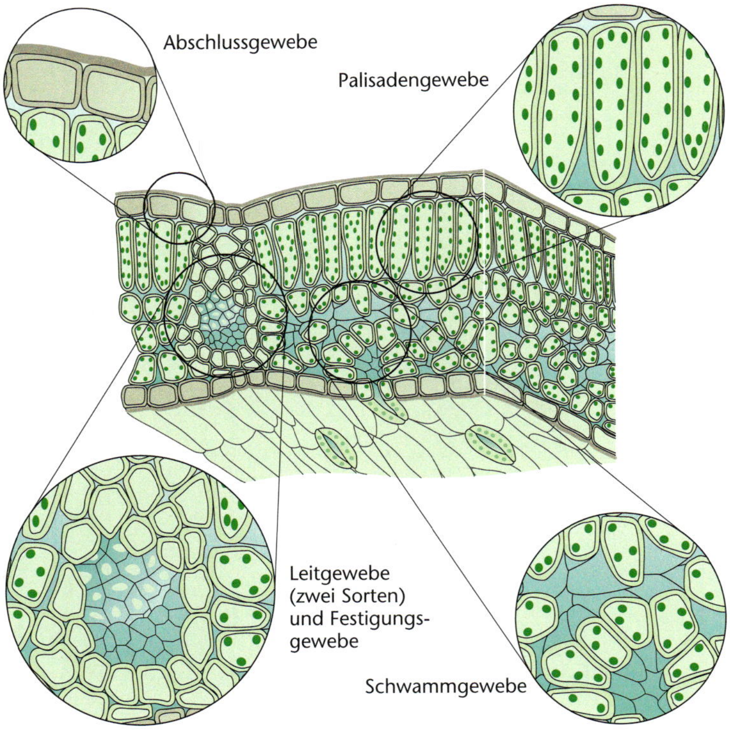

1 Blattquerschnitt und Zellen verschiedener Gewebe

Grüne Pflanzen brauchen Blätter

Die Laubblätter sind neben den Blüten meistens die auffälligsten Organe an einer Pflanze. Sie besitzen Merkmale, mit deren Hilfe man Pflanzen unterscheiden und bestimmen kann. Für die Pflanzen sind sie die wichtigsten Organe für die Ernährung, denn in ihnen stellt die Pflanze alle für sie lebensnotwendigen Nährstoffe her.

Der Schichtenbau des Laubblattes

Untersucht man ein Laubblatt unter dem Mikroskop, entdeckt man unterschiedliche Zelltypen. Im Querschnitt (▷B 1) findet man an der Blattoberseite eine Schicht von Zellen, die eng miteinander verzahnt sind. Sie liegen dicht an dicht, sodass keine Lücke zwischen ihnen zu finden ist. Nach außen bilden sie eine Wachsschicht aus, durch die nichts eindringen oder herauskommen kann. Diese gleichartigen Zellen bilden eine Gewebe, das **Abschlussgewebe** oder **Epidermis** heißt. Seine Aufgabe besteht darin, das Blatt z. B. vor Austrocknung durch Wasserverlust oder vor Verletzungen zu schützen.
[Struktur und Funktion, S. 136]

Direkt unter der oberen Epidermis sind längliche, walzenförmige Zellen zu finden. Sie sind wie die Palisaden einer römischen Befestigungsanlage nebeneinander angeordnet. Deshalb heißt diese Zellschicht **Palisadengewebe**. In den Zellen des Palisadengewebes befinden sich besonders viele Chloroplasten. Sie sind darauf spezialisiert, mithilfe des Sonnenlichts Nährstoffe für die Pflanze herzustellen.

Unterhalb des Palisadengewebes sieht man ganz unterschiedlich geformte Zellen. Sie bilden wie bei einem Schwamm kleinere oder größere Zwischenräume. Hier können Luft und Wasserdampf ausgetauscht werden. Dieses Gewebe heißt **Schwammgewebe**.

Lang gestreckte Zellen mit verstärkten Zellwänden bilden das **Festigungsgewebe**, das dem Blatt seine Stabilität gibt. Benachbarte Zellen gehören zum **Leitgewebe**. Hier wird Wasser mit Mineralsalzen herantransportiert oder Nährstoffe werden abtransportiert.

Den unteren Abschluss des Blattes bildet wieder eine schützende Epidermis. In ihr liegen die **Spaltöffnungen**. Sie bestehen aus jeweils zwei bohnenförmige Zellen, die einen Spalt einschließen. Die Spaltöffnungen können geöffnet und geschlossen werden (▷B 2). So regelt die Pflanze die Wasserabgabe (Verdunstung) und kann Gase mit der Umgebungsluft austauschen.

Versuch

1 Bringe je einen Tropfen Klebstoff auf die Ober- und Unterseite eines Laubblattes. Ziehe den getrockneten Klebstoff ab und betrachte beide Abdrücke mit der Lupe und unter dem Mikroskop. Vergleiche und notiere deine Beobachtungen.

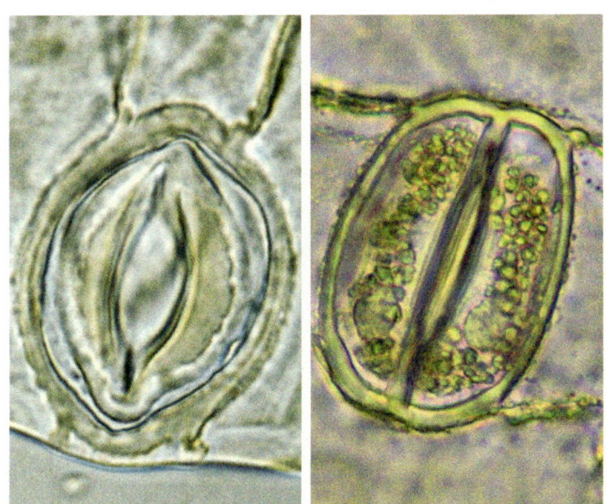

2 Spaltöffnungen (links offen, rechts geschlossen)

Auch Blätter schwitzen

1 Blätter müssen schwitzen

Material

Zweig mit 2–3 Blättern, Messbecher, Wasser, Speiseöl, kariertes Papier, Buntstift

Versuchsanleitung

a) Zeichne die Umrisse der Blätter auf kariertes Papier und errechne die ungefähre Gesamtfläche.

b) Fülle einen Messbecher mit 1 Liter Wasser und stelle den frisch angeschnittenen Zweig hinein.

c) Gieße vorsichtig eine Schicht Speiseöl auf die Wasseroberfläche.

d) Stelle den Messbecher an einen hellen Ort.

e) Miss nach einem Tag die Wassermenge, die die Blätter verdunstet haben.

f) Um die Menge des Wassers zu errechnen, die 1 cm^2 Blatt am Tag verdunstet, musst du die verdunstete Wassermenge durch die Gesamtfläche aller Blätter teilen.

2 Wassertransport im Stängel

Material

Weiße Tulpe oder Nelke, Glas mit Wasser, 2 Tintenpatronen, Messer

Versuchsanleitung

a) Lege die Blume über Nacht an einen kühlen Ort.

b) Drücke den Inhalt der zwei blauen Tintenpatronen in ein Glas Wasser.

c) Schneide den Pflanzenstängel unten schräg an.

d) Stelle die Blume nun in das Tintenwasser. Was stellst du fest? Versuche, das zu erklären.

Aufgabe

Schneide den Stängel in der Mitte durch und betrachte den Querschnitt mit einer Lupe. Fertige eine Skizze an.

3 Auf der Suche nach Wasser

Material

Eierschale, Blumenerde, Ringelblumensamen, Eierbecher, Wasser

Versuchsanleitung

a) Fülle eine halbe Eierschale mit Blumenerde.

b) Streue etwa 10 Ringelblumensamen darauf und decke sie mit etwas feuchter Erde zu.

c) Stelle die Eierschale in einen Eierbecher, gieße unten etwas Wasser hinein.

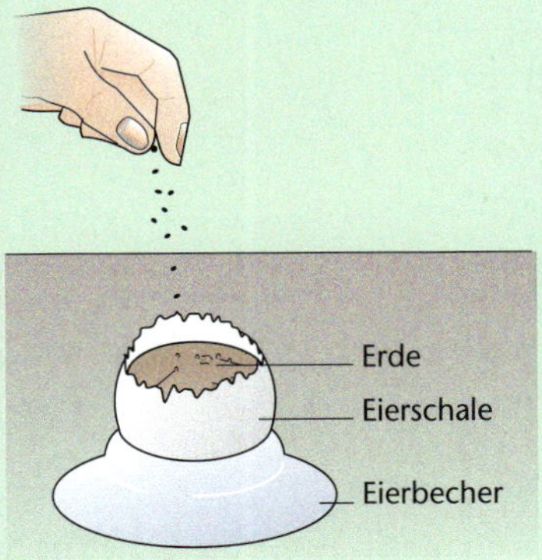

d) Nach ein paar Tagen keimen die Samen. Nimm die Eierschale täglich aus dem Eierbecher und beobachte die Unterseite. Was stellst du fest? Wie erklärst du das?

1 Ringelblumen

Wie ernähren sich die Pflanzen?
Menschen und Tiere können nicht leben, ohne zu essen und zu trinken. Wovon ernähren sich aber die Pflanzen? Woher kommen der Zucker in einer Weintraube, das Mehl in einem Getreidekorn oder das Holz eines Baumes? Pflanzen nehmen im Gegensatz zu Mensch und Tier keine Nährstoffe auf. Sie können nämlich alles, was sie zum Leben und für das Wachstum benötigen, selbst herstellen. Grundlage dafür ist die **Fotosynthese**:

- Mit den Wurzeln nimmt die Pflanze **Wasser** und **Mineralsalze** aus dem Boden auf. Durch die Leitungsbahnen werden diese Stoffe in jede Zelle der Pflanze transportiert.
- Durch die Spaltöffnungen der Blätter gelangt **Kohlenstoffdioxid** aus der Luft in die Blätter.
- In den **Chloroplasten** wird nun mithilfe des **Sonnenlichts** aus Wasser und Kohlenstoffdioxid **Traubenzucker** aufgebaut. Dabei wird Sauerstoff freigesetzt.
- Den **Sauerstoff** gibt die Pflanze durch die Spaltöffnungen an die Luft ab.

Pflanzen brauchen Energie
Der Traubenzucker wird zu allen Zellen der Pflanze, auch in die Wurzel, transportiert. In Form von Stärke kann er in verschiedenen Organen gespeichert werden. Er dient als Grundlage für den Aufbau aller weiteren lebenswichtigen Stoffe, wie z. B. der Eiweiße und Fette. Die dazu notwendige Energie erhalten die Pflanzen durch den Abbau von Traubenzucker. Sie benötigen dabei Sauerstoff und geben Wasser und Kohlenstoffdioxid ab. Diesen Vorgang nennt man **Zellatmung.**

Kein Leben ohne Fotosynthese
Alle Lebewesen benötigen Energie zum Leben und für das Wachstum. Für Menschen und Tiere, die keine energiereichen Stoffe selbst herstellen können, sind deshalb die Pflanzen die wichtigste Nahrungsgrundlage. Gleichzeitig liefern sie uns den Sauerstoff, ohne den wir nicht überleben könnten. Ohne die Fotosynthese der Pflanzen wäre tierisches und menschliches Leben auf der Erde unmöglich.

Grüne Pflanzen stellen bei der Fotosynthese Traubenzucker her. Er ermöglicht die Zellatmung und liefert die Energie, die alle Lebewesen der Erde benötigen. [System, S. 140]

Schnittpunkt

Geschichte: Erste Forschungen zur Fotosynthese

1772 entdeckte JOSEPH PRIESTLEY (1733 – 1804), dass Pflanzen Luft verbessern können. Seine Experimente führte er mit einfachen Geräten durch: In einem hellen Raum stellte er zwei luftdicht verschlossene Glasglocken auf. In beiden Glasglocken ließ er so lange Kerzen brennen, bis sie erloschen. Dann stellte er unter die eine Glasglocke eine Pfefferminzpflanze. Sie wuchs in der „verbrauchten" Luft bestens. Nach einigen Wochen führte er in beiden Glocken einen weiteren Versuch mit Kerzen durch. In der Glocke, in der die Pflanze gestanden hatte, erlosch die Kerze nicht, in der anderen dagegen sofort. Nun setzte PRIESTLEY Mäuse in die luftdicht verschlossenen Glasbehälter. Schon nach kurzer Zeit wurden die Tiere ohnmächtig. Nachdem vier Wochen lang Pflanzen in der „verbrauchten" Luft gewachsen waren, setzte er die Mäuse wieder ein. Die Tiere konnten nun längere Zeit unter der Glocke leben und atmen.

Aufgabe

1 Erkläre, warum die Kerze in dem Glas ohne Pflanze sofort erlosch, während die Kerze in dem Glas mit Pflanze länger brannte.

Werkstatt

Versuche zur Fotosynthese

1 Welche Pflanzenteile enthalten Stärke?

Material

Iod-Kaliumiodid-Lösung, Reis, Apfel, Getreidekörner, Kartoffeln

Versuchsanleitung

Gibst du einige Tropfen einer Iod-Kaliumiodid-Lösung auf Stärke, so kannst du eine blauschwarze Färbung beobachten.
Untersuche Reis, Getreidekörner, Apfelscheiben und angeschnittene, frische Kartoffeln und stelle fest, ob sie Stärke enthalten.

2 Grünweiße Blätter

Material

Pflanzen mit grünweißen Blättern (z. B. Buntnessel), Tischlampe mit 100-Watt-Birne, Iod-Kaliumiodid-Lösung, Kartonpapier, Brennspiritus (Vorsicht brennbar! Schutzbrille tragen!)

Versuchsanleitung

a) Belichte das Blatt einer Zimmerpflanze, die grünweiße Blätter hat, 24 Stunden lang mit einer sehr hellen Tischlampe.
b) Schneide dann das Blatt ab und zeichne es, um die Verteilung der weißen und grünen Stellen auf dem Blatt festzuhalten.
c) Lege nun das Blatt so lange (einige Stunden) in Brennspiritus (Vorsicht!), bis das Blatt einfarbig gelblich aussieht.
d) Lege das Blatt danach in eine Iod-Kaliumiodid-Lösung.
e) An welchen Stellen konnte Stärke nachgewiesen werden? Vergleiche das Ergebnis mit deiner Zeichnung. Erkläre.

3 Nachweis von Sauerstoff

Hält man einen glimmenden Span in Sauerstoff, so flammt er hell auf.

Material

Großes Becherglas, Glastrichter, Reagenzglas, Glimmspan, Pflanzen der Wasserpest, Schutzbrille

Versuchsanleitung

a) Gib einige Zweige der Wasserpest in ein Becherglas und stülpe einen Trichter darüber. Der Trichter muss zu Beginn des Versuchs vollständig mit Wasser gefüllt sein. Fülle ein Reagenzglas vollständig mit Wasser, halte es mit dem Daumen zu und stülpe es unter Wasser über die Trichteröffnung.
Belichte die Pflanze 24 Stunden mit einer starken Lampe.
b) Wenn genügend Wasser aus dem Reagenzglas verdrängt wurde, nimm es vom Trichter und halte schnell einen glimmenden Span in das Glas (Schutzbrille!).
c) Beschreibe, was mit dem Glimmspan geschieht.
Erkläre deine Beobachtung.

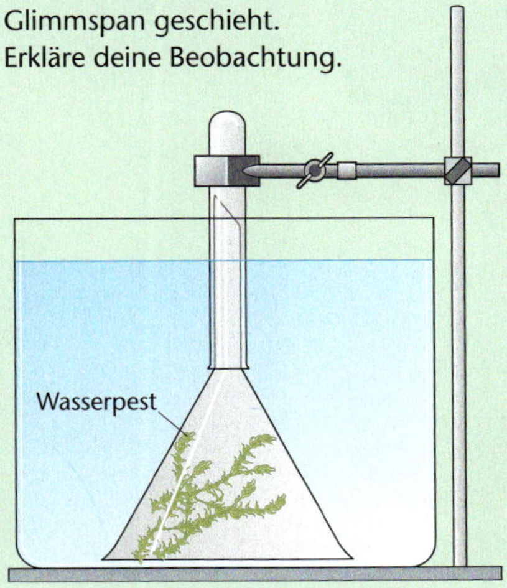

Schadstufe 0

Schadstufe 1

Schadstufe 2

Schadstufe 3

Schadstufe 4

1 Ochsenkopf, Fichtelgebirge 1988 (links), 1999 (rechts)

Ist unsere Luft sauber?
Noch vor 200 Jahren gab es überall saubere Luft zum Atmen. Dann begann die Industrialisierung: es wurden viele Fabriken gebaut und Maschinen hergestellt. Diese wurden hauptsächlich mit Kohle betrieben. Die Städte wurden größer, es wurde immer mehr Energie benötigt und damit stieg auch die Verbrennung schwefelhaltiger Braun- und Steinkohle stark an.

Gleichzeitig nahmen in den Industriegebieten Schäden an Pflanzen zu und bei den Menschen traten verstärkt Lungenkrankheiten auf. Man erkannte die schädliche Wirkung der Abgase und versuchte, diese über hohe Schornsteine großflächig zu verteilen (▷ B 2).

Dies führte während der 80er und 90er Jahre des letzten Jahrhunderts in Mitteleuropa zum Phänomen des **Waldsterbens**. Viele Bäume wurden krank, sogar solche, die weit ab von Industriegebieten wuchsen. In den Nadelwäldern des Bayerischen Waldes, des Fichtelgebirges oder des Erzgebirges starben nicht nur einzelne Bäume, sondern ganze Waldflächen ab. Auch das nachwachsende Jungholz verkümmerte häufig.

2 Hohe Schornsteine verteilen die Schadstoffe.

Seither wird in Deutschland in regelmäßigen Abständen im **Waldzustandsbericht** ermittelt, wie viele Bäume einer bestimmten Art gesund (0) bzw. leicht (1), mittel (2) oder stark (3) geschädigt oder gar abgestorben (4) sind.

Warum werden Bäume krank?
Die Hauptverursacher der Schäden an den Bäumen sind Verbrennungsabgase aus Kraftwerken, Industrieanlagen, Kraftfahrzeugen und Heizungsanlagen. Wissenschaftliche Untersuchungen zeigen, dass Pflanzen und Tiere auf vielfältige Weise durch Schadstoffe beeinträchtigt werden.

Saurer Regen entsteht, wenn schwefelhaltige Brennstoffe wie Kohle, Heizöl oder Diesel verbrannt werden. Die hierbei entstehenden Schwefeloxide reagieren mit dem Wasserdampf aus der Luft zu Schwefelsäure. Auch die vor allem bei Verbrennungsprozessen in Automotoren entstehenden Stickstoffoxide können als saurer Regen niedergehen.

An sehr sonnigen Tagen im Sommer kann aus Stickstoffoxiden und Sauerstoff zusätzlich das Gas **Ozon** entstehen. Dieses schädigt die Blätter und Nadeln von Pflanzen und löst bei Menschen Atemwegsbeschwerden aus.

▶ Schadstoffe, die bei industriellen Prozessen freigesetzt werden, saurer Regen und Ozon schaden nicht nur dem Menschen, sondern auch den Pflanzen.

Viele Regierungen in Europa trafen daher folgende Gegenmaßnahmen:
- Große Kraftwerke wurden entschwefelt und mit Filteranlagen ausgerüstet.
- Im Heizöl und Diesel wurde der Schwefelanteil reduziert.
- In die PKWs mussten Abgaskatalysatoren eingebaut werden.

Durch diese Maßnahmen wurde erreicht, dass die Luftqualität in Mitteleuropa vor allem in großen Städten und Industriegebieten deutlich verbessert wurde. Außerdem sind seither auch keine große Waldflächen oder ganze Wälder abgestorben. Aber obwohl die Hauptschadstoffe in Europa vermindert wurden, geht es vielen Bäumen immer noch sehr schlecht. Im Jahr 2008 waren immer noch etwa zwei

Drittel aller Bäume in Deutschland sichtbar geschädigt. Das Ziel — ein gesunder Wald — konnte mit den bisherigen Maßnahmen nicht erreicht werden.

Kohlenstoffdioxid – ein Schadstoff?
Eine weitere große Gefahr besteht durch den **Klimawandel**. Dabei spielt das Kohlenstoffdioxid eine entscheidende Rolle. Es entsteht nicht nur, wenn wir atmen, sondern bei fast allen Verbrennungsprozessen. Sein Anteil in der Luft ist in den letzten 100 Jahren stark gestiegen. Kohlenstoffdioxid gehört zu den **Treibhausgasen** (s. Seite 40/41) und trägt deshalb auch zum Klimawandel bei. Durch die Veränderungen des Klimas kann es zu vielen schädlichen Auswirkungen auf Pflanzen kommen: [Entwicklung, S. 138]

- Weniger Niederschläge führen in bestimmten Regionen zum Absterben von Pflanzen und zu Wüstenbildung.

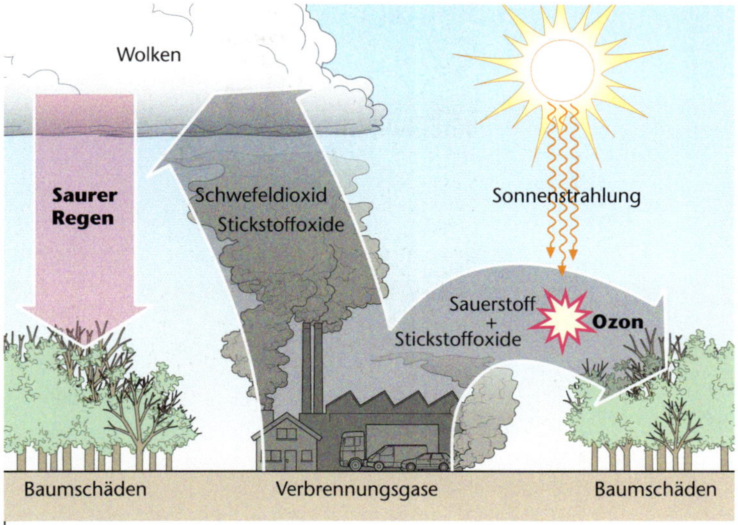

3 Saurer Regen und Ozon schädigen die Pflanzen.

- Warme Sommer und milde Winter können zu einer starken Vermehrung von Pflanzenschädlingen, wie z. B. Borkenkäfern, führen.
- Wenn es weniger regnet, kann das lebensnotwendige Grundwasser absinken.
- Höhere Temperaturen und stärkere Winde führen zu Trockenheit. Das erhöht die Gefahr von Waldbränden.

Durch Verbrennungsprozesse steigt der Anteil des Treibhausgases Kohlenstoffdioxid in der Luft. Das führt zu Klimaveränderungen, die die Pflanzen zusätzlich belasten können.

Aufgaben

1 a) Recherchiere im Internet, wie stark die Nadelbaumart Fichte in Bayern geschädigt ist. Gib als Suchbegriff „Waldzustandsbericht Bayern" ein.
b) Fertige mithilfe dieser Daten für die Fichte ein Kreisdiagramm mit den einzelnen Schadstufen (0, 1 und 2– 4) an.
(Tipp: Hilfe findest du auf S. 91)

2 Woran erkennt man die einzelnen Schadstufen? Beschreibe mithilfe der Fotos auf der Seite 68.

3 Fotografiere auf dem Schulgelände oder in einem Park verschiedene Fichten und ordne ihnen Schadstufen zu.

4 Erkläre mithilfe von ▷ B 3, wie Verbrennungsgase die Bäume schädigen können.

5 Bewerte die Verwendung von Streusalz im Winter mithilfe deiner Ergebnisse aus dem Werkstatt-Versuch rechts.

6 a) Überlege fünf Möglichkeiten, wie du deinen Energieverbrauch senken kannst. Diskutiert darüber in der Klasse.
b) Welche Möglichkeiten könntet ihr in deiner Familie nutzen, um euren Energieverbrauch zu senken?

7 Was versteht man unter erneuerbaren Energien? Erstellt hierzu ein Plakat.

Werkstatt

Wie wirken Salz oder Säure auf Pflanzen?

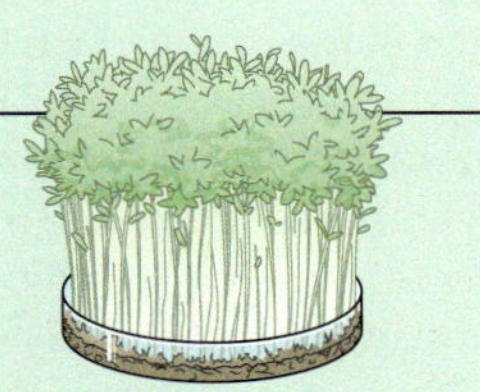

Stelle zu der in der Überschrift gestellten Frage eine Vermutung auf, und überprüfe deine Vermutung mithilfe des folgenden Versuches.

Material
Kressesamen, Watte, 3 Untersetzer bzw. Plastikschalen, Sprühflasche, Essig, Kochsalz, Feinwaage

Versuchsanleitung
Alle Untersetzer mit Watte füllen und jeweils ca. 50 Kressesamen auflegen und feucht halten.
Wenn die Samen gekeimt haben, zwei Schalen weiter feucht halten und eine davon täglich mit Essig besprühen.
Die 3. Schale nach der Keimung nur noch mit Kochsalzlösung gießen.

Notiere täglich deine Beobachtungen.

Strategie

Umfragen geben Auskunft ...

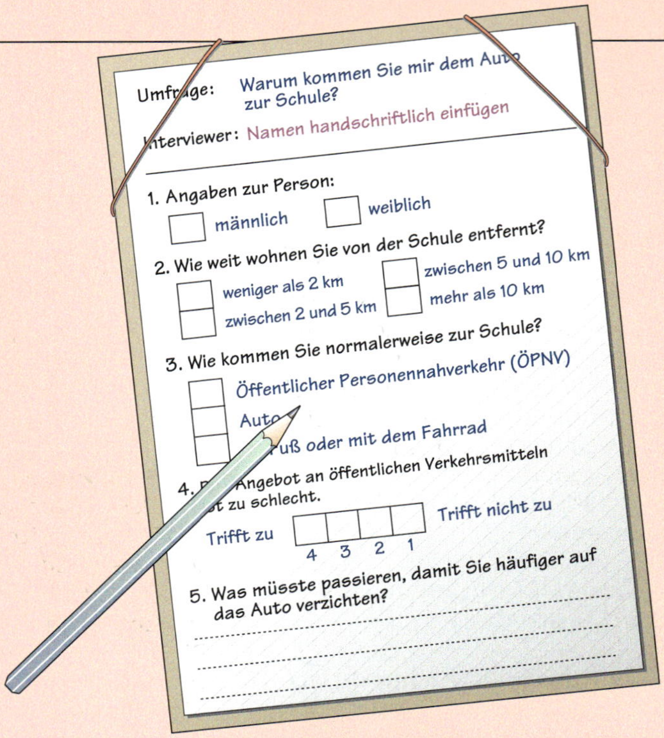

„Wer ist der Sportler des Jahres?“, „Was halten Sie von einem Tempolimit?“ – die Ergebnisse solcher oder ähnlicher Umfragen lassen sich fast täglich in der Zeitung lesen. Immer dann, wenn Meinungen oder Begründungen für ein Verhalten von Menschen erfasst werden sollen, werden Umfragen durchgeführt. Damit die Befragung sinnvolle Ergebnisse ergibt, muss eine Umfrage repräsentativ sein. Das heißt, es müssen zahlreiche Menschen aus unterschiedlichen Berufs- und Altersgruppen befragt worden sein. Würdet ihr beispielsweise die Vertreter eines Umweltverbandes zum Thema Straßenbau interviewen, erhieltet ihr ein ganz anderes Ergebnis als bei der Befragung von Pendlern, die täglich im Berufsverkehr unterwegs sind.

A. Themen gibt es viele ...

In der Biologie gibt es eine Vielzahl von Bereichen, in denen Umfragen zu interessanten Ergebnissen führen. „Warum kommen Sie mit dem Auto zur Schule?“, „Gesunder Pausenverkauf – was würdest du gerne essen?“ Vielleicht gibt es aber auch an deinem Schulort Themen, die gerade in der Zeitung diskutiert werden und für deren Lösung die Meinung der Bürger von Bedeutung ist.

B. Regeln für das Entwerfen eures Fragebogens

Formuliert einfache, klare und verständliche Fragen. Weniger ist mehr! Lieber einige Fragen, die euch besonders wichtig sind, genau formulieren, als „alles abzufragen“ und am Ende wenig brauchbare Ergebnisse zu bekommen. Euer Fragebogen sollte nicht mehr als 8 bis 10 Fragen enthalten, sonst wird die Umfrage schnell langweilig und die Auswertung dauert zu lange.

Es gibt unterschiedliche Frageformen:
- Alternativfragen: ja/nein oder richtig/falsch
- Auswahlfragen: Aus einer Anzahl von vorgegebenen Aussagen soll die ausgewählt werden, die am ehesten zutrifft.
- Schätzskalen: Hier soll auf einer Skala von 1 bis 4 geschätzt werden, wie gut bestimmte Aussagen das Thema beschreiben.
- Weiterführende Fragen: Diese lassen frei formulierte Antworten zu. Dieser Fragentyp kann euch wichtige Zusatzinformationen bringen.

Denkt auch an die äußere Form eures Fragebogens:
- Fragen übersichtlich anordnen
- genügend Platz für Antworten lassen
- Kästchen zum Ankreuzen einplanen

C. Jetzt geht es ans Auswerten

Bei der anschließenden Auswertung der Ergebnisse eurer Umfrage könnt ihr neben Texten vielleicht auch Schaubilder und Diagramme erstellen.

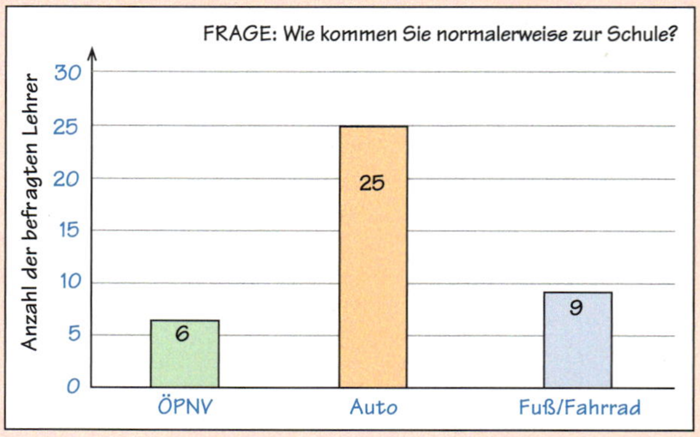

Aufgaben

1 Sucht in der Zeitung nach Themen für eine Umfrage.

2 a) Entwerft einen Fragebogen und führt die Befragung durch.
b) Wertet die Ergebnisse aus.

3 Überlegt, ob eure Umfrage repräsentativ ist. Begründet eure Entscheidung.

Stoffwechsel bei Pflanzen

Das Transportsystem von Pflanzen

Um Wasser, Mineralsalze und Nährstoffe in alle Pflanzenteile zu leiten, besitzen die Pflanzen in ihrer Sprossachse (Stängel, Stamm) die Leitbündel. Darin leiten die Gefäße das Wasser von den Wurzeln zu allen Pflanzenteilen. Die Siebröhren dagegen transportieren energiereiche Stoffe von den Blättern in Früchte und Speicherorgane.

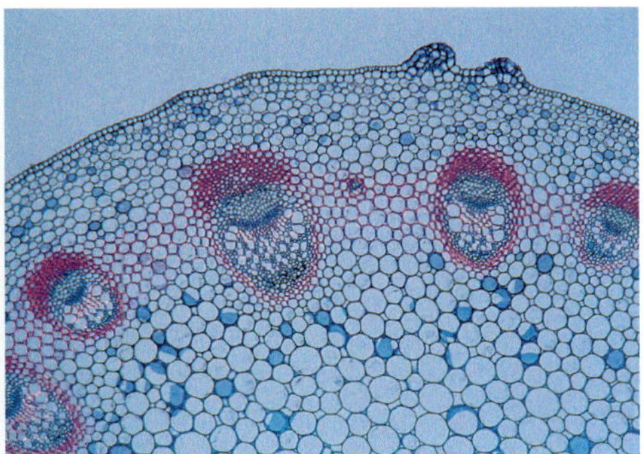

1 Stängelquerschnitt

Der Aufbau eines Laubblattes

Wie jedes Organ, besteht auch das Laubblatt aus verschiedenen Geweben. Jedes Gewebe erfüllt ganz bestimmte Aufgaben: Die obere Epidermis schützt das Blatt vor Austrocknung. Im Palisadengewebe mit seinen vielen Chloroplasten werden alle lebensnotwendigen Nährstoffe hergestellt. Im Schwammgewebe läuft der Gasaustausch ab und in der unteren Epidermis liegen die Spaltöffnungen, über die der Gasaustausch geregelt wird.

Fotosynthese

Wasser + Kohlenstoffdioxid —(Lichtenergie, Chlorophyll)→ Traubenzucker + Sauerstoff

Zellatmung

Traubenzucker + Sauerstoff → Wasser + Kohlenstoffdioxid (+ Energie)

2 Fotosynthese und Zellatmung

Fotosynthese und Zellatmung

Bei der Fotosynthese stellen die grünen Pflanzen mithilfe des Chlorophylls aus Wasser und Kohlenstoffdioxid Traubenzucker her. Sauerstoff wird freigesetzt und über die Spaltöffnungen abgegeben. Die Energie für den gesamten Vorgang liefert das Sonnenlicht. Diese Energie kann später wieder nutzbar gemacht werden, indem der Traubenzucker bei der Zellatmung abgebaut wird. Dazu wird Sauerstoff benötigt und es entstehen Kohlenstoffdioxid und Wasser. Erst durch die Fotosynthese wird das Leben auf der Erde ermöglicht.

Schadstoffe in der Luft schädigen die Pflanzen

Durch Industrie, Haushalte und Straßenverkehr gelangen viele Schadstoffe, wie z. B. Stickstoff- und Schwefeloxide, in die Luft. Diese Luftschadstoffe führen zu einer Schwächung und Schädigung der Pflanzen. Dadurch sind sie besonders anfällig gegenüber Schädlingen und Infektionen durch Krankheitserreger. Viele dieser Luftschadstoffe werden für das Waldsterben und den Klimawandel verantwortlich gemacht.

Aufgaben

1 Skizziere in deinem Heft ein Leitbündel und erkläre seine Funktion.

2 Was wäre, wenn es morgen keine Fotosynthese mehr gäbe? Schreibe hierzu einen kurzen Text.

3 Marias Vater meint, man dürfe keine Pflanzen im Schlafzimmer haben. Hat er recht? Begründe deine Antwort.

4 Kevin hat gehört, dass man Pflanzen mithilfe eines besonderen Gases düngen kann.
a) Benenne das Gas.

b) Warum klappt die Düngung mithilfe dieses Gases?

5 Umweltschadstoffe können Pflanzen schädigen. Erkläre kurz, wie saurer Regen entstehen kann. Wie wirkt der saure Regen auf Pflanzen?

3 Schädigung durch sauren Regen

Lebensgemeinschaft
Wald

In den Wald zu gehen, bedeutet für die meisten: Freizeit haben. Man kann dort joggen, Rad fahren, spazieren gehen oder einfach ausruhen. Aber der Wald bietet noch viel mehr!

Der Wald ist voller Leben. Doch Rehe, Buntspechte und viele andere Tiere sind sehr scheu. Um sie beobachten zu können, brauchst du Ruhe und Geduld.
Es gibt viel zu entdecken. Wenn du den Wald mit allen Sinnen erforschen möchtest, wirst du auf den nächsten Seiten vielfältige Anregungen bekommen.

Der Lebensraum Wald ist aber auch gefährdet, denn seit Jahrzehnten gehen ganze Baumbestände zugrunde. Die Ursachen für dieses anhaltende Waldsterben wirst du untersuchen. Dabei wirst du feststellen, welche Bedeutung ein gesunder Wald für die Umwelt hat.

Der Wald wird dir nicht nur als Erholungs- und Lebensraum begegnen. Er dient auch als Holzlieferant und ist damit ein wichtiger Bestandteil der Wirtschaft.

Aufgaben

1 Zahlreiche Forstämter haben eigene Internetseiten. Eine Suchmaschine hilft dir weiter. Hier kannst du viele Informationen über die verschiedenen Nutzungsarten des Waldes erhalten. Stelle eine kleine Liste zusammen.

2 Plant mit den Informationen aus Aufgabe 1 eine Exkursion in den nächstgelegenen Wald und notiert dabei alles, was ihr für wichtig haltet und was für euch neu ist. Nehmt folgende Dinge mit: Rucksack, Notizbuch und Bleistift, Beutel oder Schachteln zum Sammeln. Falls vorhanden, nehmt Bestimmungsbücher, Fernglas und Fotoapparat mit.

Raus aus dem Klassenzimmer

Nicht immer nur stillsitzen! Exkursionen sind auch Unterricht, aber anders: sie sind Unterricht „vor Ort". Auf einer Exkursion könnt ihr viele Einblicke in die Natur und eure Umwelt bekommen, die ihr im Klassenzimmer nicht so lebendig erfahren könnt.

A. So könnt ihr mithelfen ...
Eine Exkursion sollte nicht der Lehrer allein planen, ihr solltet auch eure Eigeninitiative einbringen und bei der Vorbereitung mithelfen. Sprecht zuerst das grobe Thema mit eurer Lehrerin oder eurem Lehrer ab.

B. Sammelt Informationen über das Ziel eurer Exkursion
- Studiert Karten,
- fordert Broschüren an,
- recherchiert im Internet oder nehmt Kontakt mit Fachleuten auf, z. B. dem Förster.

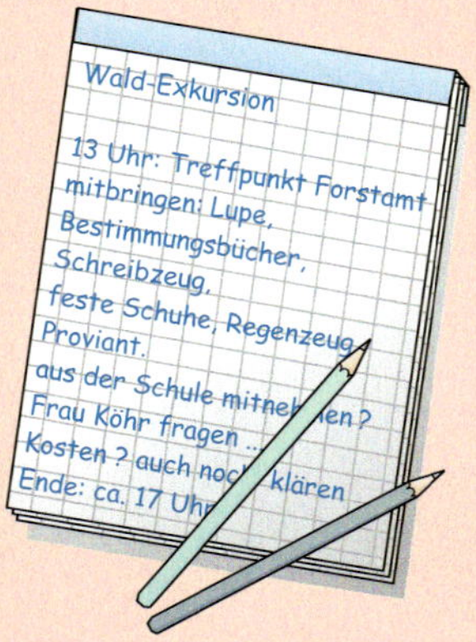

C. Legt den Ablauf fest und erstellt einen Zeitplan
- Wann geht es los?
- Wie kommt ihr an euer Ziel?
- Wo plant ihr Treffpunkte?
- Wann wollt ihr fertig sein?

D. Fragen stellen
Sammelt gemeinsam Fragen, die ihr beantwortet haben möchtet. Vielleicht kennt sich ein Mitschüler aus und kann an der Führung mitarbeiten.

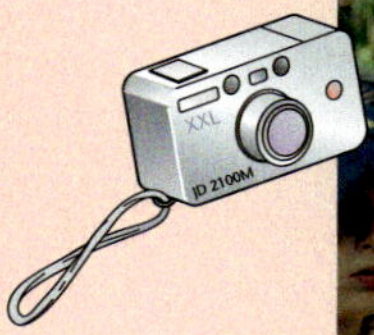

E. Was ihr braucht
- Eine Schreibunterlage, Schreibzeug und Papier zum Protokollieren.
- Technische Hilfsmittel wie Fernglas, Fotoapparat, Digitalkamera oder Kassettenrekorder.
- Natürlich dürft ihr auch Lupe, verschraubbare Gläschen und Bestimmungsbücher nicht vergessen.
- In der freien Natur solltet ihr zweckmäßig gekleidet sein: festes Schuhwerk und Regenschutz braucht ihr auf jeden Fall.

F. Was soll es denn kosten?
- Denkt rechtzeitig an die Kosten. Wie viel müsst ihr für An- und Abreise aufwenden? Müssen evtl. auch Eintrittsgelder bezahlt werden?

Noch ist die Arbeit nicht zu Ende ...
Nach der Exkursion solltet ihr eure Ergebnisse dokumentieren: das kann ein Exkursionsbericht sein, ihr könnt auch die gesammelten Exkursionsfunde in einer Ausstellung präsentieren. Vielleicht habt ihr auch Fotos gemacht oder gefilmt.

Viel Spaß bei eurer nächsten Exkursion!

Die Stockwerke des Waldes

Bei einer Exkursion durch das Forstrevier hält der Förster mit der Schulklasse am Rande eines Waldstücks an. Hohe Eichen und Birken lassen mit ihren lockeren Baumkronen genügend Licht für die Pflanzen darunter hindurch. „Stellt euch vor, wir würden hier am höchsten Baum einen Fahrstuhl einrichten, um Tiere in den Sträuchern und oben in den Bäumen beobachten zu können. Wir müssten vier Haltestationen bauen. Im Erdgeschoss würden wir zwischen der **Moosschicht** und der **Krautschicht** einsteigen. Dann halten wir im 1. Stock in etwa 3 m Höhe in der **Strauchschicht**."

„Den nächsten Aussichtspunkt würde ich auf Höhe der kleineren Bäume, da vorne bei der Vogelbeere in 10 m Höhe bauen – dann sind wir schon in der **Baumschicht**," schlägt Sebastian vor. „Gut, Endstation wäre dann die Baumkrone unserer Eiche, der höchste Punkt der Baumschicht in ungefähr …, ich schätze mal 20 m Höhe", meint Luna. „Mich würde auch das Untergeschoss des Waldes interessieren, die **Wurzelschicht**. Da gibt es zwar keine Vögel, aber sicher viele andere Tiere," schlägt Ünal vor.

Nicht in allen Wäldern sind sämtliche Stockwerke vorhanden. In Buchenwäldern dringt nur wenig Licht durch das dichte Kronendach. Hier findet man neben der Baumschicht meistens nur eine Krautschicht. Aber auch die besteht oft nur aus Frühblühern, die im Frühjahr erscheinen, wenn die Buchen noch kein Laub haben.

Der Wald ist in Wurzelschicht, Moosschicht, Krautschicht, Strauchschicht und Baumschicht gegliedert.

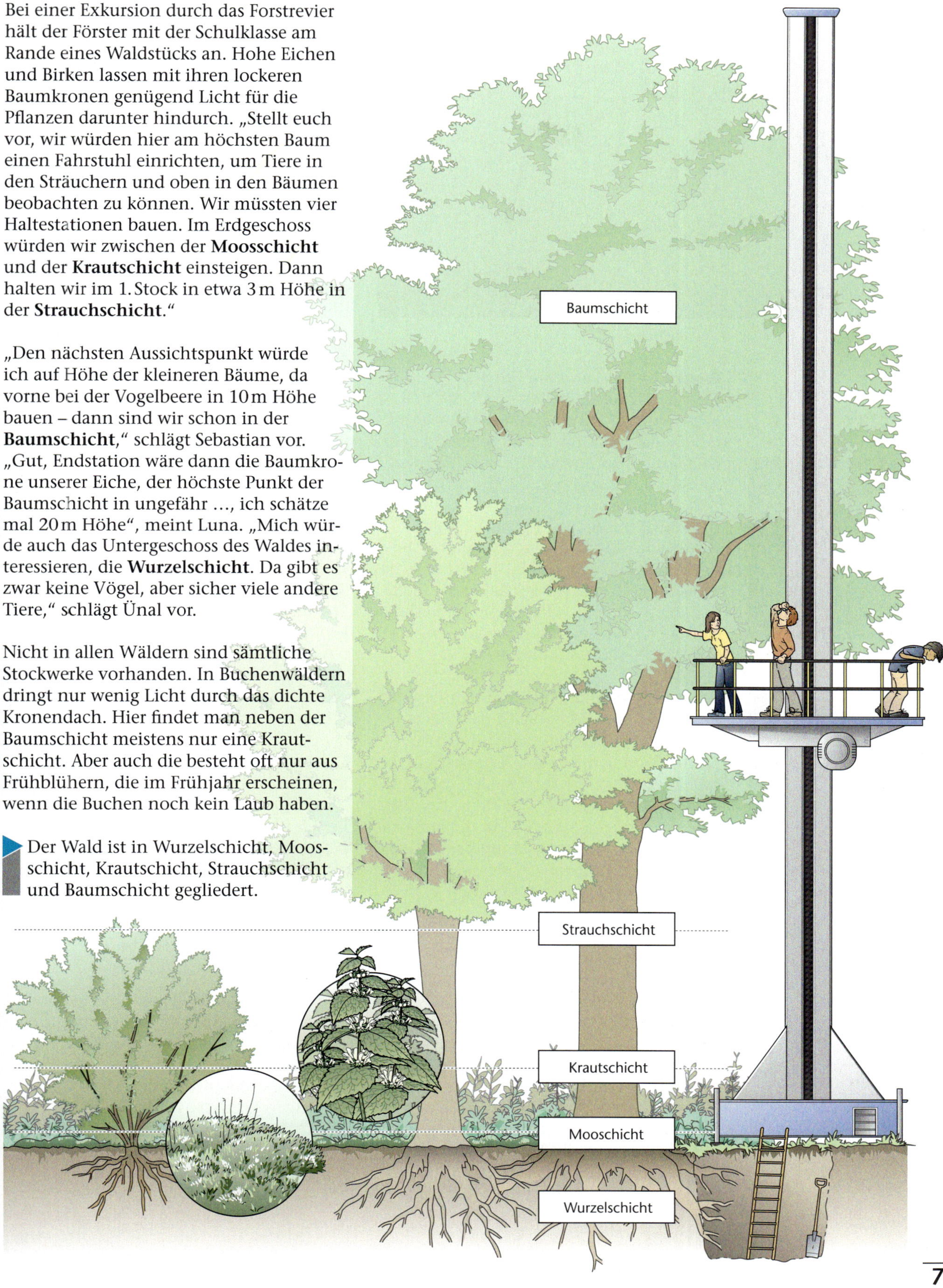

1 Hainbuchenwald

Bayern ist das Land der Buchen
Überließe man in Bayern den Wald sich selbst, würde sich an den meisten Standorten die **Buche** mit den charakteristischen Begleitpflanzen **Hainsimse** oder **Waldmeister** durchsetzen (▷ B 1; B 2; B 3).

2 Hainsimse

Derzeit sind jedoch lediglich 12 % der Waldfläche durch die Buche geprägt. Die **Rotbuche** gilt als die stabilste Baumart, da sie sich nach Schäden durch Trockenheit oder blattfressenden Insekten rasch erholt. Nur die dünne Baumrinde zeigt eine Anfälligkeit für Pilzerkrankungen.

3 Waldmeister

Sehr gut gedeiht die Buche zusammen mit der **Weißtanne**. Man nennt das „vergesellschaften". Besonders die jungen Weißtannen sind nämlich auf den schattenspendenden Schirm der Laubbaumkronen angewiesen. Auch die Höhenlagen stellen einen geeigneten Standort für die Buche dar. Dort tritt sie verstärkt mit der **Fichte** und dem **Bergahorn** auf. Biologen sprechen dann von einer **naturnahen Waldgesellschaft**.

Artenreiche Mischwälder
Nur an warmen und meist trockenen Standorten sind die **Trauben**- und die **Stieleiche** die Hauptbaumarten. Nur an solchen Standorten können sie sich gegen den ansonsten übermäßigen Konkurrenzdruck der Buche behaupten. Ausreichende Lichtverhältnisse und eine angemessene Sommerwärme, damit die Eicheln ausreifen können, sind die Voraussetzungen für das Gedeihen der beiden Eichenarten. Im Eichenmischwald findet man die **Hainbuche** als Begleitbaumart dieser Waldgesellschaft.

In den Sumpf- und Flussauenwäldern mit ihren sehr nassen Böden dominieren die **Eschen** sowie die **Grau**- und **Schwarzerlen**. Sie prägen das Landschaftsbild, in dem daneben nur einzelne Fichten, Zitterpappeln und Vogelbeeren vorkommen.

Der Wald wird zum Forst
Schon immer nutzten wir Menschen das Holz als Brenn- und Baumaterial. Lange Zeit wurden dafür ganze Wälder abgeholzt, sodass in manchen Gegenden nur noch kleine Flächen bewaldet waren. Mit Beginn der Industrialisierung im 18. Jahrhundert nahm der Bedarf an Holz so stark zu, dass man begann, großflächig Bäume anzupflanzen. Hauptsächlich waren das Nadelbäume wie Fichten und Kiefern, denn die kann man schon nach etwa 70 Jahren „ernten". Unsere Wälder wurden dadurch allesamt in **Forste** mit hohem Ertrag umgewandelt. [Entwicklung, S. 138]

Heute weiß man, dass dies nicht uneingeschränkt möglich ist. Denn die Grundvoraussetzung für das Gedeihen eines gesunden Baumbestandes ist ein geeigneter Standort mit entsprechenden Boden- und Lichtverhältnissen. Viele vom Menschen gepflanzte Baumarten leiden an Standorten außerhalb ihrer natürlichen Areale. Auf ungeeigneten Böden werden sie krank und können dann schnell von Schadinsekten befallen werden.

Deshalb werden heute vor allem Baumarten gesät und gepflanzt, die zu den vorherrschenden Umweltbedingungen am besten passen. Außerdem setzt man gezielt langsamer wachsende Laubhölzer zwischen schnellwüchsigere Nadelbaumarten, um den Wald gegen ungünstige Umwelteinflüsse zu stabilisieren. So erreicht man fast wieder naturnahe Waldgesellschaften.

▶ Der moderne Waldbau fördert artenreiche Mischwälder, die sich als naturnahe Waldgesellschaft auch ohne menschliche Einflüsse an einem bestimmten Standort durchsetzen würden.

Aufgabe

1 Informiere dich über die Zusammensetzung der Baumarten in einem naturnahen Mischwald in der Nähe deines Heimatortes. Notiere die Haupt- und die Begleitbaumarten in dein Heft.

Die Fichte ist ein wichtiger Forstbaum

Natürliche Fichtenwälder kommen in Deutschland nur in den Höhenlagen ab etwa 800 m vor. Mit ihren flachen Wurzeln dringen die 30 – 40 m hohen Bäume in Felsspalten vor und klammern sich regelrecht ans Gestein. Auf lockerem Boden sind sie dagegen sturmgefährdet. Ihr Holz hat ein relativ geringes Gewicht und eine hohe Festigkeit. Deswegen nutzt man es als Bauholz, für die Möbelherstellung, für den Bau von Instrumenten und für die Papierherstellung. Da die Fichte sehr rasch wächst und nur wenige Ansprüche an den Boden stellt, ist sie unser wichtigster Forstbaum.

Monokulturen

Wird in einem Forst nur eine Baumart angepflanzt, bezeichnet man ihn als **Monokultur**. In einer Fichtenmonokultur (▷B 1) stehen die Bäume dicht an dicht und nur wenig Licht erreicht den Boden. Die unteren Äste sind abgestorben und außer Moosen gibt es keinen Unterwuchs. Der Boden ist fast nur von abgestorbenen Nadeln bedeckt. Weil hier keine Fressfeinde leben, können sich Schädlinge wie der Borkenkäfer ungestört vermehren. Wegen des harzreichen Holzes sind die Fichten anfällig für Waldbrände und auch Pilzerkrankungen können sich rasch ausbreiten. [System, S. 140]

1 Fichtenmonokultur

Die Fichte ist unser wichtigster Forstbaum. Forste, in denen nur eine Baumart angepflanzt wurde, nennt man Monokulturen.

Aufgabe

1 Was ist wohl mit folgendem Ausspruch gemeint: „Willst du die Natur vernichten, pflanze Fichten, Fichten, Fichten!“ ?

Schnittpunkt

Forstwirtschaft: Die Douglasie – ein Baum mit Zündstoff

1827 brachte David Douglas (1799 – 1834) einen Nadelbaum mit nach England, die **Douglasie**. Seit etwa 100 Jahren wird dieser immergrüne Baum auch in Bayern angepflanzt. Douglasien wachsen sehr schnell, können über 100 Meter hoch werden und ihr Holz ist hart, aber trotzdem sehr elastisch. Die Bäume sind widerstandsfähig gegen viele hier heimischen Schadinsekten und Pilze.

Pflanzen, die nicht ursprünglich hier heimisch sind, werden als **Neubürger** oder **Neophyten** bezeichnet. Viele der Neophyten sind heute ein fester Bestandteil unserer Landschaft. Da einige von ihnen keine natürlichen Feinde hier haben, konnten sie sich gegenüber heimischen Arten durchsetzen und sie sogar teilweise ganz verdrängen.

Aufgaben

1 Informiere dich über die ursprüngliche Herkunft der Douglasie. Finde mithilfe eines Atlanten heraus, zwischen welchen Breitengraden diese Baumart ihre natürlichen Standorte hat.

2 Experten meinen, man sollte die Fichtenbestände teilweise durch Douglasien ersetzen. Nenne Vor- und Nachteile.

3 Sammelt Argumente zum Thema „Neophyten“. Veranstaltet dann eine Podiumsdiskussion in der Klasse, bei der Naturschützer und die Experten aus Aufgabe 2 zu Wort kommen.
Stellt die Pro- und Contra-Argumente in einem Plakat zusammen.

Borke der Douglasie

Zapfen der Douglasie

In der fünften Klasse hast du bereits geübt, ausgewählte Laubbäume anhand ihrer Blattform zu bestimmen. Hier lernst du weitere Bestimmungsmerkmale und Besonderheiten häufiger Waldbäume kennen.

Die Fichte
Die Fichte bevorzugt feuchte Böden, die mit Steinen durchsetzt sein sollten. Mit ihrem flachen Wurzelwerk steht die Fichte auf einer breiten Basis. Sie ist der Forstbaum schlechthin und wurde aufgrund ihrer Schnellwüchsigkeit im Waldbau jahrzehntelang gefördert. Fichtenholz findet Verwendung als Möbel- und Bauholz.

Die Europäische Lärche
Die Lärche benötigt nährstoffreiche Böden, die lehm- oder tonhaltig sein sollten. Trockene Wetterperioden im Sommer übersteht sie unbeschadet. Sie ist der einzige heimische Nadelbaum, der im Winter seine Nadelblätter verliert. Das Lärchenholz ist als Bau- und Konstruktionsholz sehr begehrt, da es äußerst widerstandsfähig gegenüber Witterungseinflüssen ist.

Die Waldkiefer
Die Kiefer dominiert auf sandigem Untergrund. Hoch aufgeschossen, überragt sie häufig die begleitenden Baumarten. Bedingt durch ihr tiefgründiges Wurzelwerk und das elastische Holz, übersteht sie auch stärkere Winde unbeschadet. Das Holz der Kiefer ist ein beliebtes Möbelholz. Als Parkbaum findet man oft die verwandte Schwarzkiefer mit längeren Nadeln.

Die Weißtanne
Als Weihnachtsbaum wird sie viel besungen, obwohl ihre Verbreitung gar nicht so häufig ist. Oftmals werden von Unkundigen am Waldboden liegende Zapfen anderer Nadelbaumarten fälschlicherweise als Tannenzapfen bezeichnet. Im Jugendstadium benötigt die Weißtanne einen schattigen Standort und einen Schutz vor Verbiss durch das Rehwild. Eindeutiges Erkennungsmerkmal sind die doppelreihige Anordnung der Nadeln am Zweig sowie die zwei blauweißen Wachsstreifen an der Blattunterseite.

Die Rotbuche
Die Rotbuche ist der häufigste Laubbaum in Mitteleuropa. Mit ihrer breiten und ausladenden Baumkrone bildet sie ein dichtes Blätterdach, das viel Schatten spendet und wenig Wasser auf den Boden durchdringen lässt. Für die Buche selbst muss der Boden gut durchlüftet sein, da sie weder stauende Nässe noch starke Tro-

ckenheit verträgt. Das Buchenlaub bildet ab dem Blattfall im Herbst eine dichte Bodenschicht, die nur langsam verrottet und vielen Kleinlebewesen Schutz bietet. Die Früchte der Buche, die als Bucheckern bezeichnet werden, stellen eine wertvolle Nahrungsquelle für viele Waldtiere dar. Durch Veränderungen im Erbgut entstand die Blutbuche, die durch ihre roten Blätter weithin auffällt. [Entwicklung, S. 138]

Die Stieleiche
Die Eichen bevorzugen nährstoffreiche, tiefgründige Böden, die sie tief durchwurzeln können. Mehrere hundert Jahre alte Eichen sind keine Seltenheit. Eichenholz ist wie das Holz der Buche äußerst wertvoll, da es sich durch Festigkeit und Elastizität auszeichnet. Die von einem Fruchtbecher umhüllten Eicheln sind stärkehaltig und dienen als Nahrung für Rotwild und Wildschweine.
Ebenfalls häufig findet man die Traubeneiche, deren Eicheln im Gegensatz zur Stieleiche an einem kürzeren Stiel sitzen.

Die Hainbuche
Die Hainbuche ist oftmals mit der Eiche und der Buche vergesellschaftet, gehört aber zur Familie der Birkengewächse. Die Hainbuche hat eine hohe Schnittverträglichkeit und wird daher gerne als Heckenpflanze in Gärten eingesetzt. Das harte und elastische Holz lässt sich für Werkzeugstiele verwenden.

Der Spitzahorn
Im Unterschied zu seinem nahen Verwandten, dem Bergahorn, findet man den Spitzahorn hauptsächlich im Flachland, im Hügelland sowie in den Mittelgebirgen in Höhenlagen bis etwa 1000 m. Der Fruchtknoten wächst sich zu der auffälligen zweiteiligen Flügelnuss aus.
Bedingt durch die hohe Widerstandsfähigkeit gegen Industrieabgase, wird der Ahorn gerne als Alleebaum gepflanzt.

Man kann Bäume anhand der Blattform, der Blüten und Früchte, der Wuchsform und der Rinde bestimmen.

Aufgaben

1 Finde die beschriebenen Bäume und dokumentiere mithilfe einer Digitalkamera die jeweiligen Besonderheiten der Wuchsform, der Rinde, der Zapfen und der Blätter. Erstelle Plakate zu den Baumarten mit eigenen Fotos.

Informiere dich über die Tätigkeit des Zapfenpflückers.
Begründe seine Arbeit bei einzelnen Baumarten.

1 Farne mögen es schattig.

2 Bärlauch gehört zu den Frühblühern.

3 Walderdbeeren und Tollkirschen brauchen Licht.

Unterwegs im Rotbuchenwald

Wie in einer riesigen Halle mit einem Dach aus Blättern fühlen sich Spaziergänger auf ihrem Weg durch den Buchenwald. Alle Bäume sind etwa gleich alt und gleich groß, da sie zur gleichen Zeit gepflanzt wurden. Kaum ein Sonnenstrahl erreicht den Boden. Die Baumkronen sind dicht geschlossen. Der Waldboden ist fast nur mit Laub vom Vorjahr bedeckt. An manchen Stellen wachsen **Farne** (▷ B 1), die mit dem wenigen Licht am Boden auskommen. Nur dort, wo aufgrund umgestürzter Bäume Licht hinfällt, wächst ein fast undurchdringliches Dickicht.

Kleine Lichtungen

Auf Waldlichtungen kann man interessante Beobachtungen machen. Hier wachsen an mehreren Stellen **Walderdbeeren** (▷ B 3). Diese Pflanzen brauchen viel Licht, um Zucker für die Früchte bilden zu können. Die Früchte sollten aber vor dem Essen immer gewaschen werden!

Eine andere „lichthungrige" Pflanze ist die **Tollkirsche** (▷ B 3). Ihre Früchte sehen wie Kirschen aus, sind aber sehr giftig. Für Amseln und andere Vögel sind die Beeren der Tollkirsche dagegen unschädlich. Die Tiere scheiden die unverdaulichen Samen aus, die an geeigneten Standorten auskeimen.

Die Walderdbeere und die Tollkirsche sind Pflanzen, die auf Kahlschlägen und Waldlichtungen nicht nur wegen des Lichtes besonders gute Lebensbedingungen finden. Der humusreiche Waldboden liefert ihnen Mineralsalze, die sie hier ohne die Konkurrenz durch Bäume aufnehmen können.

Frühling im Wald

Im Frühjahr bietet der Buchenwald ein ganz anderes Bild: Der Waldboden ist fast vollständig mit blühenden Kräutern übersät. Die Rotbuchen tragen jetzt noch keine Blätter, sodass genügend Sonnenlicht auf den Boden fällt. Der **Bärlauch** (▷ B 2) keimt als Frühblüher aus einer länglichen Zwiebel, die über den Winter Nährstoffe gespeichert hat. Diese stehen jetzt der jungen Pflanze zur Verfügung, die dann innerhalb weniger Wochen blühen und Früchte ausbilden kann. Auch am Waldrand zeigt sich der Frühling. Hier wachsen Sträucher, von denen einige ebenfalls früh mit der Blüte beginnen. Die Haselnuss zeigt bereits im Februar ihre Kätzchenblüten und die Schlehe sieht im April wegen ihrer vielen weißen Blüten wie mit Schnee bedeckt aus. [System, S. 140]

▶ Licht- und Bodenverhältnisse bestimmen, welche Pflanzen an einem Standort vorkommen.

Werkstatt

Wir untersuchen Pflanzen im Wald

1 Bestimmungsmerkmal Rinde

1 Rindenabdrücke

Die Rinde ist eines der typischen Merkmale, mit dessen Hilfe man einen Baum bestimmen kann (▷ B 1). Während andere Bestimmungsmerkmale wie Blätter, Blüten und Früchte nur zu bestimmten Zeiten verfügbar sind, kann man die Rinde zu jeder Jahreszeit finden. Mit Rindenabdrücken könnt ihr ein Baumbestimmungsbuch beginnen und es im Laufe des Jahres mit den jeweils passenden Blättern, Blüten und Früchten ergänzen.

Material

Kräftige Stecknadeln mit Kopf oder eine Rolle Bindfaden, starkes, aber nicht zu dickes Papier, Wachsmalkreide, Stift

Versuchsanleitung

Jede Gruppe sucht sich „ihren" Baum. Befestigt mit den Stecknadeln oder dem Bindfaden ein Blatt Papier am Stamm. Die Rinde darunter sollte nicht durch Moose oder Flechten verdeckt sein. Reibt vorsichtig mit der Wachsmalkreide über das Papier. Auf dem Abdruck werden noch Datum und Fundort eingetragen.

2 Bucheckern

2 Wir sammeln Bucheckern

Bucheckern (▷ B 2) sind die Früchte der Rotbuche. Wenn du die harte Schale entfernst, kannst du sie wie Nüsse essen. Bucheckern enthalten ein nahrhaftes Öl, das für viele Tierarten ein wichtiges Nahrungsmittel ist. Du kannst das Öl leicht aus den Bucheckern gewinnen.

Material

Bucheckern, Mixer, Beutel aus leichtem Stoff (Gaze), Plastikschüssel, Gewichtsstück (mehrere Kilogramm)

Versuchsanleitung

Die sauberen Bucheckern werden mit Schale in einem Mixer zerkleinert und in den Gazebeutel abgefüllt. Den Beutel legst du in eine Plastikschüssel und stellst ein schweres Gewicht darauf. Das Öl wird nun mit der Zeit herausgepresst. Koste das Öl mit der Fingerspitze.
Bucheckernöl wird für Pilz- und Wildgerichte, aber auch für Pfannkuchen verwendet.

3 Wir erstellen eine Pflanzenkarte

Material

Bestimmungsbuch, Schreibblock, Bleistift, Zollstock, Bindfaden, 4 Holzpflöcke (ca. 30 cm lang)

Versuchsanleitung

a) Wähle am Waldrand eine Untersuchungsfläche von 2 m x 2 m aus. Begrenze sie an den Eckpunkten mit jeweils einem Pflock oder einem kräftigen Stock. Verbinde die Pflöcke mit einem Bindfaden zu einem Quadrat.
b) Bestimme nun die Namen aller Pflanzenarten auf deiner Untersuchungsfläche.
c) Verwende für jede Pflanzenart ein leicht zu zeichnendes Symbol. Beispiel: + für Buschwindröschen
d) Zeichne nun auf Papier ein Quadrat mit 20 cm Seitenlänge. Es ist ein verkleinertes Abbild deiner Untersuchungsfläche. Zeichne dort möglichst alle Pflanzen mit den Symbolen ein.

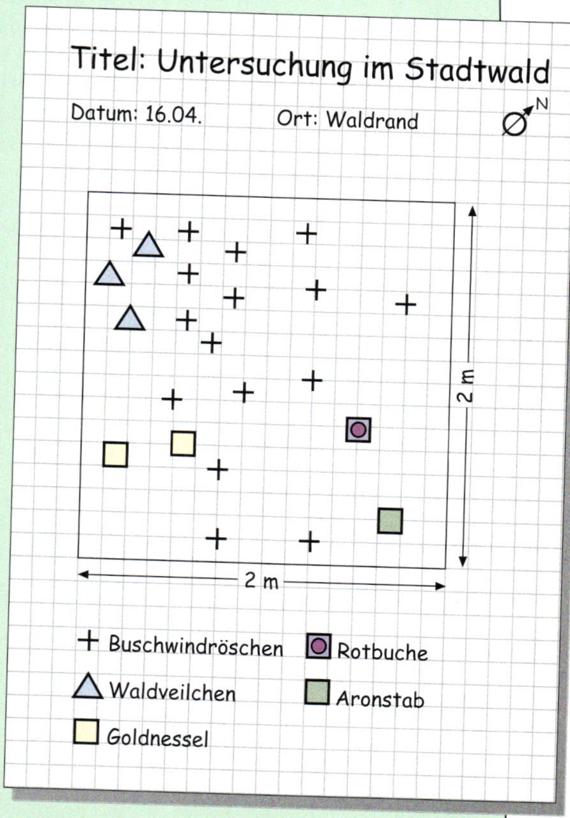

Aufgaben

1. Welche Art ist die häufigste?

2. Welche Pflanzen wachsen im Schatten anderer? Denke an die Bäume.

3. Zu welchen Schichten des Waldes gehören die einzelnen Arten?

4. Welche Arten wachsen einzeln, welche in Gruppen? Welche wachsen im Licht, welche im Schatten?

1 Pilze auf einem Baumstumpf

Nur der Fruchtkörper ist über der Erde
Was wir im Wald als „Pilze" sammeln, ist nur ein kleiner Teil des ganzen Organismus: der **Fruchtkörper** (▷B 2). Er ist oft in **Hut** und **Stiel** gegliedert und besteht aus dicht miteinander verknäuelten Pilzfäden, den **Hyphen**. Unter dem Hut befinden sich bei vielen Pilzen **Lamellen**, die wie Speichen eines Rades angeordnet sind. In bestimmten Zellen der Lamellen, den **Ständerzellen**, bildet der Pilz Sporen aus. Durch den Wind verbreitet, wachsen aus ihnen nach der Keimung neue Hyphen heran. Sie bilden ein unterirdisches, weitverzweigtes Pilzgeflecht, das **Mycel**.

Das Reich der Pilze
Pilze haben kein Blattgrün und können deshalb auch keine Fotosynthese betreiben. Sie sind also keine Pflanzen. Da Pilzzellen nicht nur eine Zellmembran, sondern auch eine Zellwand besitzen, sind Pilze aber auch keine Tiere (s. Seite 51). Biologen ordnen sie daher in ein eigenes **Reich** ein: das Reich der Pilze.

Auch Pilze brauchen Nährstoffe
Mit ihrem Mycel nehmen sie Nährstoffe aus Pflanzen, aus faulenden Pflanzenbestandteilen oder abgestorbenen Bäumen auf. Deshalb nennt man Pilze auch „Fäulnisbewohner". Sie zersetzen das tote Holz und machen es mit der Zeit krümelig. Dadurch leisten sie einen wichtigen Beitrag zur Humusbildung im Boden. Auf Bauholz oder in Gebäuden sind sie dagegen schädlich, weil sie das Holz zerstören.

Manche Pilze leben mit bestimmten Pflanzen in einer engen Gemeinschaft, einer **Symbiose** (▷B 3). So wächst der Birkenpilz stets in der Nähe von Birken. Mit seinem Mycel umspinnt er die feinen Haarwurzeln des Baumes. Einzelne Hyphen dringen in die Wurzeln ein und entziehen ihnen Nährstoffe. Dafür liefern sie dem Baum Wasser und Mineralstoffe aus dem Boden. [System, S. 140]

▶ Pilze sind lebensnotwendig für den Wald. Sie zersetzen totes Material oder leben in Symbiose mit Bäumen. Pilze bilden ein eigenes Reich.

3 Symbiose zwischen Pilz und Baum

Aufbau der Hyphen

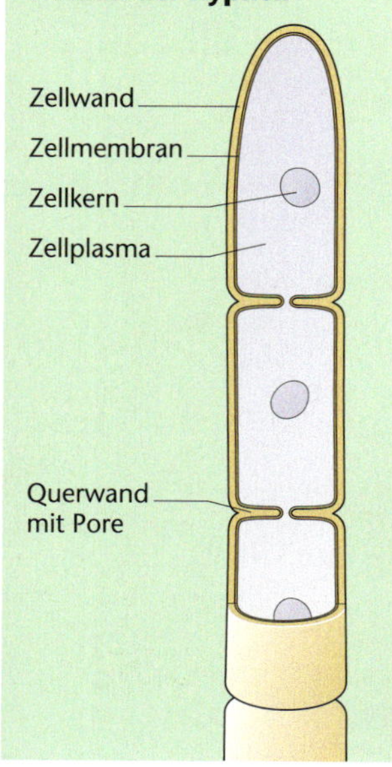

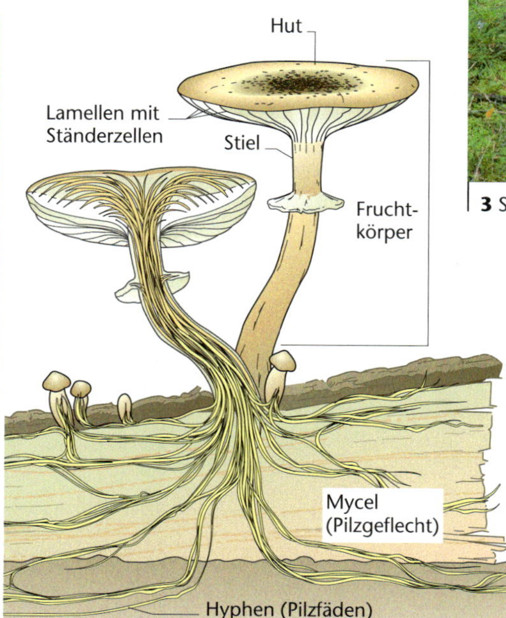

2 Hallimasch

Hättest du das gedacht?

Das größte Lebewesen ist ein Pilz: Im US-Staat Oregon wächst unter der Erde das Pilzgeflecht eines Hallimasch. Es besteht aus unzähligen verzweigten Hyphen und bedeckt eine Fläche von 8,9 km^2.
Weil in Oregon das trockene Klima die Bildung von Fruchtkörpern verhindert, können keine neue Sporen entstehen. Wenn aber keine Sporen gebildet werden, kann auch kein neues Pilzgeflecht entstehen. Es handelt sich hier also wirklich um ein einziges Lebewesen.

Lexikon

Pilze: Essbar oder giftig?

Der **Fliegenpilz** erscheint besonders nach kräftigen Regenfällen. Unter Birken und Fichten kommt er sehr häufig vor, da er mit beiden Baumarten in Symbiose lebt. Den tödlich giftigen Pilz legte man früher als „Fliegenfänger" in Milch ein. Wenn dann Fliegen die Milch aufnahmen, starben sie an dem Gift.

Der **Steinpilz** zählt zu unseren schmackhaftesten Speisepilzen. Da viele Sammler ihn aber nicht abschneiden, sondern ihn mit einem Teil des Mycels aus dem Boden ziehen, kommt er – wie viele andere Pilzarten – immer seltener vor.

Der **Grüne Knollenblätterpilz** kommt in Parks und Wäldern in der Nähe von Eichen besonders häufig vor. Er enthält ein tödliches Gift! Vom Champignon unterscheidet er sich nur durch seinen knollig verdickten Stiel und kann deshalb leicht mit ihm verwechselt werden! Deshalb sollten Pilze nur von Kennern gesammelt werden.

Das **Stockschwämmchen** ist oft in Massen auf faulenden Baumstümpfen zu finden. Mit seinen Hyphen durchzieht es das abgestorbene Holz und entnimmt ihm verwertbare Stoffe. Dadurch beschleunigt es den Abbau des toten Holzes. Stockschwämmchen sind essbar und werden für Suppen und Gemüse verwendet.

Werkstatt

Wir untersuchen Pilze

1 Wir untersuchen den Hut eines Pilzes

Material

Champignon, Rasierklinge, Objektträger, Deckgläschen, Pipette, Wasser

Versuchsanleitung

Fertige einen Querschnitt durch den Hut eines Champignons. Schneide von der Querschnittsfläche ein hauchdünnes Scheibchen ab und untersuche es unter dem Mikroskop. Zeichne einen kleinen Ausschnitt des Pilzmycels. Ist das Scheibchen zu dick geraten, zerzupfe es vorsichtig mit zwei Nadeln.

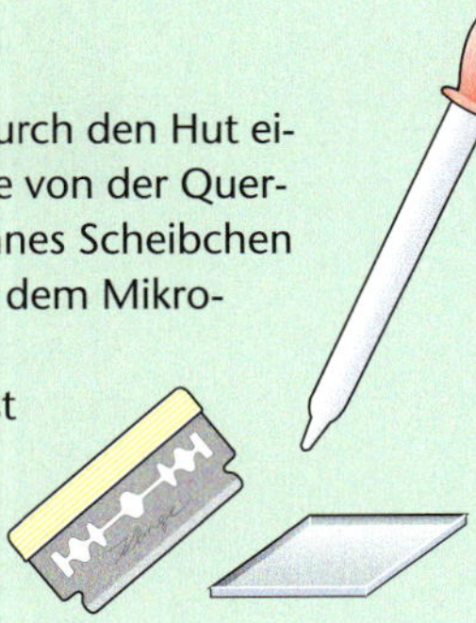

2 Pilze erzeugen Sporen

Material

Älterer Champignon, weißes Blatt Papier, Haarspray, Lupe

Versuchsanleitung

Lege den Hut eines reifen Fruchtkörpers über Nacht mit der Unterseite auf ein weißes Blatt Papier. Am nächsten Morgen zeigt sich auf dem Papier ein Sporenbild, das du mit Haarspray vorsichtig fixieren kannst. Nicht direkt ansprühen! Betrachte mit der Lupe.

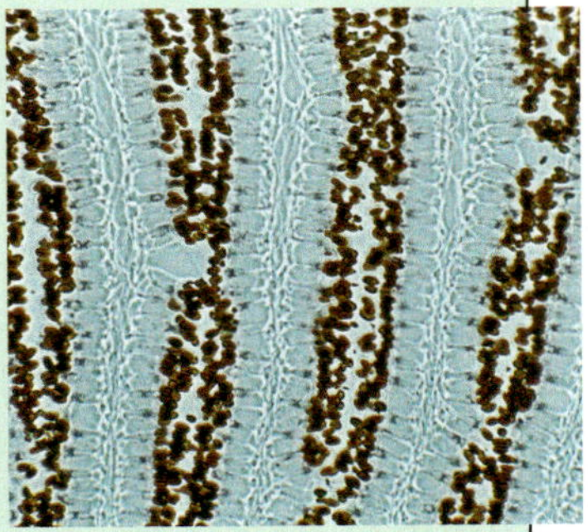

3 Pilze wachsen auf Holzschnitzeln

Material

Rindenmulch oder zerschreddertes Holz

Versuchsanleitung

Streut im Schulhofgelände nach Absprache mit dem Hausmeister an einem geeigneten Platz Rindenmulch oder geschreddertes Holz etwa 10–15 cm hoch aus. Oft zeigen sich schon nach wenigen Wochen je nach Holzart die Fruchtkörper verschiedener Pilzarten. Schreibt dazu ein Beobachtungsprotokoll. Bestimmt und fotografiert dann die Pilze. Untersucht das Mycel unter dem Binokular und zeichnet es.

1 Jahresringe

Der Aufbau eines Baumstammes

Wenn du dir im Wald die Schnittfläche eines frisch gefällten Baumes anschaust, kannst du den schichtartigen Aufbau des Stammes erkennen (▷ B 2).
Außen wird der Stamm von der **Borke** umhüllt. Sie besteht weitgehend aus abgestorbenen Zellen der darunterliegenden **Bastschicht**. In ihr werden Nährstoffe, wie z. B. Zucker, von den Blättern bis in alle Zellen des Baumes transportiert. Borke und Bast bilden gemeinsam die **Rindenschicht**. Zwischen Rinde und Holz befindet sich eine dünne Schicht teilungsfähiger Zellen, das **Kambium**.

Den größten und auffälligsten Raum des Stammes nimmt die **Holzschicht** ein. Sie besteht aus verschiedenen Gefäßen, die das Wasser von den Wurzeln bis in alle Pflanzenteile transportieren. Vom Aufbau her ähneln sie den Gefäßen der Leitbündel in Laubblättern. Ihre Wände sind jedoch stark verholzt. Benachbarte Gefäße stehen durch Tüpfel – das sind winzige Öffnungen – untereinander in Verbindung. Im Inneren des Stammes liegt ein Markgewebe. Es dient als Speicher für Nährstoffe und ist durch **Markstrahlen** mit dem Bast verbunden. Abwärts strömende Nährstoffe gelangen auf diesem Weg vom Bast sowohl in das Holz als auch in das Mark, wo sie gespeichert werden. Je nach Baumart sind im Holz neben den Gefäßen unterschiedlich viele Holzfasern vorhanden, die dem Holz seine Festigkeit verleihen. Bei **Harthölzern**, wie Eiche und Esche, ist die Festigkeit wesentlich höher als bei **Weichhölzern**, wie Weide und Pappel.

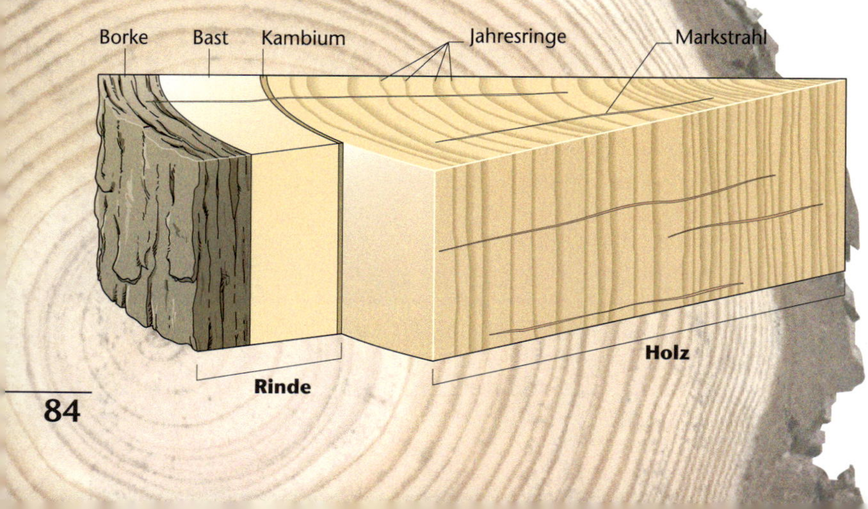

2 Aufbau eines Baumstammes

Im Querschnitt eines Baumes lassen sich Borke, Bast, Kambium, Holzschicht und Mark erkennen.

Wie entstehen Jahresringe?

Bäume und Sträucher werden zeitlebens von Jahr zu Jahr dicker. Sobald es im Frühjahr wärmer wird, beginnt das Kambium sich zu teilen. Da jetzt bei den Laubbäumen die Blätter austreiben, beginnt eine Zeit hoher Stoffproduktion. Deshalb werden im **Frühholz** weiträumige und verhältnismäßig dünnwandige Gefäße angelegt. Die im Sommer gebildeten Gefäße des Spätholzes sind dagegen wesentlich enger und dadurch deutlich dunkler gefärbt. Wenn im nächsten Frühjahr auf die dunklen Gefäße des Spätholzes helle Frühholzgefäße folgen, entsteht der Eindruck von **Jahresringen** (▷ B 1 und 3). Diese sind in guten Wachstumsjahren wesentlich breiter als in schlechten Jahren. Man kann also durch die Untersuchung der Jahresringe auf Klima, Schädlingsbefall oder Waldbrände in zurückliegenden Jahren schließen.

Aufgaben

1 Stelle an einem frisch gefällten Baum durch Abzählen der Jahresringe dessen Alter fest. Findest du Unterschiede in der Dicke der Jahresringe? Erkläre.

2 Erkläre, warum Tropenholz keine Jahresringe hat.

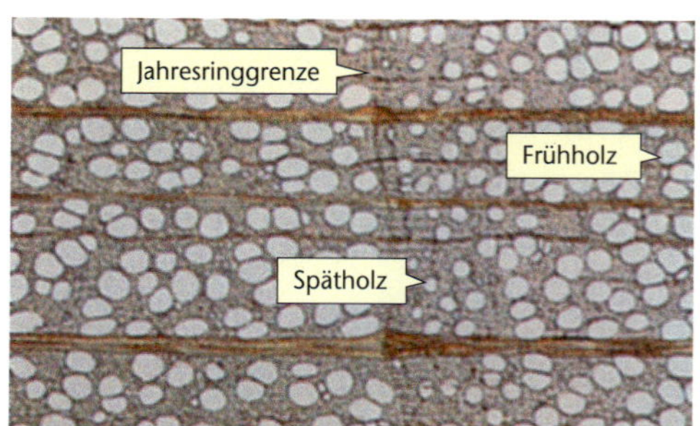

3 Jahresringe (Mikrofoto)

Häufige Pflanzen des Waldes

Der **Rote Fingerhut** benötigt viel Licht und wächst deshalb vor allem auf Kahlschlägen und an Waldwegen. Seine Blüten werden fast ausschließlich von Hummeln bestäubt. Die Pflanze enthält ein starkes Gift, das jedoch in der richtigen Dosierung bei manchen Herzerkrankungen als Medikament wirkt.

Der **Schwarze Holunder** wächst an Wald- und Wegrändern und oft in der Nähe menschlicher Siedlungen. Holunderblüten ergeben den schweißtreibenden „Fliedertee" – ein altes Heilmittel gegen Fieber. Aus den „Holunderbeeren" lässt sich eine leckere Marmelade kochen.

Die **Vogelbeere** ist in Laub- und Nadelwäldern ein häufiger Baum. Ihre Früchte werden im Herbst gerne von verschiedenen Drosselarten gefressen. Deshalb benutzte man die Früchte früher beim Vogelfang zum Anlocken der Tiere. Da die Blätter ähnlich aussehen wie bei der Esche, wird die Vogelbeere auch „Eberesche" genannt.

Das **Wald-Geißblatt** wächst vorwiegend in Eichen-Mischwäldern. Es ist ein Kletterstrauch, der an Waldrändern in Sträuchern und kleineren Bäumen hochklettert, ohne diese zu schädigen. Auffallend sind die großen blassgelben, manchmal rötlich überlaufenen Blüten. Sie werden besonders von Nachtfaltern besucht. Die Früchte sind ungenießbare rote Beeren.

In unseren Wäldern kommt die **Brombeere** besonders am Waldrand und auf Lichtungen häufig vor. Mit ihren stacheligen Trieben können Brombeeren sogar an Sträuchern und Bäumen emporranken. Um die leckeren Früchte besser ernten zu können, hat man inzwischen auch Sträucher ohne Stacheln gezüchtet.

Der **Bärlauch** gehört zu den Liliengewächsen. Er treibt aus einer kleinen Zwiebel im Frühjahr aus, blüht aber erst im Mai und kommt unter dem dichten Laubdach in Laubmischwäldern mit wenig Licht aus. Seine Blätter schmecken nach Knoblauch. Wenn Kühe die Blätter fressen, wird die Milch ungenießbar.

Der **Waldmeister** ist eine häufige Pflanze in Laubmischwäldern, in denen er oft große Flächen bedeckt. Er blüht erst im Mai, benötigt wenig Licht und gilt deshalb wie die meisten anderen Waldkräuter als Schattenpflanze. Die Pflanze verströmt das typische Waldmeister-Aroma. Die Früchte werden durch Klettwirkung verbreitet.

Der **Wald-Sauerklee** ist eine Schattenpflanze mit sehr wenig Lichtbedarf. Gelangt Sonnenlicht an die Pflanze, werden die Blätter zum Schutz gegen Verdunstung eingeklappt. Auch wenn man die Pflanze mit einer Mütze abdeckt, gehen die Blätter nach kurzer Zeit in „Schlafstellung". Die Pflanze enthält Oxalsäure und schmeckt deshalb sauer.

Bäume brauchen viel Wasser
Es ist ein richtig heißer Tag! Am liebsten würden die Kinder ständig etwas trinken. „Den Bäumen geht es genau wie euch, sie haben einen mächtigen Durst", erklärt der Förster. „Diese hohe Buche hier ist etwa 100 Jahre alt. Sie verdunstet in einem Sommermonat ungefähr 12 000 Liter Wasser – eine solche Wassermenge passt in 30 Regentonnen." Um an so viel Wasser zu gelangen, müssen die Bäume tief mit ihren Wurzeln in die Erde eindringen oder das Wurzelwerk muss weit verzweigt sein. [Struktur und Funktion, S. 136]

Die dichtesten Wälder wachsen deshalb dort, wo das ganze Jahr über viel Regen fällt. Manche Böden können Wasser nur sehr schlecht speichern. Auf den großen Sandflächen der Lüneburger Heide versickert das Wasser sehr schnell bis in große Tiefen. Hier können Buchen nur schwer leben. Ihre Wurzeln reichen nicht tief genug in den Boden, und die oberen Schichten sind nach dem Regen schnell wieder trocken. Ist der Boden dagegen lehmhaltig, so speichert er das Wasser viel besser.

Kiefern können dagegen auf den Sandböden ausgezeichnet gedeihen. Sie haben tiefe **Pfahlwurzeln** und verdunsten über ihre schmalen Nadeln nur wenig Wasser.

Je nach Bodenart wird das Wasser unterschiedlich lange gespeichert. Die einzelnen Pflanzenarten sind an die verschiedenen Böden angepasst.

Der Kampf ums Licht
Zwischen den Bäumen des Waldes findet ein Konkurrenzkampf statt. Junge Bäume benötigen zunächst nur wenig Platz. So können auf einem Hektar Waldboden rund 10 000 etwa 10jährige Buchen wachsen. Sind die Bäume 120 Jahre alt und kräftig herangewachsen, ist nur noch Platz für etwa 500 Bäume. Die kleinen Jungpflanzen kommen sich anfangs nicht ins Gehege. Doch später überleben nur die Bäumchen, die am schnellsten wachsen und den Nachbarn unter ihren Blättern zum Absterben bringen. Jede Pflanze benötigt Licht zum Wachsen, gleichzeitig aber auch genügend Platz, um die Blätter dem Licht entgegen zu strecken. Wird eine Pflanze von einer anderen überdeckt, erhält sie zu wenig Licht und verkümmert.

1 Junge Rotbuchen

Stieleichen benötigen mehr Licht als Buchen. Sie sind den schnellwüchsigen Buchen im Kampf um das Licht unterlegen und kommen daher im Buchenwald kaum vor. Dafür wachsen Stieleichen auf trockenen Böden, wo die Buchen keine Überlebensmöglichkeit haben, aber auch an nassen Standorten. [System, S. 140]

Pflanzen treten im Wald in Konkurrenz zueinander, zum Beispiel um das lebenswichtige Licht oder um Wasser.

Versuch

1 Decke mit Tonscherben jeweils das Loch im Boden von zwei gleich großen Blumentöpfen ab. Fülle dann einen der Blumentöpfe mit 150 g trockenem Sand, den anderen mit 150 g trockener lehmiger Gartenerde. Stelle jeden Topf auf einen Messzylinder und gieße langsam 200 ml Wasser in jeden Blumentopf. Lese nach 1 Minute die Skala der Messzylinder ab.
Schreibe deine Beobachtung ins Heft und versuche eine Erklärung zu finden.

2 Kiefern haben Pfahlwurzeln.

3 Rotbuchen sind Flachwurzler.

Boden, Licht, Temperatur und Wasser

Boden rieselt durch die Finger

Nicht ausrollbar

Etwa bleistiftdick ausrollbar, dann zerbröselnd

Zu Würsten ausrollbar

1 Immer das Gleiche mit dem Waldboden?

Auf Sandböden wachsen ganz andere Pflanzen als auf Lehm- oder Tonböden. Wenn du wissen möchtest, wie der Waldboden beschaffen ist, kannst du das leicht mit der Fingerprobe feststellen.

Material
Schaufel, Waldboden

Versuchsanleitung
Grabe im Waldboden ein kleines Loch und nimm aus etwa 20 cm Tiefe eine Bodenprobe. Mithilfe der Tabelle kannst du nun leicht feststellen, um welche Bodenart es sich handelt. Die Erde darf nicht völlig durchnässt oder ausgetrocknet sein.

2 Licht und Dunkelheit beeinflussen das Wachstum

Material
Samen von Getreide, Kresse, Sonnenblume oder anderen Pflanzen; Blumentöpfe, Erde, Pappkartons

Versuchsanleitung
Fülle zwei Blumentöpfe mit Erde und säe in beide Töpfe jeweils einige Samen der gleichen Pflanzenart. Stelle beide Töpfe auf die Fensterbank und bedecke einen der Töpfe mit einem dunklen Pappkarton, durch den kein Licht dringen darf. Halte die Erde ständig etwas feucht.

Vergleiche einige Tage nach dem Keimen die Länge der Keimlinge.
Erkläre, wie ein Keimling an einem dunklen Standort im Wald zum Licht gelangt.

3 Licht und Temperatur lassen Wasser verdunsten

Material
4 Reagenzgläser, Reagenzglasständer, Wasser, Speiseöl, jeweils zwei kleine Zweige von zwei Laubbaumarten, Folienstift

Versuchsanleitung
Zwei Reagenzgläser werden mit Wasser bis auf genau gleiche Höhe gefüllt und in einen Reagenzglasständer gestellt. Gib nun in zwei Gläser je einen kleinen Laubbaumzweig der gleichen Art. Die Zweige müssen etwa gleich groß sein und die gleiche Anzahl von Blättern haben.

Gib mit einer Pipette einen Tropfen Speiseöl in jedes Reagenzglas. Das Öl schwimmt oben und verhindert dadurch die Wasserverdunstung. Markiere an beiden Gläsern den Wasserstand mit einem wasserfesten Stift.

Stelle ein Glas in die Sonne, das andere in den Schatten. Vergleiche nach einigen Stunden und am nächsten Tag den Wasserstand in den Reagenzgläsern.

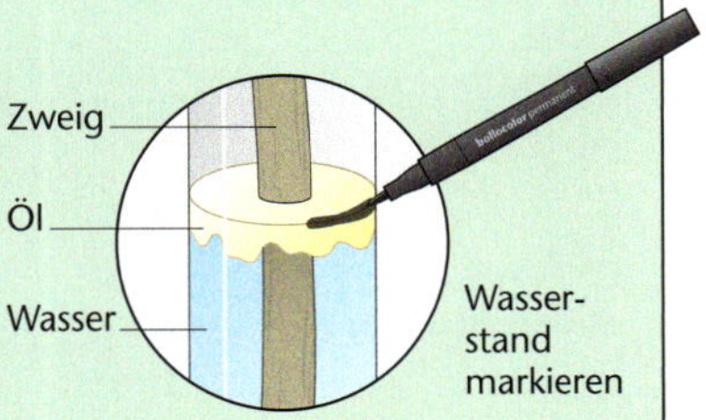

Mache einen Kontrollversuch mit einer zweiten Baumart. Miss an beiden Standorten die Temperatur.
Erkläre das Ergebnis.

Tierart	Häufigkeit
Fadenwürmer	10 000 000
Springschwänze	100 000
Regenwürmer	200
Tausendfüßer	150
Käfer	100
Laubschnecken	50
Asseln	50

1 Artenanzahl in 1 m² in den oberen 30 cm der Bodenschicht

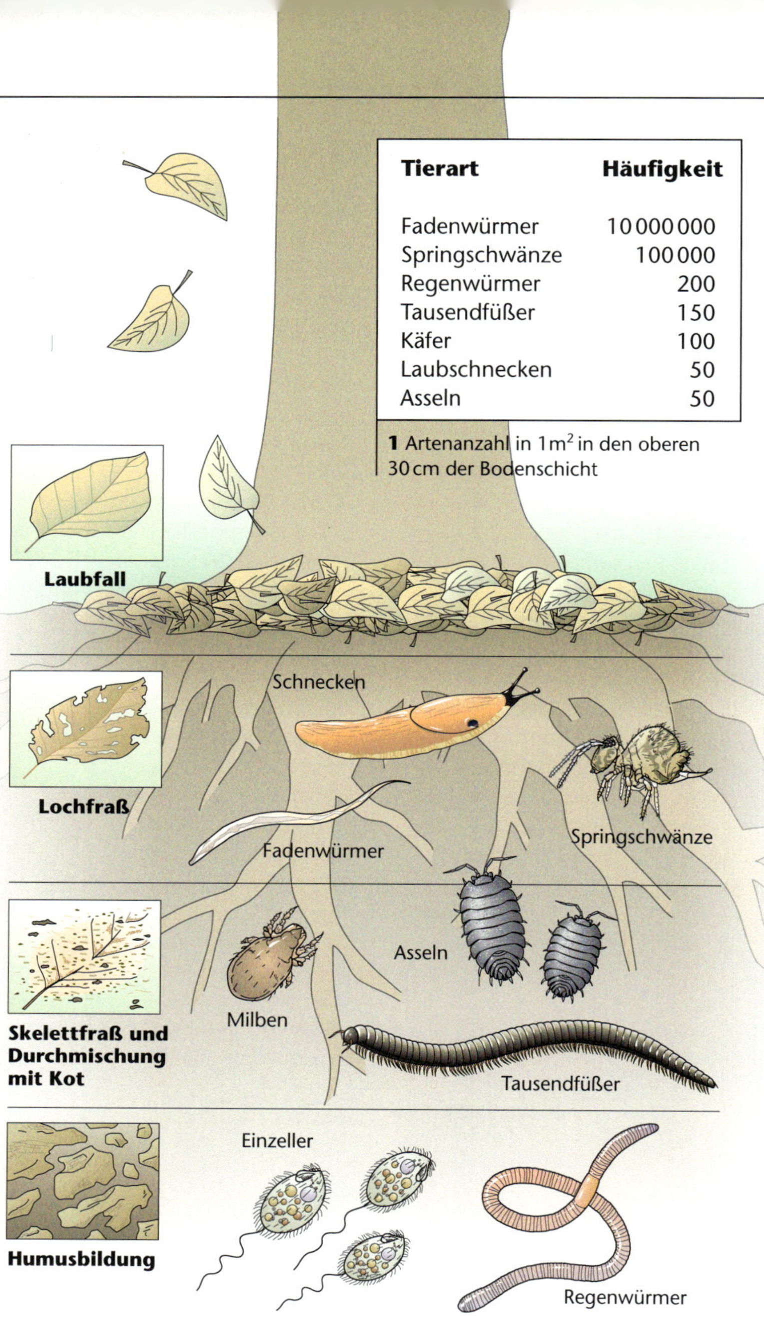

Kleinlebewesen als „Abfallvertilger"

Jedes Jahr fällt im Herbst viel Laub auf den Waldboden. Zahllose Kleinlebewesen machen sich sofort an die Arbeit und zerkleinern Blatt für Blatt. Durch ihre Tätigkeit beseitigen sie alle abgestorbenen Pflanzenteile. Mithilfe eines Berlese-Apparates (▷ B 3) kann man die Tiere fangen und sie dann mit einer Lupe gut anschauen.

Asseln, Schnecken und Tausendfüßer gehören zu den größeren **Zersetzern** der Laubstreu. Sie fressen Löcher in das feuchte Laub und sorgen damit für eine erste Zerkleinerung. Milben, Springschwänze, Fadenwürmer und Insektenlarven vollenden die Arbeit. Regenwürmer fressen ebenfalls totes Pflanzenmaterial. Dabei sorgen sie gleichzeitig für eine gute Durchmischung und mit ihren Gängen für eine Durchlüftung des Bodens. Mehrere andere Tierarten leben räuberisch. Sie machen Jagd auf die zahlreichen Kleintiere des Bodens. Zu ihnen gehören die Tausendfüßer, von denen sich einige Arten bei Gefahr einrollen und ein Gift absondern (▷ B 1).

Pflanzenreste und der Kot der Bodentiere werden von Bakterien und Pilzen weiter zersetzt. Dabei geben diese Mikrolebewesen Kohlenstoffdioxid ab und setzen gleichzeitig Mineralsalze frei.

Die grünen Pflanzen sind bei der Fotosynthese ständig auf diesen „Nachschub" angewiesen. Mit ihren Wurzeln nehmen sie Mineralsalze und mit den Blättern Kohlenstoffdioxid auf. Jahr für Jahr können sie nun neue Blätter, Blüten und Früchte bilden – ein ständiger Kreislauf. [System, S. 140]

▶ Kleinlebewesen des Bodens führen Stoffe aus abgestorbenen Pflanzenteilen in den Naturkreislauf zurück.

2 Zersetztes Buchenblatt

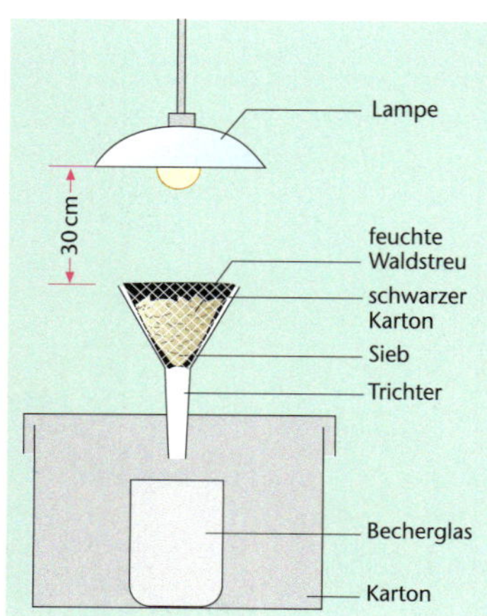

3 Berlese-Apparat

Aufgaben

1 Vergleiche die Anzahl der Regenwürmer in einem Garten von 1000 m² mit der Einwohnerzahl deines Heimatortes. Verwende dazu die Daten aus Tabelle 1.

2 Schreibe mithilfe von Abbildung 1 und 2 einen zusammenhängenden Text, aus dem hervorgeht, was mit einem heruntergefallenen Blatt passiert.

Werkstatt

Untersuchung der Laubstreu

1 Wir untersuchen die Laubstreu

Material

Berlese-Apparat (▷ B 3, S. 88), Schaufel, Plastikbeutel

Versuchsanleitung

a) Markiert auf dem Waldboden eine Fläche von der Größe eines DIN-A4-Blattes. Tragt die einzelnen Schichten ab, bis ihr auf festen Boden stoßt, und verpackt sie getrennt in Plastikbeuteln. Gebt jeweils einen Teil davon in einen Berlese-Apparat. Da Bodentiere das Licht meiden, werden sie nach unten kriechen und in das Becherglas fallen. Bestimmt die Tiere nun mithilfe einer Lupe oder eines Binokulars. Fertigt in euren Heften eine Tabelle an und tragt die gefundenen Arten und ihre Anzahl in den einzelnen Schichten ein.

b) Während der Berlese-Apparat eingeschaltet ist, könnt ihr einen Teil der Bodenproben auf einem Blatt Papier ausbreiten und untersuchen. Vergleicht die gefundenen Tiere mit den Abbildungen und tragt sie in eine Tabelle ein. Für einige Tiere werdet ihr ein besonderes Bestimmungsbuch benötigen.

2 Asseln fressen Pflanzenreste

Material

2 Asseln, feuchte Laubblätter, Petrischale, Sand, Blumendraht, Pappkarton

Versuchsanleitung

Schneide aus einem abgefallenen Laubblatt ein Stück von $2{,}5\,cm \times 4\,cm = 10\,cm^2$ Größe heraus. Falls es trocken ist, lege es so lange in Wasser, bis es damit vollgesogen ist. Bedecke den Boden der Schale mit sauberem, durchgesiebten Sand und lege das Laubstück darauf.

Fange nun zwei Asseln und setze sie in die Petrischale. Verschließe die Petrischale, setze aber wegen der Belüftung zwischen Boden und Deckel einen Steg aus dünnem Draht. Die Schale muss nun dunkel in einem Pappkarton aufgestellt werden.

Achtung: Das Laub darf nicht austrocknen! Deshalb halte den Sand stets etwas feucht. Protokolliere täglich, welcher Anteil Laub gefressen wurde.

Biete weiteren Asseln unterschiedliche Laubsorten in verschiedenen Schalen an. Werden bestimmte Laubsorten bevorzugt?

Decke die Hälfte der Petrischale mit dunklem Karton ab.

Wo halten sich die Tiere bevorzugt auf? Fasse deine Ergebnisse schriftlich zusammen.

Bringe nach der Untersuchung die Bodenprobe wieder an den Ursprungsort zurück!

Fadenwurm
- Körper rund, fadenförmig an den Enden spitz zulaufend
- Nahrung: Pflanzenteile und Kleinlebewesen

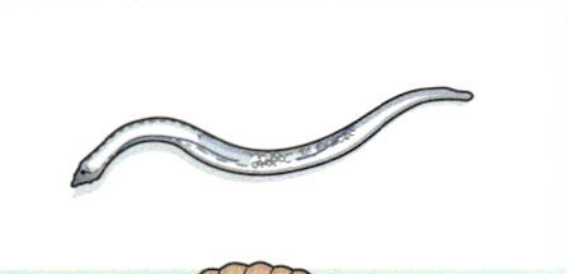

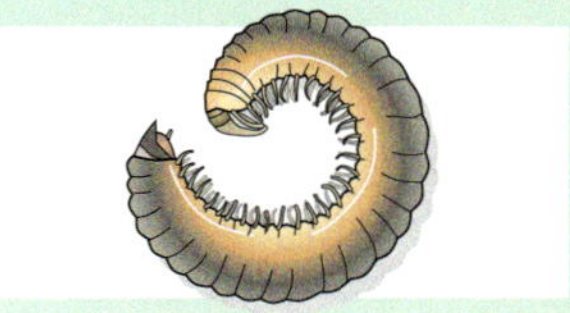

Doppelfüßer
- Körper rund, schwarzbraun
- 50 bis 110 Beinpaare
- bevorzugt feuchten Boden
- Nahrung: moderndes Laub

Regenwurm
- Ringelwürmer, weißlich gelb, massenhaftes Auftreten
- auch im Kompost
- wichtiger Humusbildner

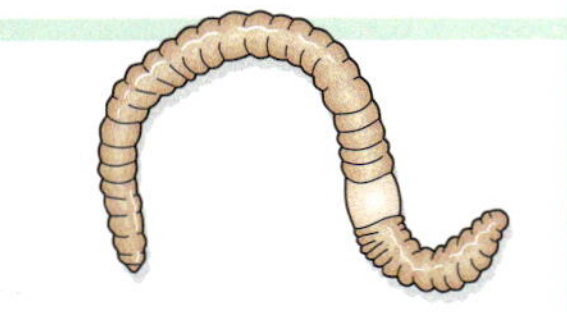

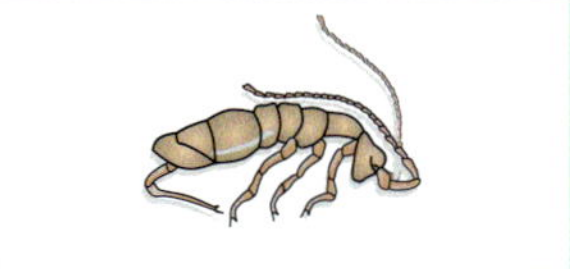

Springschwanz
- Hinterende mit Sprunggabel
- meist augenlos
- massenhaft auftretend
- Nahrung: Blattstreu

Laubschnecke
- gelb- bis rotbraun
- in feuchtem Laub u. Gebüsch
- Nahrung: Algen, Pilze, Pflanzenteile

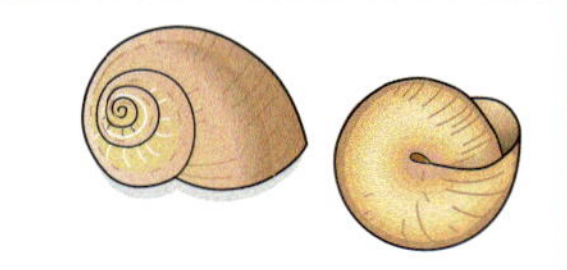

Ohrwurm
- gelblich bis dunkelbraun
- Zange am Hinterende
- Nahrung: Pflanzen und Aas

Milbe
- Spinnentiere
- Zwischenwirt von Bandwürmern
- Nahrung: Pflanzen

Mistkäfer
- blauschwarz metallisch
- transportiert Kot zur Eiablage in tiefere Erdschichten
- Nahrung: Kot

Steinläufer
- 15 Beinpaare
- räuberische Lebensweise
- Nahrung: Insekten, Asseln, Spinnen …

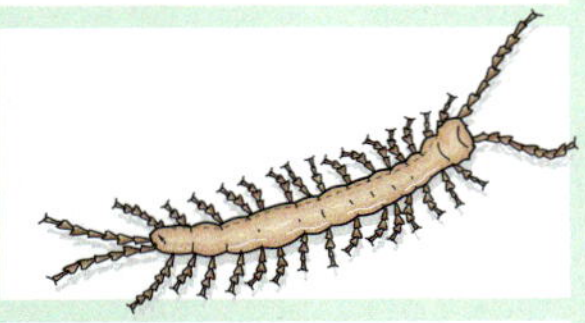

Drahtwurm
- Larve des Schnellkäfers
- rund, steif, glänzend gelb
- Nahrung: Pflanzenwurzeln
- auch räuberische Arten

Saftkugler
- spiegelglatt
- rollt sich ein, Wehrsekret
- Nahrung: moderndes Laub, Humus

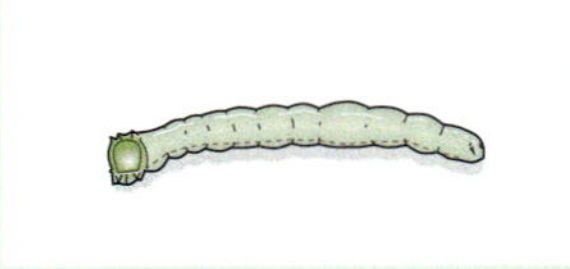

Larve der Wiesenschnake
- Atemöffnung am Hinterleib wie „Teufelsfratze"
- dicht unter der Erdoberfläche
- Nahrung: Mulm und Wurzeln

1 Buchfink

2 Rehe (Ricke und Kitz)

3 Eichhörnchen

4 Schwarzspecht

Waldtiere sind scheu

Rehe, Hirsche, Wildschweine und Spechte sind bestimmt jedem bekannt (▷B2; B4; B6). Aber wohl nur wenige haben diese Tiere schon in freier Natur beobachtet. Die Erklärung dafür ist einfach: Die meisten Tiere des Waldes sind sehr scheu und fliehen bei einer Begegnung mit dem Menschen sofort. Dieses Verhalten schützt die Tiere auch vor ihren natürlichen Feinden.

Wildschweine fressen (fast) alles

Der Wald bietet den Tieren Flucht- und Versteckmöglichkeiten und erfüllt außerdem die unterschiedlichsten Ansprüche. Wo die Buchen nicht alle die gleiche Größe haben, ist der Wald ein fast undurchdringliches Dickicht. Von hier aus beginnen die Wildschweine (▷B6) in der Dämmerung ihre Streifzüge. Sie wühlen bei der Suche nach Nahrung den Boden auf und finden mit ihrer empfindlichen Nase Engerlinge (▷B5), Würmer, Pilze und Bucheckern, die Früchte der Buchen.

Die meisten Tiere leben im Boden

Engerlinge sind die Larven der Maikäfer. Sie ernähren sich von Wurzeln und verbringen rund drei Jahre bis zur Verpuppung im Boden. Der Maikäfer selbst frisst während seines kurzen Lebens von etwa zwei Monaten die Blätter der verschiedensten Baumarten. Seine Eier legt er wieder in den weichen Waldboden.

Eichhörnchen nisten in den Kronen

Das Eichhörnchen (▷B3) kannst du mit etwas Glück bei seinen Kletterkünsten beobachten. Sein Lebensraum sind die Baumkronen. Hier baut es auch den **Kobel**, wie die Jäger das Nest der Eichhörnchen nennen. Es besteht aus Zweigen, Laub, Gras und Rinde. Baumsamen, Beeren, Pilze, Nüsse, Insekten und manchmal auch Vogeleier bilden die Hauptnahrung des Eichhörnchens.

Der Buchfink – ein eifriger Sänger

Buchfinken (▷B1) sind im Buchenwald die häufigste Vogelart. Hier finden sie reichlich Insektennahrung, aber auch Samen verschiedener Pflanzen fressen sie gerne. Auffällig ist der schmetternde Gesang des Männchens. Damit lockt er Weibchen an und warnt Rivalen vor dem Eindringen in sein Revier.

▶ Der Wald bietet den Tieren viele passende Nahrungsquellen und Plätze als Lebensraum. [System, S. 140]

5 Maikäferlarve (Engerling)

6 Wildsau mit Frischlingen

Diagramme auswerten und erstellen

A. Diagramme auswerten
Um Ergebnisse von Untersuchungen darzustellen, verwenden Biologen oft Diagramme. Bei deren Auswertung solltest folgende Punkte beachten:
- Achte auf die Über- bzw. Unterschriften des Diagramms.
- Wie sind die Achsen beschriftet?
- In welchen Einheiten sind die Zahlenwerte dargestellt? Es ist ein großer Unterschied, ob 32 Bäume oder 32 Prozent aller Bäume in Bayern Laubbäume sind.

Achtung:
Manchmal sehen Diagramme, z. B. wenn sie am Computer erstellt wurden, sehr schön aus. Durch die geschickte Darstellung können Inhalte aber verzerrt wiedergegeben sein. Lass dich also nicht täuschen!

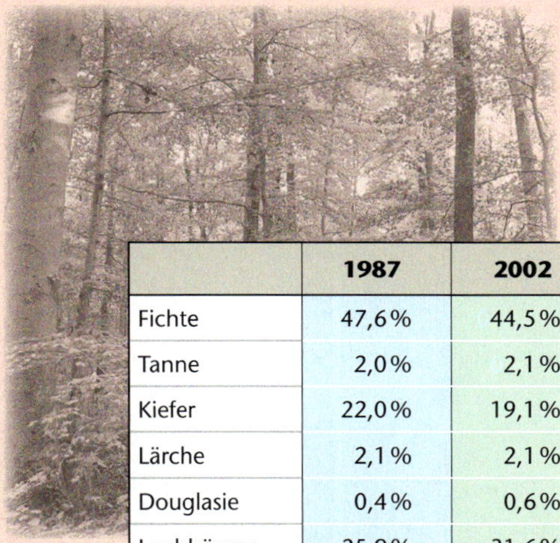

	1987	2002
Fichte	47,6 %	44,5 %
Tanne	2,0 %	2,1 %
Kiefer	22,0 %	19,1 %
Lärche	2,1 %	2,1 %
Douglasie	0,4 %	0,6 %
Laubbäume	25,9 %	31,6 %

1 Flächenentwicklung der Hauptbaumarten

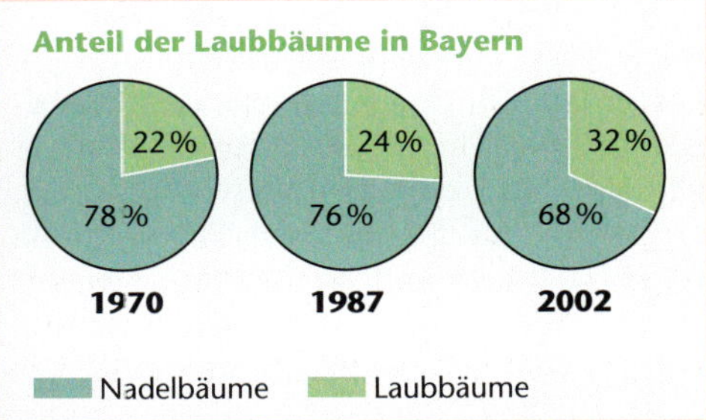

2 Kreisdiagramme

B. Diagrammtypen
Jedes Thema besitzt andere Schwerpunkte. Für die Darstellung der Inhalte in Diagrammform sind manche Diagrammtypen besser geeignet als andere.
Für die Darstellung einfacher Mengenverhältnisse sind **Kreisdiagramme** (▷ B 2) oder **Säulendiagramme** (▷ B 3) gut geeignet. Sollen jedoch regionale Unterschiede – zum Beispiel bezüglich der jeweiligen Waldflächen – veranschaulicht werden, kann dies mit farbig gestalteten Landkarten geschehen, den **Flächen-Kartogrammen** (▷ B 4).

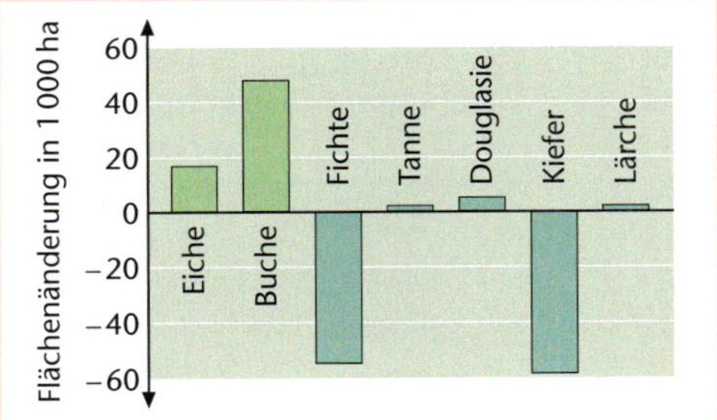

3 Säulendiagramm

C. Ein Diagramm erstellen
Willst du selbst ein Diagramm erstellen, sind die folgenden Punkte zu beachten:
- Wähle für dein Thema einen geeigneten Diagrammtyp.
- Überlege dir eine aussagekräftige Überschrift.
- Wenn du die Form „Säulendiagramm" gewählt hast, musst du die Achsen beschriften und eine geeignete Einteilung der Achsen festlegen.

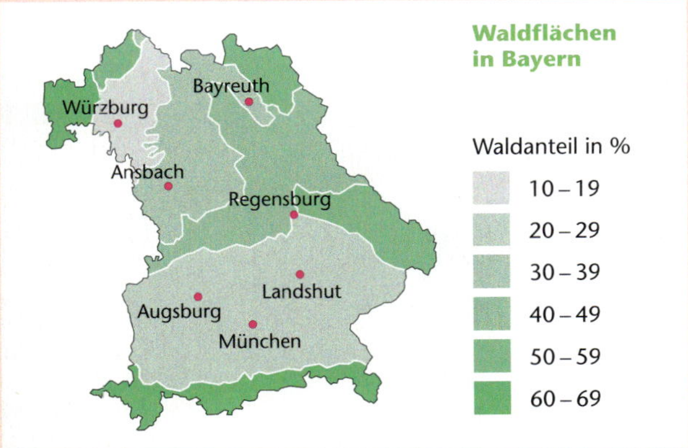

4 Flächen-Kartogramm

Aufgaben

1 Erstelle aus der Tabelle (▷ B 1) ein geeignetes Diagramm in deinem Heft.

2 Beschreibe in einem kurzen Text den Inhalt von (▷ B 2).

3 Stelle die Ergebnisse aus (▷ B 3) in Form einer Tabelle dar.

4 Ordne die Wuchsgebiete aus (▷ B 4) nach der Größe ihrer prozentualen Waldfläche. Beginne mit der Region, die prozentual am meisten Wald besitzt.

Die Eule aus den Krimis

Der **Waldkauz** (▷ B 1) ist in Mitteleuropa die häufigste Eulenart. In Winternächten bis ins Frühjahr hinein ist der etwas unheimlich klingende Balzgesang des Männchens zu hören. Das durchdringende „Huuh-hu-huuuuuuuh" kannst du auch in Kriminalfilmen bei nächtlichen Szenen hören. Der Waldkauz ist ein ausgesprochener Nachtvogel. Deshalb kann man ihn auch tagsüber kaum in einem Baum entdecken.

1 Waldkauz beim Beutefang

Wälder, Parkanlagen, aber auch Ortschaften mit ihren hohen Gebäuden und Kirchtürmen sind sein Revier. Als Brutplätze eignen sich Baumhöhlen, Mauernischen (▷ B 3) und alte Nester von Krähen und Greifvögeln. Keine Eulenart baut ein richtiges Nest. Die 3–5 Eier werden einfach ohne Unterlage auf den Boden gelegt. Im Gegensatz zu jungen Greifvögeln sind Eulenküken zunächst blind.

Obwohl Eulen nachtaktiv sind, können sie auch tagsüber gut sehen. Ihre Augen sind aber für die nächtliche Jagd besonders gut geeignet. Sie sind sehr empfindlich und können deshalb auch bei wenig Restlicht bestens sehen. Die großen Augen sind allerdings unbeweglich. Will die Eule zur Seite oder nach hinten schauen, muss sie den gesamten Kopf drehen (▷ B 2).

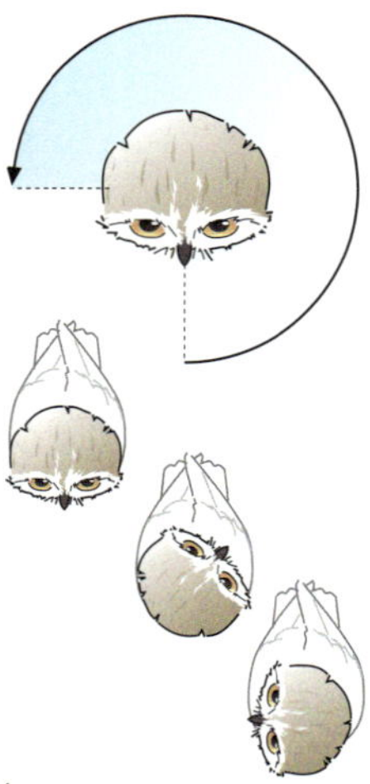

2 Der Eulenkopf ist sehr beweglich.

Eulen sind Meister im Hören und Fliegen

Die empfindlichen Ohren können selbst leiseste Töne wahrnehmen. Deshalb richten sich Eulen bei völliger Dunkelheit ausschließlich nach ihrem Gehör. Die Ränder der Ohröffnungen können aufgerichtet werden und dienen wie ein Trichter zur Schallverstärkung. Die Federbüschel am Kopf mancher Eulen haben mit dem Hörvorgang nichts zu tun, sondern sind reiner Schmuck. Die „Jagdausrüstung" des Waldkauzes wird vervollständigt durch seine **Greiffüße**, aus dessen Krallen es kein Entrinnen mehr gibt. Eine der drei nach vorn gerichteten Zehen kann nach hinten gedreht werden (▷ B 1), sodass die Eule noch besser zupacken kann.

Eulen haben ein sehr weiches **Gefieder**. Deshalb fliegen sie völlig lautlos. Die Vorderfahnen der ersten Schwungfedern sind an den Rändern mit einem Fransenkamm (▷ B 1) besetzt und schlucken jedes Fluggeräusch. [Struktur und Funktion, S. 136]

Mäusefänger

Eulen jagen vor allem Mäuse. Aber auch andere kleine Säugetiere, Frösche und sogar Vögel gehören zu ihrer Beute. Unverdauliche Speisereste werden wie bei den Greifvögeln als **Gewölle** (▷ B 1) ausgewürgt. Sind viele Beutetiere vorhanden, ziehen die Waldkäuze mehr Nachkommen auf. Manche Eulenpaare brüten dann ein zweites Mal im Jahr. Gibt es wenig Beute, werden weniger Eier gelegt, und es brüten nicht alle Eulenpaare.

Das gute Gehör, die lichtempfindlichen Augen, die Greiffüße und das weiche Gefieder machen die Eulen zu erfolgreichen nächtlichen Jägern.

Aufgaben

1 Warum ist es für Eulen wichtig, lautlos zu fliegen? Nenne zwei Gründe.

2 Recherchiere über Körperbau und Lebensweise eines Greifvogels. Vergleiche mit den Eulen und fasse Unterschiede und Gemeinsamkeiten in einer Tabelle zusammen.

3 Waldkauz mit Jungvögeln

Eulen

Die **Schleiereule** besiedelt offenes Gelände und nistet in Scheunen, Kirchtürmen und Ruinen. Typisch ist ihr herzförmiges Gesicht. 4–7 weiße Eier legt sie an einer dunklen Stelle auf den Boden. Ihre Nahrung besteht aus Mäusen, Maulwürfen und anderen Kleintieren. Bei der Balz geben Schleiereulen gedehnte Schnarchlaute („chrrrüh") ab.

Die **Waldohreule** lebt in Wäldern, Parks und Feldgehölzen. Manchmal ist sie sogar in Gärten mit großen Bäumen zu sehen. Sie nistet bevorzugt in alten Krähen- und Elsternnestern. Typisch sind die orangefarbenen Augen und die Federbüschel am Kopf. Letztere haben mit dem Hörvorgang nichts zu tun. Sie sind nur Schmuck.

Unsere größte Eulenart ist der **Uhu** (Körperlänge ca. 70 cm). Er hat seinen Namen von seinem Ruf – einem tiefen lauten „uhu".
Man hat ihn mit Erfolg in großen Waldgebieten, wo er ausgestorben war, wieder angesiedelt. Der Nistplatz liegt meistens versteckt in einer Felswand. Seine Beute besteht aus Säugetieren bis Kaninchengröße, aus Rabenvögeln, Tauben, Fröschen, Insekten und Eidechsen. Sogar Igel überwältigt er mit seinen großen Greiffüßen.

Der **Steinkauz** ist mit 22 cm Körperlänge eine unserer kleineren Eulenarten. Er kommt in offenem Gelände mit einzelnen Bäumen vor, wo er gern in Baumhöhlen nistet. Deshalb ist er besonders auf Streuobstwiesen, in Kopfweiden, gelegentlich aber auch in Steinbrüchen, Ruinen und Gehöften zu finden. Kleine Säugetiere und Vögel bis Amselgröße bilden seine Hauptnahrung.

1. Vor der Untersuchung werden die Gewölle in einem Backofen über mehrere Stunden bei 150 °C erhitzt, um eventuell vorhandene Krankheitskeime abzutöten. Dann kannst du die getrockneten Gewölle auf Zeitungspapier mit Präpariernadeln und spitzen Pinzetten zerrupfen.
2. Versuche, zunächst anhand der Bestimmungstabelle herauszufinden, von welcher Eulenart das Gewölle stammt.
3. Versuche mithilfe eines Bestimmungsbuches, die Beutetiere und deren Anzahl nach den gefundenen Schädeln und Kieferteilen zu bestimmen.
4. Versuche, aus den Knochen der Gewölle nach der Vorlage ein vollständiges Skelett auf ein Blatt Papier aufzukleben. Dein Ergebnis kannst du mit einer selbstklebenden, durchsichtigen Klarsichtfolie schützen. Nach den Untersuchungen musst du dir die Hände waschen!

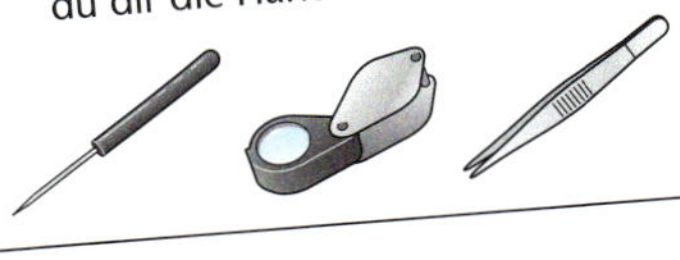

Gewölle	Schleiereule	Waldohreule	Waldkauz	Steinkauz
Länge (in cm)	2–8	4–7	3–8	3–5
Dicke (in cm)	2–3	2–3	2–3	1–2
Form	glatt, groß, abgerundet	schlank, walzenförmig	dick, unregelmäßig	besonders schlank
Farbe	schwarz	grau	grau	grau
Fundort	Kirchen, Scheunen	Waldrand, Feldgehölze	Wald, Park	Kirchen, Steinbrüche

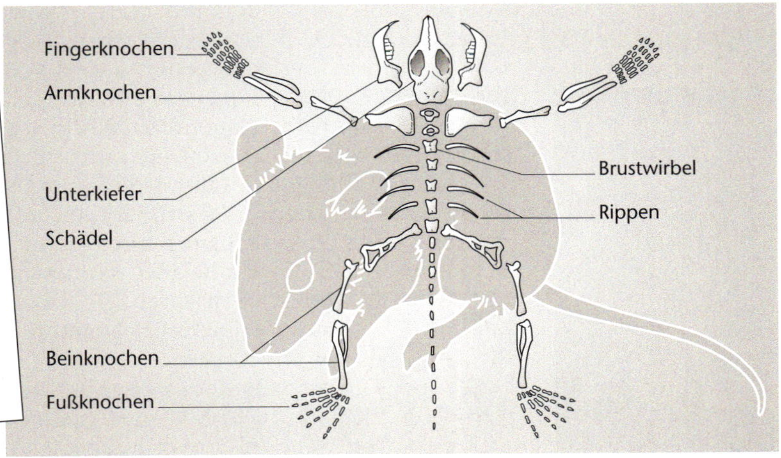

4 Wir untersuchen das Gewölle von Eulen.

Bau mit „Klimaanlage"
Auf einer Waldlichtung im Kiefernwald liegt über einem vermoderten Baumstumpf der Bau der **Roten Waldameise** (▷ B 1). Er dient dem ganzen Ameisenvolk als Unterkunft. Bis zu 750 000 Tiere leben gemeinsam in einem Bau. Der Ameisenstaat besteht aus unfruchtbaren Weibchen, den **Arbeiterinnen**, und mehreren hundert **Königinnen**. Durch Öffnen und Schließen der Ausgänge sorgen einige der Arbeiterinnen für eine gezielte Belüftung und regeln auf diese Weise die Temperatur im Nest. Durch den hügelartigen Aufbau ist die „Ameisenwohnung" ein guter Wärmespeicher und im Inneren ziemlich gleichmäßig auf etwa 25 °C temperiert. Im Inneren des Hügels befinden sich Kammern, in denen sich der Nachwuchs entwickelt (▷ B 4). Arbeiterinnen transportieren die Larven und Puppen ständig zu den Stellen im Nest, die für die Entwicklung optimal sind.

Die Bedeutung der Ameisen für den Wald
Bei der Jagd nach Beutetieren benutzen die Roten Waldameisen ihre kräftigen Mundwerkzeuge. Insekten aller Art und deren Larven stehen auf dem Speiseplan der Tiere. Mehrere Tausend Raupen werden von einem Volk an manchen Tagen eingesammelt. Forstschädlinge werden dadurch in ihrer Vermehrung in Grenzen gehalten. Da die Beutetiere oft größer sind als eine Ameise, arbeiten beim Transport der Beute viele Ameisen zusammen (▷ B 2). Aber nicht nur Insekten, auch die eiweiß- und zuckerhaltigen Anhänge mancher Pflanzensamen werden gefressen. Viele Kräuterarten haben solche „Ameisensamen", die in die Bauten geschleppt werden. Sind die Anhängsel verspeist, werden die für Ameisen ungenießbaren Samen wieder nach draußen gebracht und im Wald verteilt. Ein Ameisenvolk kann in einem Jahr etwa 30 000 Samen transportieren. Viele Pflanzenarten der Krautschicht sind auf die Samenverbreitung durch Ameisen angewiesen. [System, S. 140]

2 Ameise mit Beute

3 Betasten

4 Brutkammer

1 Ameisenbau

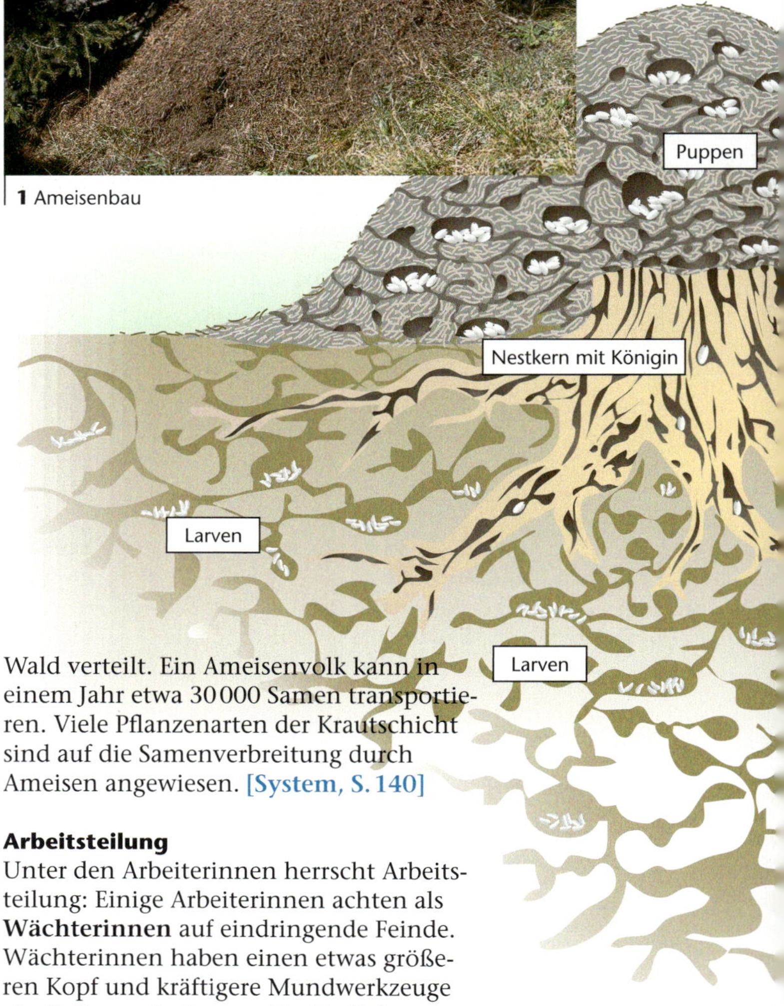

Arbeitsteilung
Unter den Arbeiterinnen herrscht Arbeitsteilung: Einige Arbeiterinnen achten als **Wächterinnen** auf eindringende Feinde. Wächterinnen haben einen etwas größeren Kopf und kräftigere Mundwerkzeuge als die **Sammlerinnen**, die die Nahrung herbeischaffen. Sie schleppen Kiefernnadeln und kleine Zweigstücke, mit denen der Ameisenhügel aufgebaut und abgedeckt wird. Auf schmalen Ameisenstraßen tragen sie ihre Last heran. Die Wege zum Bau und zu Nahrungsquellen werden durch Duftstoffe markiert, die die Ameisen mit ihren Fühlern wahrnehmen. Ist eine Ameise fündig geworden, legt sie auf dem Rückweg eine Duftbahn an. Auf diesen Duftstraßen kann man oft auch Ameisen beobachten, die sich gegenseitig mit den Fühlern betasten (▷ B 3).

▶ Im Ameisenbau herrscht Arbeitsteilung bei Nahrungsbeschaffung, Transport von Baumaterial, Wachdienst und Brutpflege.

Grünspecht

Ameisenlöwe

Waldveilchen-Samen

Raupe

Blattläuse

Marienkäfer

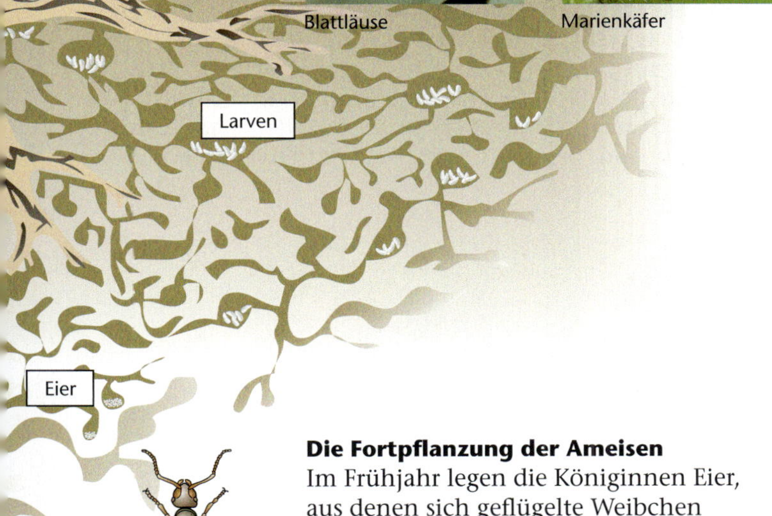

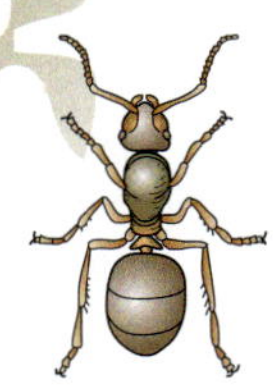
Königin
(Flügel abgestreift)

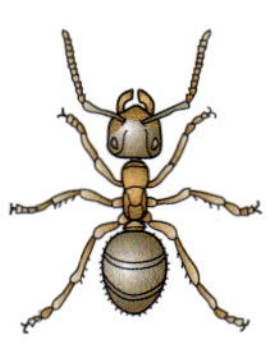
Arbeiterin

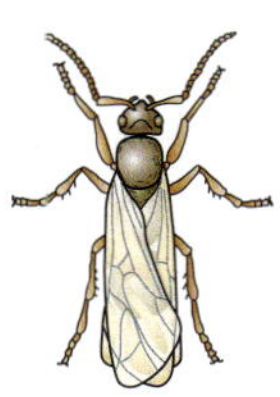
Männchen

Aufgabe

1 Auf den Fotos links sind einige Mitglieder der „Lebensgemeinschaft Wald" abgebildet. Erkläre die Beziehung zu den Ameisen, indem du eine Ameise zeichnest, die übrigen Lebewesen außen herum schreibst und sie durch Pfeile mit der Ameise verbindest. Beschrifte die Pfeile z. B. wie folgt: … verbreitet die Samen des … .

Die Fortpflanzung der Ameisen

Im Frühjahr legen die Königinnen Eier, aus denen sich geflügelte Weibchen und Männchen entwickeln. Diese Geschlechtstiere verlassen das Nest zum Hochzeitsflug und paaren sich. Die begatteten Weibchen fliegen danach zum Bau zurück und streifen ihre Flügel ab. Der Spermienvorrat reicht für ihr gesamtes Leben als Königin von etwa 15–20 Jahren. Die Männchen haben ihre Aufgabe bei der Fortpflanzung erfüllt und sterben.

Nach dem Hochzeitsflug entstehen aus den Eiern nur noch unfruchtbare Arbeiterinnen. So wird das Volk verjüngt und wächst rasch an. Die Eier werden in besonderen Brutkammern im untersten Stockwerk des Ameisenbaues untergebracht und ebenso sorgfältig von Arbeiterinnen bewacht wie die Larven und Puppen. Wird ein Staat zu groß, trennen sich einzelne Königinnen gemeinsam mit einem Teil der Arbeiterinnen von ihrem Volk und gründen an anderen Stellen neue Völker.

Ameisen und Blattläuse leben in Symbiose

Auffällig ist das Verhalten der Ameisen gegenüber Blattläusen. Statt die Tiere zu fressen, beschützen Ameisen sie sogar vor Feinden, z. B. vor Marienkäfern und deren Larven. Blattläuse saugen Pflanzensäfte, wobei sie überschüssige Stoffe als süßen „Honigtau" ausscheiden. Die Ameisen „melken" ihre Schützlinge, indem sie deren Hinterleib betasten und damit die Blattläuse zur Abgabe von Honigtau anregen. Eine derart wechselseitige Beziehung zu beiderseitigem Nutzen nennen die Biologen **Symbiose**. [System, S. 140]

Gefahren für die Waldameise

Die Rote Waldameise steht unter besonderem Schutz. Zerstörung ihrer Bauten durch Spaziergänger oder bei Waldarbeiten ist eine der Hauptgefahren für die Ameisen. Spechte und andere Fressfeinde können den Bestand der Ameisen dagegen kaum gefährden. Werden Ameisen angegriffen, so spritzen sie aus ihren Hinterleibsdrüsen ätzende Ameisensäure oder wehren sich mit ihren Beißzangen.

Für die Lebensgemeinschaft des Waldes sind Ameisen von großer Bedeutung. Sie fressen Insekten, verbreiten Pflanzensamen und sind Nahrung für andere Tiere.

Versuche

1 Ziehe mit dem Zeigefinger vorsichtig eine flache Spur quer durch eine Ameisenstraße und beobachte das Verhalten der Tiere. Erkläre.

2 Lege ein Papiertaschentuch für einige Minuten auf einen Ameisenhügel, schüttle die Tiere ab und rieche dann an dem Tuch. Wie erklärst du den eigenartigen Geruch?

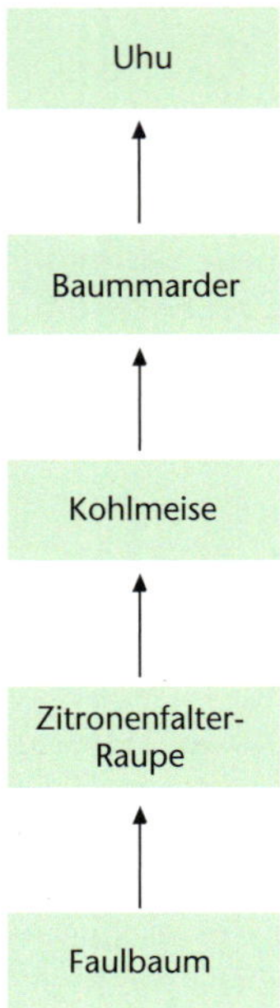

1 Nahrungskette

Nahrungsketten und Nahrungsnetze

Der Zitronenfalter ist im Frühjahr einer der ersten Schmetterlinge. Seine Raupen fressen an den Blättern ihrer Wirtspflanze, z. B. des Faulbaums. Für die Kohlmeise ist der Schmetterling ein Leckerbissen, den sie im Flug fängt. Die Kohlmeise selbst steht jedoch auf dem Speisezettel mehrerer Fressfeinde. In Acht nehmen muss sie sich besonders vor dem Baummarder, der ihr vor allem während des Brütens und bei der Fütterung der Jungen gefährlich werden kann. Der Baummarder wiederum kennt nur einen Feind: Der Uhu schafft es bei seiner nächtlichen Jagd, ab und zu einen Baummarder zu überwältigen. Am Tage hat der Marder kaum Feinde zu fürchten.

Faulbaum, Zitronenfalter, Kohlmeise, Baummarder und Uhu bilden eine **Nahrungskette** (▷ B 1). An deren Anfang steht eine Pflanze als **Erzeuger** (Produzent) von Nährstoffen. Hiervon ernährt sich die Schmetterlingsraupe. Sie ist ein **Erstverbraucher** (Konsument). Kohlmeise und Baummarder sind **Zweit- und Drittverbraucher**. Der Uhu ist in dieser Kette der **Endverbraucher**. Im Unterschied zur Raupe des Zitronenfalters nimmt die Kohlmeise jedoch auch andere Nahrung zu sich, z. B. andere Insekten und nährstoffhaltige Samen. Sie ist also noch in weitere Nahrungsketten eingebunden. Gemeinsam bilden diese verflochtenen Nahrungsketten ein **Nahrungsnetz** (▷ B 2).

Auch der Baummarder erbeutet bei der Jagd noch andere Tiere. Würde er nur Kohlmeisen jagen, gäbe es in seinem Revier nicht genügend Nahrung für ihn. Und für den Kohlmeisenbestand ist es von Vorteil, wenn der Fressfeind auch Jagd auf andere Tiere macht. Kommt es zu keinen schwerwiegenden Störungen, herrscht im Lebensraum Wald ein **biologisches Gleichgewicht**. [System, S. 140]

Tiere und Pflanzen sind Glieder zahlreicher Nahrungsketten, die miteinander ein verzweigtes Nahrungsnetz bilden.

2 Nahrungsnetz

Stoffe werden auf- und wieder abgebaut
Im Frühjahr laufen in jedem Baum – zunächst kaum bemerkt – beeindruckende Vorgänge ab: Um mehr als 400 g nimmt eine große Buche jetzt jeden Tag an Trockengewicht zu. Täglich wachsen die Blätter und ständig kommen neue hinzu. Auf dem Boden ausgelegt, würden ihre Blätter eine Fläche von 1000 bis 1500 m^2 bedecken. Dazu nimmt die Buche jeden Tag etwa 175 l Wasser auf. Um diese gewaltige Stoffmenge erzeugen zu können, benötigen die Pflanzen aber nicht nur Wasser und Mineralstoffe aus dem Boden, sondern auch Kohlenstoffdioxid aus der Luft. Mithilfe der Energie des Sonnenlichts stellen sie während der Fotosynthese daraus den für sie lebensnotwendigen Traubenzucker her. Pflanzen nennt man deshalb auch **Erzeuger**.

Durch den herbstlichen Laubfall müsste nach einigen Jahren den Waldboden meterhoch mit Blättern bedeckt sein. Das verhindern jedoch zahlreiche Kleinlebewesen und Bakterien, die als **Zersetzer** im Waldboden das Laub vollständig abbauen. Die Bakterien scheiden Mineralsalze aus, die nun vom Baum mit dem Wasser wieder aufgenommen werden können. Der ständige Wechsel von Aufbau und Abbau von Stoffen sorgt für einen **Stoffkreislauf**, der den Organismen des Waldes das Leben erst ermöglicht. [System, S. 140]

In diesen Kreislauf sind auch die Pflanzenfresser als **Verbraucher** von Nährstoffen eingebunden. Die Ausscheidungen und auch die sterblichen Überreste der Tiere bauen ebenfalls Zersetzer im Boden ab. Würde dieser Kreislauf nicht funktionieren, wäre das Leben auf der Erde schon nach kurzer Zeit nicht mehr möglich.

Erzeuger, Verbraucher und Zersetzer bilden einen Stoffkreislauf.

Aufgaben

1 Begründe, warum der Stoffkreislauf für das Leben der Pflanzen wichtig ist.

2 Der Stoffkreislauf in ▷ B 2 ist vereinfacht. Welche Vorgänge sind nicht dargestellt?

3 Überlege dir, welche Folgen ein Baumsterben in einer Monokultur bzw. in einem Mischwald für das Nahrungsnetz hätte.

1 Rotbuchen im Frühjahr

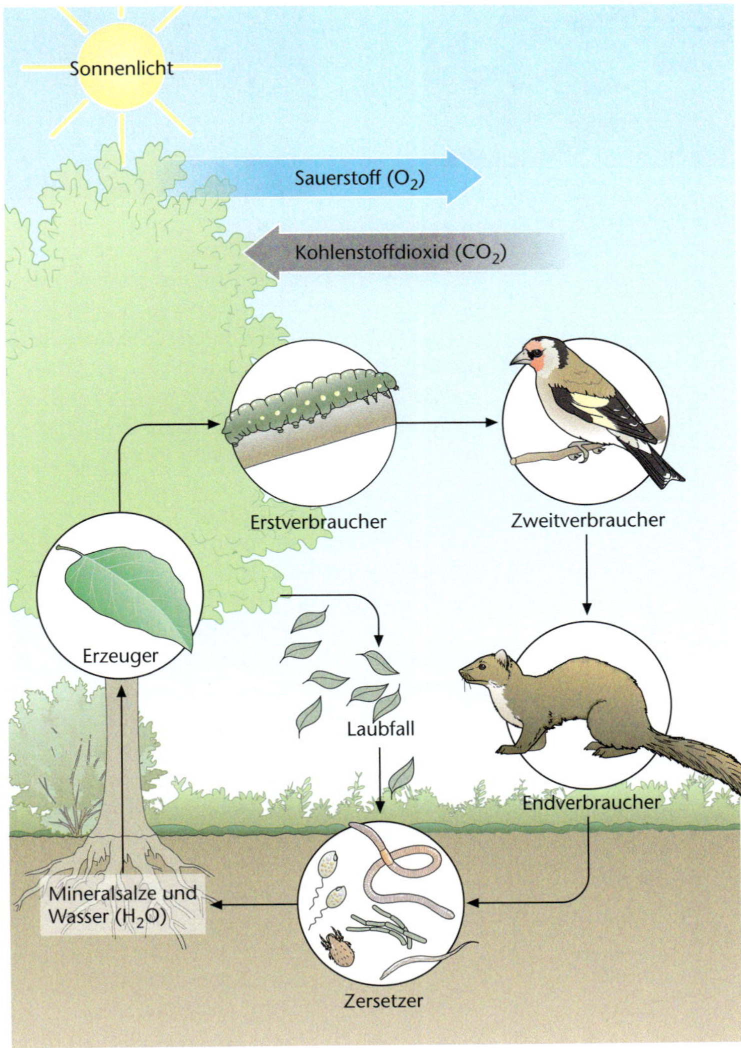

2 Stoffkreislauf, vereinfacht

1 Waldnutzung

Freizeit im Wald

Bei schönem Wetter tummeln sich Wanderer, Jogger und Mountainbiker in den Wäldern. Die Menschen schätzen die Ruhe und die saubere Luft als Ausgleich zur Hektik im täglichen Leben. Zudem bieten Wälder einmalige Gelegenheiten, Tiere und Pflanzen aus der Nähe zu erleben.

Wälder speichern Wasser

Wälder sind für uns aber noch aus anderen Gründen wichtig: Wenn es regnet, fließt das Wasser nicht sofort ab, sondern versickert langsam im Waldboden. In großer Tiefe wird es als wertvolles Grundwasser gespeichert. Da Wälder sehr viel Wasser aufnehmen können, steigt in waldreichen Gebieten bei starkem Regen das Wasser in Bächen und Flüssen längst nicht so stark an wie in waldfreien Gebieten. Dadurch wird die Hochwassergefahr deutlich gesenkt.

Das Waldklima ist mild

Wenn du im Sommer durch den Wald gegangen bist, hast du bestimmt schon bemerkt, dass es dort angenehm kühl war. Das von den Pflanzen aufgenommene Wasser wird zu einem großen Teil über die Blätter verdunstet. Deshalb ist im Sommer im Wald die Temperatur um mehrere Grad niedriger als in der freien Umgebung. Nachts gibt der Wald die am Tag gespeicherte Wärme langsam ab. Auch im Winter sinken die Temperaturen bei starkem Frost daher nicht so stark ab wie im Umland. Die Luft ist klar, da die Blätter Staub abhalten.

2 Freizeit im Wald

Der Wald als Rohstofflieferant

Der Förster sieht den Wald anders. Er muss wie der Chef einer Firma auch auf Einnahmen achten. Die lassen sich im Wald vorwiegend durch den Verkauf von Holz erzielen, das in der Papier-, Möbelindustrie und im Baugewerbe verarbeitet wird.

Durch die zunehmende Verteuerung von Öl und Erdgas haben viele Leute Holz als **Heizmaterial** wiederentdeckt. Bei der Verbrennung von Holz wird nur soviel Kohlenstoffdioxid freigesetzt, wie beim natürlichen Zersetzen des Holzes ohnehin frei würde. Daher wird das Klima weniger geschädigt als durch die Verwendung von Öl oder Gas. Neben Kamin- und Kachelöfen kommen häufig moderne Pelletheizanlagen zum Einsatz, durch das ganze Haus mit Wärme versorgt werden können. **Pellets** sind gepresste Hobel- und Sägespäne, die bei der Holzverarbeitung als Abfallprodukt entstanden sind.

Hauptsächlich sind es Nadelhölzer, die in Deutschland geschlagen werden. Fichte, Tanne, Douglasie, Lärche und Kiefer liegen deutlich vor den Laubbäumen wie Buche und Eiche. Einheimische Wälder können aber den Bedarf allein nicht decken. Importholz aus Skandinavien, Russland und Überseeländern muss hinzukommen.

Wälder werden vielfältig genutzt. Sie dienen der Erholung, als Wasserspeicher und als Holzlieferanten. Auf das Klima wirken sie sich ausgleichend aus.

Aufgaben

1 Recherchiere im Internet, wie sich der Bedarf an Brennholz in den letzten Jahren verändert hat.

2 „Holzheizungen sind gut für das Klima." Was stimmt an dieser Aussage, was nicht? Begründe deine Antwort.

3 Warum ist es sinnvoll, mit dem Rohstoff Holz sparsam umzugehen, obwohl er nachwächst?

1 Müll schadet dem Wald.

2 Lärm stört die Waldbewohner.

Wir müssen Rücksicht nehmen

Auf den ersten Blick scheint alles in Ordnung zu sein. Am Waldrand treiben die Sträucher neue Blätter aus und auch die Nadelbäume zeigen die ersten grünen Spitzen. „Schaut mal nach oben", bittet der Förster die Schulklasse. „Fällt euch an den Fichten da vorn etwas auf?" Die Wipfel der Bäume wirken stark ausgelichtet und sind deshalb sehr durchsichtig.

Nadelbäume sind besonders empfindlich gegenüber Autoabgasen und Rauch aus den Schornsteinen der Häuser und Fabriken. Diese Schadstoffe fügen den Bäumen schwere Schäden zu. Am deutlichsten ist das an den Nadeln zu erkennen, die gelb werden und nach einiger Zeit abfallen (▷B 4). Durch Filteranlagen, moderne Heizkessel und Katalysatoren in den Autos konnten die Schadstoffe inzwischen deutlich verringert werden. Aber die Zunahme des Straßenverkehrs ist immer noch ein Problem. Früher glaubte man, nur Nadelbäume würden durch die Schadstoffe in der Luft geschädigt. Inzwischen weiß man aber, dass auch Laubbäume dadurch krank werden (▷B 3). Vor allem Buchen sind gegenüber Abgasen sehr empfindlich.

Lärm und Müll schaden dem Wald

Viele Menschen verbringen im Wald einen Teil ihrer Freizeit, wie du vielleicht auch. Du kannst dort spielen, Rad fahren oder mit deinem Hund laufen. Doch was für dich schön und erholsam ist, bedeutet für viele Tiere des Waldes eine Bedrohung. Musik, lautes Geschrei und die Fahrradklingel vertreiben sie sofort (▷B 2). Hunde können sehr gefährlich für die Tiere werden. Jedes Jahr werden im Frühjahr und Sommer viele Tiere, besonders Rehkitze, von frei laufenden Hunden schwer verletzt oder getötet. Immer wieder sieht man besonders an Waldrändern ganze Müllberge, die achtlos hier abgeladen wurden (▷B 1). Bauschutt und selbst Kühlschränke hat man da schon gefunden. Solche „Umweltsünden" können Lebensgemeinschaften zerstören und verschandeln die Landschaft. Schon manche Glasscherbe hat wie ein Brennglas einen Waldbrand ausgelöst. [Entwicklung, S. 138]

▶ Schadstoffe der Luft, Lärm und Müll bedrohen die empfindlichen Lebensgemeinschaften des Waldes.

Aufgaben

1. Entwerft Plakate, auf denen die Ursachen der Waldschäden dargestellt werden. Fasst die Plakate zu einer Ausstellung zusammen. Material erhaltet ihr bei Forstämtern, Naturschutzvereinen und im Internet.

2. Stellt Regeln für das Verhalten von Spaziergängern und Sportlern im Wald auf. Fasst diese Regeln zu einem kleinen Flyer zusammen und denkt euch eine passende Überschrift aus.

3 Kranke Buche

4 Kranke Fichte

1 Naturpark

2 Luchs

3 Uhu

Wie sich die Wälder verändert haben
Vor 2000 Jahren war Mitteleuropa von nahezu undurchdringlichem Urwald bedeckt. Niemand räumte abgestorbene oder durch Stürme entwurzelte Bäume weg. Sie blieben einfach liegen und wurden überwuchert. Kein Bachlauf und kein Fluss war begradigt und sumpfige Wälder waren nicht trocken gelegt. Hier konnten sich Pflanzen und Tiere ungestört entwickeln. In den heutigen Forsten, die vor allem der Holzgewinnung dienen, herrschen völlig andere Lebensbedingungen: Viele kleinere Gewässer wie Tümpel und Seen wurden entwässert oder zugeschüttet. Die Bäume wurden in Forstbaumschulen herangezüchtet und dann in Reih und Glied ausgepflanzt. Oft findet man in solchen Forsten nur eine oder wenige Baumarten.

Naturparks bewahren den Wald
Ausgewählte Wälder sind heute Naturschutzgebiete. Hier dürfen Tiere und Pflanzen wie in den ehemaligen Urwäldern leben. Es ist sogar schon gelungen, in diesen Wäldern einige Tier- und Pflanzenarten wieder anzusiedeln, die es dort seit langer Zeit nicht mehr gab. So hat sich der **Uhu** (▷ B 3) ehemalige Lebensräume wieder zurückerobert.

Auch der **Luchs** (▷ B 2) hat sich in mehreren deutschen Waldgebieten wieder vermehrt. Der Luchs ist ein katzenartiges Raubtier, das etwa 20 kg schwer wird. Er jagt andere Tiere durch Anschleichen und gezielten Sprung. Rehe sind seine bevorzugte Beute. Luchse können nur in sehr großen Waldgebieten leben, die vor Störungen durch den Menschen weitgehend geschützt sind. Die meisten kleineren Naturschutzgebiete reichen ihm nicht aus. Deshalb wurden große Gebiete zu **Naturparks** (▷ B 1) erklärt, in denen Naturschutz und gleichzeitig Erholung möglich sind. Im Harz und im Bayerischen Wald findet der Luchs genügend große Waldgebiete.

Forschung in Naturschutzgebieten
Forstwissenschaftler und Biologen erforschen in Naturschutzgebieten die ungestörte Entwicklung von Tieren und Pflanzen. Sie erfahren dadurch viel über die Entwicklung der Wälder und über Wechselbeziehungen zwischen Pflanzen- und Tierarten. Die Erkenntnisse benötigen Förster, wenn sie ihre Wälder naturnah bewirtschaften wollen.

Aufgaben

1 Informiere dich darüber, wie du dich in einem Naturschutzgebiet verhalten musst. Was ist erlaubt, was verboten? Berichte darüber.

2 Suche auf Landkarten, ob sich in der Umgebung deines Wohnortes ein Naturschutzgebiet befindet. Gib den Namen dieses Gebietes als Suchwort im Internet ein und finde heraus, warum es unter Schutz gestellt wurde.

4 Naturschutzgebiet

Schnittpunkt

Umwelt: Eingriffe des Menschen

1 Wild verursacht Verbiss-Schäden.

2 Fichtenwald, Monokultur

3 Fraßgänge des Borkenkäfers

Folgen der Ausrottung

Durch die Ausrottung der Wölfe und anderer Jäger wie Luchs, Steinadler oder Uhu ist das **biologische Gleichgewicht** in unseren Wäldern aus den Fugen geraten. Rothirsche und Rehe vermehren sich seitdem nahezu ungestört und haben als einzigen Feind nur noch den Menschen. In manchen Wäldern richten Hirsche und Rehe durch das Fegen mit ihren Geweihen und durch den Fraß an jungen Bäumen schwere Schäden an (▷B1). Der Verbiss, besonders an jungen Laubbäumen, ist nach wie vor sehr hoch: In manchen Wäldern wird bei etwa jedem fünften Laubbaum der Leittrieb abgefressen. Der Leittrieb ist die Spitze des jungen Bäumchens, woraus später einmal der Baumstamm wird. [System, S. 140]

Im Bergwald sind die Schäden besonders schlimm. Tannen, Fichten und Laubhölzer haben dort die wichtige Aufgabe, den Boden mit ihren Wurzeln zu festigen. Wenn die vielen jungen Bäumchen abgefressen werden, können bei Unwettern schwere Schäden eintreten. Der ungeschützte Boden wird zu Tal geschwemmt und reißt dabei tiefe Schneisen in den Bergwald.

Ersatzjäger

Die Rolle des Jägers muss in den Wäldern nun der Mensch übernehmen (▷B4). In den Jagdrevieren müssen so viele Rehe und Hirsche geschossen werden, dass die Verbiss-Schäden nicht zu groß werden. Auf diese Weise konnte man in einzelnen Bergwäldern die Schäden durch das Wild deutlich senken.

Wenn der Wald angepflanzt wurde

Manche Wälder gleichen immer noch reinen Holzfabriken. In Reih und Glied stehen die Fichten oder Kiefern in solchen **Monokulturen** (▷B2) und bieten nur noch wenigen Tierarten Nahrung. Diese finden dann aber einen reich gedeckten Tisch vor. So lebt der Borkenkäfer unter der Rinde von Nadelbäumen, wo er **Fraßgänge** (▷B3) anlegt. Gemeinsam mit seinen Larven kann er einen Baum zum Absterben bringen. Da sehr viele Bäume von gleicher Art und gleichem Alter in den Forsten nebeneinanderstehen, können sich Borkenkäfer in kürzester Zeit massenhaft vermehren. Spechte und andere Fressfeinde der Käfer können diese Massenentwicklung nicht stoppen. Die Folgen sind schwere Schäden, die der Förster mit Käferfallen und chemischen Mitteln allein auch nicht verhindern kann.

In Mischwäldern mit vielen verschiedenen Baum- und Straucharten und einer reichen Krautschicht treten solche Schäden durch einzelne Tierarten nicht so leicht auf. Hier besteht ein biologisches Gleichgewicht zwischen Tier- und Pflanzenarten.

4 Jagd

Aufgaben

1 Warum kommen in reinen Fichtenwäldern weniger Tierarten vor als in einem Mischwald. Begründe deine Antwort.

2 Sollen Förster die Rehe im Winter füttern? Erstellt eine Liste mit Argumenten, die dafür bzw. dagegen sprechen. Diskutiert darüber und versucht, zu einer gemeinsamen Lösung zu kommen.

Schlusspunkt

Lebensgemeinschaft Wald

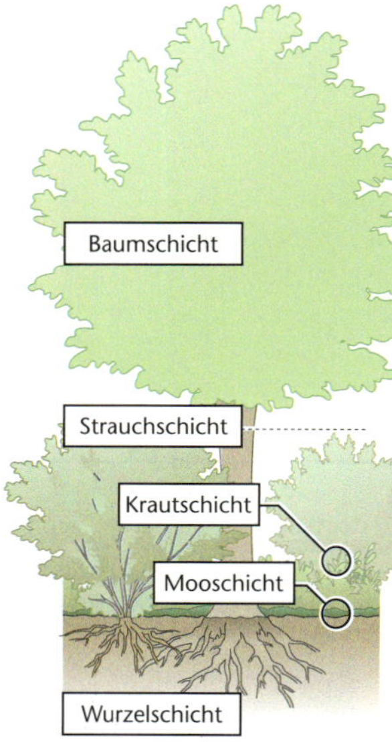

1 Die Stockwerke des Waldes

Der Wald ist in verschiedene Stockwerke gegliedert

Alle Pflanzen des Waldes, besonders in Mischwäldern, lassen sich einzelnen Stockwerken zuordnen. Auf die unterste Schicht, die Moosschicht, folgt die Krautschicht. Daran schließen sich Strauchschicht und Baumschicht an. Unterirdisch befindet sich die Wurzelschicht.

Wälder sind Lebensräume für Pflanzen

Pflanzen sind vom Licht, vom Wasser und von Nährstoffen im Boden abhängig. Dabei sind die Ansprüche nicht bei allen Arten gleich. Im Wald wachsen einige Pflanzen im Schatten, wie zum Beispiel die meisten Farne. Andere benötigen sehr viel Licht. Hierzu zählen die Pflanzen am Waldrand und auf den Lichtungen.

Pilze besitzen kein Blattgrün

Da Pilze kein Blattgrün besitzen, können sie keine Fotosynthese betreiben. Deshalb sind sie keine Erzeuger, sondern nehmen Stoffe auf, die vorher von anderen Lebewesen hergestellt worden sind. Biologen ordnen die Pilze in ein eigenes Reich ein.

Wälder sind Lebensräume für Tiere

Pflanzen sind Nahrung für viele Tiere des Waldes und deshalb die Grundlage für jede Lebensgemeinschaft. Nahezu alle Pflanzenteile werden von irgendeiner Tierart genutzt. Selbst abgestorbene Pflanzen werden von vielen Tieren im Waldboden gefressen. Die einzelnen Tierarten sind in ihrem Körperbau und mit ihrer Lebensweise an den Lebensraum angepasst.

Lebewesen bilden Nahrungsnetze

Am Anfang jeder Nahrungskette stehen Pflanzen als Erzeuger von Nährstoffen. Erstverbraucher sind Pflanzenfresser, die aus diesen Nährstoffen Energie gewinnen. Diese Tiere dienen ihrerseits den Zweitverbrauchern als Nahrung.
Am Ende jeder Nahrungskette stehen Endverbraucher, deren Zahl jedoch in der Natur sehr klein ist. Mehrere Nahrungsketten bilden zusammen ein Nahrungsnetz. Zersetzer sorgen für eine ständige Rückführung von Stoffen in den Stoffkreislauf.

Wälder haben viele Funktionen

Neben ihrer Aufgabe als Sauerstofflieferanten dienen Wälder als riesige Wasserspeicher. Sie gleichen extreme Sommer- und Wintertemperaturen aus und wirken als Staubfilter.
Für Pflanzen und Tiere sind Wälder schützenswerte Lebensräume. Für den Menschen bieten sie Erholungsmöglichkeiten. Als Holzlieferanten stellen Wälder eine Rohstoffquelle dar, von der viele Arbeitsplätze in verschiedenen Wirtschaftszweigen abhängen.

Ökosystem Wald

Ein Ökosystem besteht aus dem Lebensraum (Biotop) und den dazu gehörigen Lebensgemeinschaften (Biozönose). Auf jedes Ökosystem wirken zahlreiche biotische und abiotische Faktoren ein. In einem intakten Ökosystem wird keine Art von einer anderen Art in ihrem Bestand bedroht. Man spricht vom biologischen Gleichgewicht.

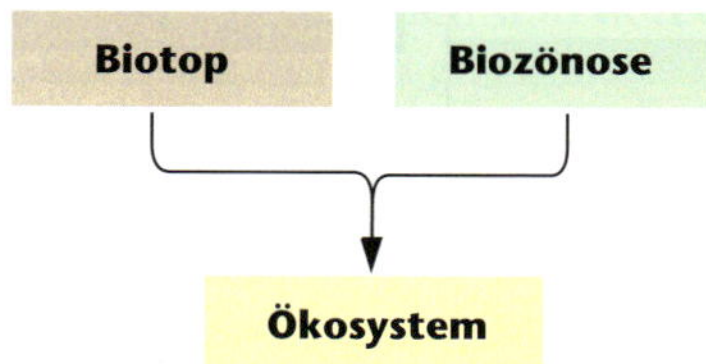

Der Wald ist gefährdet

Luftschadstoffe aus Industrie, Haushalten und Straßenverkehr schädigen unsere Bäume. Auch Lärm und Müll stören und gefährden Pflanzen und Tiere des Waldes. Hier kann jeder durch richtiges Verhalten einen wirksamen Beitrag zum Schutz dieses wertvollen Lebensraumes leisten.

2 geschädigter Wald

Naturschutz im Bayerischen Wald
Im Nationalpark Bayerischer Wald wird die Natur völlig sich selbst überlassen.
So können Wissenschaftler beobachten, wie sich allmählich ein naturnaher Wald entwickelt.
Große Jäger wie der Luchs werden wieder angesiedelt. Zudem wird ein naturfreundlicher Tourismus gefördert.

3 Luchs

Aufgaben

1 Wodurch entstehen die unterschiedlichen Stockwerke im Wald?

2 Welche Waldtiere kennst du? In welchen Stockwerken halten sie sich vorwiegend auf?

3 Sammle Blätter von verschiedenen Waldbäumen. Du kannst die Bäume, unter denen du die Blätter gefunden hast, fotografieren. Lege ein Blatt-Herbarium an und schreibe Steckbriefe zu den Bäumen.

4 Stelle mindestens zwei Nahrungsnetze auf, in denen der Buntspecht vorkommt.

5 Zeichne Begriffskärtchen mit folgenden Begriffen und schneide sie aus:
Sauerstoff, Zweitverbraucher, Zersetzer, Endverbraucher, Fotosynthese, CO_2 und H_2O, Licht, Atmung, Erstverbraucher, Produzent, Nährstoffe, Energie, Mineralsalze.
a) Lege die Kärtchen mit verwandten Begriffen auf einem DIN A4-Blatt nebeneinander.
b) Klebe sie dann mit weitem Abstand voneinander auf das Blatt. Wenn nötig, schreibe weitere Begriffe hinzu.
c) Verbinde dann die Begriffe durch Pfeile. Schreibe über die Pfeile, auf welche Weise die Begriffe zusammengehören.

6 Der Wald wird von vielen Menschen zur Erholung aufgesucht.
Stelle in einer Tabelle die positiven Folgen für den Menschen den damit verbundenen negativen Folgen für den Wald gegenüber.

7 Wolf und Luchs wurden in den letzten Jahrhunderten in unseren Wäldern ausgerottet.
a) Stelle Steckbriefe der beiden Tiere her. Informiere dich besonders über die Verwandtschaft und die Beutetiere.
b) Erstelle anhand deiner Ergebnisse ein Nahrungsnetz.

Überlege, welche Folgen die Ausrottung für den Bestand der Beutetiere und den Wald hat.
c) Es gibt Bemühungen, diese Tiere in Deutschland wieder einzuführen. Diskutiere dieses Vorhaben und berücksichtige dabei die Gründe für die ursprüngliche Ausrottung.

8 In deiner Schule gibt es eine Schulordnung. Wie müsste deiner Meinung nach eine „Waldordnung" aussehen? Gestalte einen Entwurf in Form eines kleinen Plakates.

9 Nicht nur Waldbäume, sondern auch Straßenbäume werden durch Schadstoffe belastet und geschädigt.
a) Erkundige dich bei der Gemeinde- oder Stadtverwaltung, ob es in deinem Heimatort solche Probleme gibt und welches die Ursachen sind.
b) Frage nach, welche Baumarten besonders empfindlich auf Schadstoffe reagieren.
c) Erkundige dich auch, ob es unempfindliche Arten gibt.

Lebensgemeinschaft Wiese

Wiesen, Weiden und Rasenflächen sind abwechslungsreiche Lebensräume, in denen Gräser und bunte Blumen das Bild bestimmen. Nach einiger Zeit werden sie aber gemäht oder abgeweidet.

Die Gräser kommen in einer großen Vielfalt vor, weil sie besonders gut an diese Bedingungen angepasst sind. Holzgewächse haben dagegen keine Chance, hier zu gedeihen.
Wiesen sind reich an Tierarten, vor allem vielen Insekten geben die Wiesenpflanzen Nahrung und Unterschlupf.

Beobachte einmal selber an einem warmen Frühlings- oder Sommertag die Vielfalt der Pflanzen und Tiere auf einer kleinen Rasen- oder Wiesenfläche, die noch nicht gemäht wurde.

Aufgabe

1 Führt mit der Klasse eine Exkursion zu einer naturbelassenen Mähwiese, Streuobstwiese oder einem ähnlichen Lebensraum durch.
Notiert eure Beobachtungen.

1 Alpenmatte

2 Salzwiese

3 Trockenrasen

4 Zierrasen

Aus Wäldern werden Weiden und Wiesen
Seit der letzten Eiszeit vor etwa 10 000 Jahren wuchsen überall in Mitteleuropa Wälder. Nur in den Hochgebirgen war es zu kalt für Bäume, es konnten dort nur Kräuter und Gräser wachsen. So entstanden die Alpenmatten (▷ B 1) als **natürliche Wiesen**. Auch die Küsten blieben wegen des salzigen Meerwassers ohne Wald. Dort finden wir heute noch die natürlichen Salzwiesen (▷ B 2).
Als die Menschen vor etwa 7 000 Jahren sesshaft wurden, wandelten sie die nahe am Dorf gelegenen Wälder in Äcker um. Das Vieh ließen sie in den noch nicht gerodeten Wäldern weiden. Die Tiere verbissen die Zweige und ließen keinen neuen Aufwuchs hoch kommen. Es entstanden die **Waldweiden**.

Vom Menschen geschaffene Wiesen entstanden erst, als die Viehbestände wuchsen und die Tiere längere Zeit im Stall gehalten wurden. Man brauchte Heu und rodete daher die Wälder in den feuchten Fluss- und Bachniederungen. Ackerbau war dort nicht möglich. Aber es entstanden Wiesen, die man mähen konnte. Wiesen traten also an die Stelle von Wäldern. Diese würden aber in wenigen Jahren dort wieder wachsen, wenn das Mähen oder die Beweidung aufhören würden.

Keine Wiese gleicht der anderen
Klima, Boden, Bewirtschaftungsform, Nährstoffe, Beweidung – dies alles sind Faktoren, die völlig unterschiedliche Wiesen entstehen lassen.
Feuchtwiesen (▷ B 5) entstehen auf nassen Böden, oft am Rand der Bäche und Flüsse. Auch sie sind Lebensraum besonderer Pflanzen und seltener Tiere. Feuchtwiesen werden aber immer häufiger entwässert und gut gedüngt. So entsteht die **Fettwiese** (▷ B 6), die heute den häufigsten Wiesentyp darstellt.

Auf wenig gedüngten Flächen entstehen, **Magerwiesen**. Sie sind meistens sehr reich an seltenen Pflanzen- und Tierarten. Leider werden sie durch Düngung immer seltener.

Niedrige Pflanzenbestände bezeichnen wir als **Rasen**. In der Natur kommen sie manchmal auf sehr trockenen und ungedüngten Flächen vor und werden als Trockenrasen bezeichnet (▷ B 3). Du kennst aber sicherlich die Rasenflächen in Wohngebieten, die durch regelmäßiges Mähen oder häufiges Betreten entstehen (▷ B 4).

Wiesen sind gegliederte Lebensräume
Untersuchst du eine Wiese, so kannst du unterschiedliche **Stockwerke** feststellen: Im oberen Stockwerk findet man die Blütenstände der Blumen und die Obergräser. Das darunter liegende Stockwerk wird vom dichten Bestand der Halme und Blätter gebildet. Dicht am Boden finden sich vor allem die Blattrosetten der Wiesenpflanzen.
Jedes Stockwerk hat seine eigene Tierwelt. Wird eine Wiese gemäht, verlieren die Tiere ihren Lebensraum. Es können deshalb nur Arten dort leben, die durch ihre Lebensweise an diesen Eingriff angepasst sind. [System, S. 140]

Die meisten Wiesen und Weiden sind von Menschen geschaffene Landschaften, die ohne Bewirtschaftung wieder zu Wäldern würden.

Aufgaben

1 Informiere dich über die Salzwiesen und Alpenmatten. Berichte in der Klasse.

2 Welche Folgen hätte es, wenn wir unser Vieh wie früher in den Wäldern weiden ließen? Diskutiert die Vor- und Nachteile.

5 Feuchtwiese

6 Fettwiese

1 Trittrasen

2 Breitblättriger Wegerich

3 Löwenzahn

Einige Pflanzen nehmen Tritte nicht übel

Der Rasen des Sportplatzes ist sehr gepflegt. Nur direkt vor den Fußballtoren will das Gras nicht so richtig gedeihen (▷B 1). Zu viele Füße trampeln hier herum. Untersuchst du diese Stellen einmal genauer, kannst du feststellen, dass der Boden hier fester und härter geworden ist als auf der übrigen Rasenfläche. Bei starkem Regen bleibt das Wasser dort länger stehen, weil es nicht versickern kann.

Nicht nur der Boden ist anders. Es wachsen dort Pflanzen, denen es überhaupt nichts ausmacht, ständig getreten zu werden. Die Biologen nennen sie „**Trittpflanzen**" und eine Lebensgemeinschaft aus solchen Pflanzen einen „**Trittrasen**". Die meisten Pflanzen, die hier wachsen, haben ihre Blätter flach auf dem Boden ausgebreitet. Sie bilden eine Rosette (▷B 2; B 3). Ihre Wurzeln reichen sehr tief in den Boden, um bei längerer Trockenheit die Pflanze noch mit Wasser versorgen zu können. Die Blätter und Stängel sind hart und kaum zu zerreißen. [Struktur und Funktion, S. 136]

Trittpflanzen sind widerstandsfähig. Sie vertragen Tritte, Trockenheit und Nässe. Ihre Stängel sind hart und die Blätter liegen meist flach auf dem Boden auf.

Aufgaben

1 a) Untersuche, welche Pflanzen vor dem Fußballtor auf eurem Sportplatz wachsen.
b) Kennzeichne mit einer langen Schnur, die du auf den Rasen legst, den Bereich vor einem Fußballtor, in dem der Breitblättrige Wegerich wächst. Was fällt dir auf?
c) Vergleiche die Pflanzen in Pflasterritzen (▷B 4) mit denen vor dem Fußballtor. Gibt es Unterschiede?

2 Wo könntest du noch weitere Trittpflanzen finden?

4 Trittpflanzen im Rasen und in Pflasterritzen

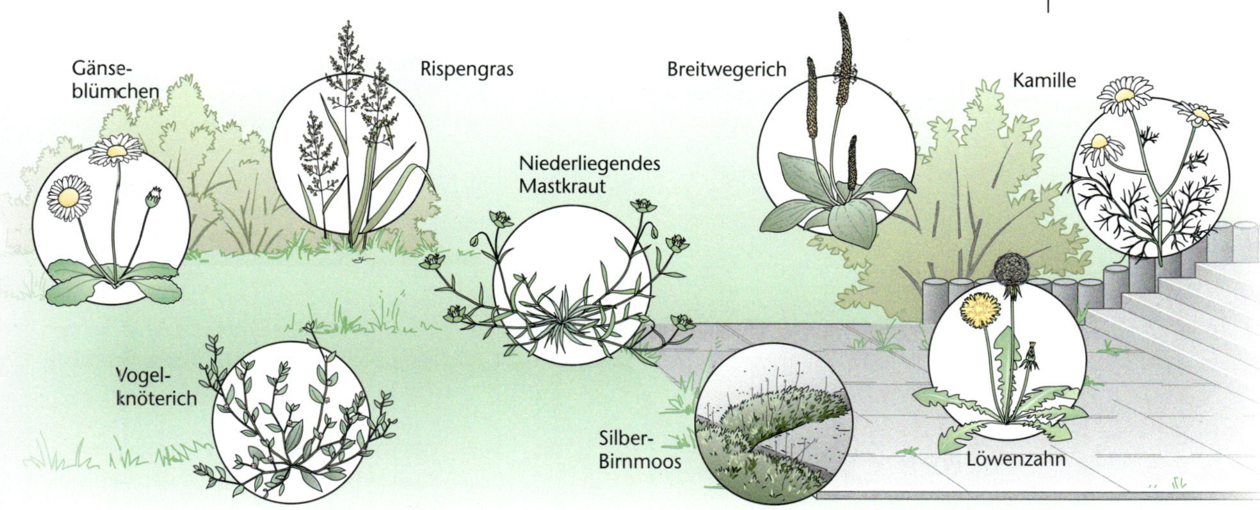

Wiesen-Kerbel

Scharfer Hahnenfuß

1 Sommerwiese

2 Löwenzahn

Eine blühende Wiese ist ein schöner Anblick. Doch oft dauert diese Pracht nicht lange, denn die Pflanzen der Wiesen und Weiden werden einmal oder mehrmals im Jahr von der Mähmaschine abgeschnitten. Trotzdem erscheinen im nächsten Jahr die gleichen Pflanzen wieder. Auf der Wiese haben sich nämlich nur die Pflanzen behaupten können, die an das Mähen angepasst sind. [Entwicklung, S. 138]

3 Anpassungen an das Mähen

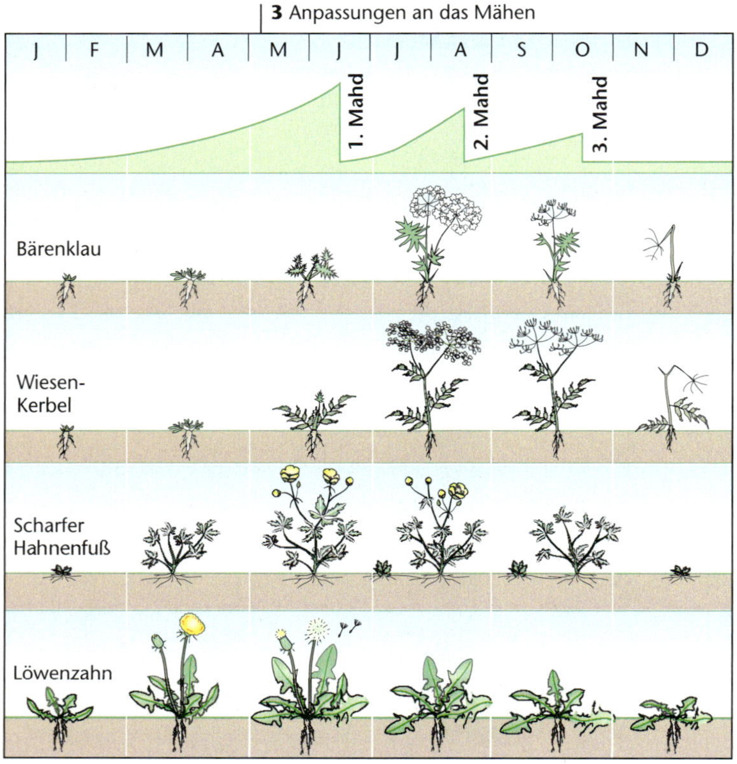

Samenverbreitung

Wiesenschaumkraut, Löwenzahn und Schlüsselblume blühen bereits sehr früh im Jahr. Wenn die Wiese im Juni das erste Mal gemäht wird, sind diese Pflanzen schon lange verblüht und haben ihre Samen bereits ausgestreut.

Rosetten

Der Löwenzahn hat außerdem eine **Rosette** (▷ B 2), die beim Mähen erhalten bleibt. Der Wiesen-Bärenklau wächst erst ab Mitte Juni zur vollen Größe heran. Bis zu diesem Monat ist die Pflanze noch ziemlich klein. Die Grundblätter und die meisten Blütenknospen überstehen den ersten Schnitt daher ohne Beschädigung. Dann entwickeln sich die Stängel und die Blütendolden innerhalb kurzer Zeit – und noch vor dem zweiten Mähen im August sind die Früchte reif und werden verstreut.

Seitentriebe

Wie geht es nun den Gräsern, die ja den Hauptanteil an einer Wiese bilden? Gräser entwickeln nach dem Mähen an den unteren Knoten des Stängels **Seitentriebe**. So können sie nach dem Schnitt sogar noch besser und dichter wachsen. Deshalb wird zum Beispiel ein Rasen durch häufiges Mähen immer dichter.

Die anderen Blütenpflanzen haben dann immer weniger Möglichkeiten zu wachsen, weil das Gras ihnen den Platz wegnimmt.

▶ Wiesenpflanzen überstehen das Mähen durch frühzeitige Samenverbreitung, Bildung von Rosetten oder Bildung von Seitentrieben.

Aufgaben

1 a) Gib den Inhalt von Abbildung 3 in Textform wieder.

b) Welche Konsequenz kann die Beschneiung von Skipisten für Wiesenpflanzen haben?

2 Können Krokusse und Schneeglöckchen auch in einem Rasen wachsen, der regelmäßig gemäht wird? Begründe.

3 Warum wird es in Wiesen relativ wenig Pflanzen geben, die sich ausschließlich durch Samen vermehren?

1 Krokus im Schnee

Winterprobleme
Kalte Winter machen allen Pflanzen zu schaffen. Das Hauptproblem ist die Wasserversorgung. Wenn der Boden gefroren ist, kann die Pflanze kein Wasser mehr aufnehmen. Außerdem dehnt sich Wasser bei Frost aus und die Wasserleitungsbahnen in der Pflanze würden reißen.

Grünes Gras unter dem Schnee
Wiesen, Weiden und Rasen bleiben auch im Winter grün. Nur durch abgestorbene Pflanzenteile kommt ein gelbbrauner Farbton hinzu. Die meisten Pflanzen sind nämlich Gräser oder Kräuter, deren grüne Überwinterungsknospen an der Erdoberfläche liegen und bei mildem Wetter austreiben. Auch der Sauerampfer (▷ B 2) gehört zu dieser Gruppe. Unter der grünen Knospe hat er eine dicke **Speicherwurzel**. Viele Kräuter wie das Gänseblümchen überwintern mit grünen Rosetten, die sich dicht an den Boden schmiegen.

Samen überwintern
Das Hirtentäschelkraut (▷ B 2) ist wie die meisten Wildkräuter **einjährig**. Es stirbt im Herbst ab. Die vielen Samen aber, die auf den Boden gestreut wurden, überstehen den Winter und sichern so den Bestand auch im nächsten Jahr.

Manche Pflanzen ziehen sich zurück
Bei einigen der schönsten Wiesenblumen bleiben nur die unterirdischen Teile erhalten, alle anderen sterben ab. In **Knollen** oder **Zwiebeln** ist genügend Stärke enthalten, um im Vorfrühling die Blätter oder die Blüten zu entfalten. Die Herbstzeitlose, das Schneeglöckchen, der Krokus und die Tulpe gehören zu dieser Gruppe (▷ B 2).

Bäume und Sträucher am Wiesenrand
Auch Bäume und Sträucher am Rand der Wiese schützen sich vor der Kälte. Die einen werfen die Blätter ab und stellen die Verdunstung ganz ein. So sind sie vor dem Vertrocknen geschützt. Andere Bäume und Sträucher sind das ganze Jahr über grün. Ihr Kälte- und Verdunstungsschutz sind lederartige, dicke Blätter oder Nadeln.
[Struktur und Funktion, S. 136]

Bei den meisten Wiesenpflanzen überwintern nur einzelne Teile der Pflanze. Bäume und Sträucher überstehen den Winter durch Laubfall oder mit besonderen Schutzeinrichtungen der Blätter.

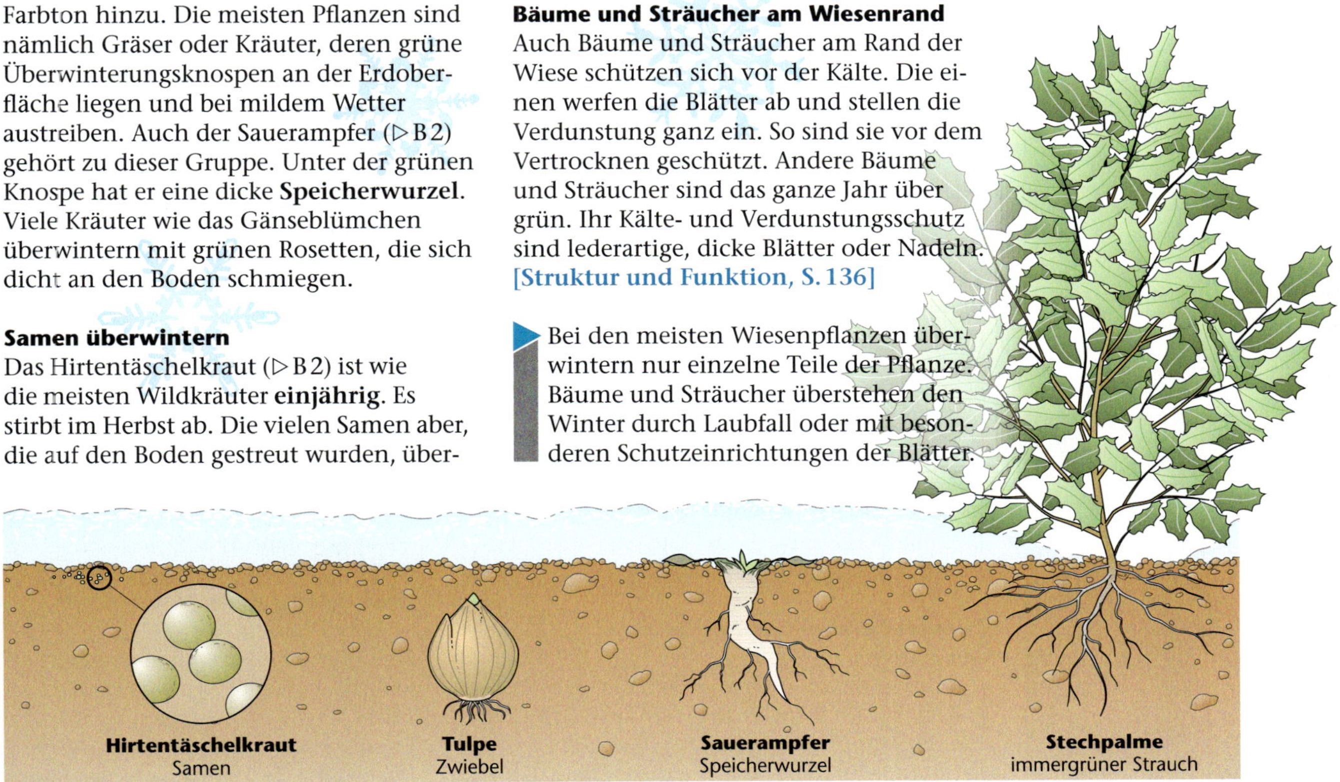

2 Überwinterung bei Pflanzen

1 Ruderalfläche

Der Supermarkt, der nicht gebaut wird

Neben der Schule sollte ein Supermarkt gebaut werden. Aber dann fehlte das Geld. Seit zwei Jahren liegt die Fläche nun schon ungenutzt da. Anwohner haben abgeschnittene Sträucher und alte Topfblumen, Gartenabfälle und leider auch Schutt dort abgeladen.
Der Biologielehrer spricht stets von „seiner Ruderalfläche“, denn hier kann man besonders viele Pflanzen und Insekten beobachten. So mancher Unterrichtsgang führt dort hin, denn der Lehrer hat sich eine Genehmigung vom Besitzer geben lassen, um mit den Klassen dort zu „forschen“. Die Klasse 6b bereitet sogar eine Ausstellung über die Pflanzen und Tiere dieser Fläche vor.

Was sind Ruderalflächen?

Überall in Städten, Dörfern, aber auch in der freien Landschaft gibt es Flächen, die von Menschen verändert, aber dann liegengelassen wurden: Acker- und Gartenland, das nicht mehr bearbeitet wird, Bahngelände, aufgeschüttete Sandflächen, Dämme, Straßenränder, Baulücken, verlassene Industriegelände. Diese Flächen heißen **Ruderalflächen** (▷ B 1 und B 2). Entsprechend heißen die Pflanzen, die dort wachsen, **Ruderalpflanzen**.

2 Bahngelände

Pionierpflanzen sind immer die Ersten

Auf dem offenen Boden siedeln sich im ersten Jahr als **Pionierpflanzen** meistens Kamille- und Gänsefußarten in großer Zahl an. Allmählich werden diese Flächen durch Abfälle, Stickstoffverbindungen aus Autoabgasen und Hundekot stark überdüngt. Pflanzen wie Brennnesseln, Beifuß, Rainfarn oder Disteln gedeihen auf solchen Böden recht gut und verdrängen die Pionierpflanzen. Die Bestände werden meistens sehr hoch und dicht. [Entwicklung, S. 138]

Eine Pflanzengesellschaft verändert sich

Bleibt die Fläche mehrere Jahre ungenutzt, so finden sich die ersten Bäume und Sträucher ein. Zunächst sind es nur Brombeeren und Birken, die sich einen Platz erobern können. Bald kommen andere Sträucher und Laubbäume dazu. Nach einigen Jahren kann auf diese Weise ein Wäldchen entstehen. Meistens wird die Entwicklung jedoch unterbrochen, weil die Fläche genutzt wird – z. B. für den Bau eines Supermarktes.

▶ Auf Flächen, die der Mensch verändert und sich dann selbst überlässt, finden sich zahlreiche Pflanzen ein. Diese bezeichnen wir als Ruderalpflanzen.

Was sind Neophyten?

Durch Handel und Verkehr mit anderen Ländern wurden und werden auch heute noch Pflanzenarten anderer Erdteile bei uns eingeschleppt. Diese nennt man **Neophyten**. Die meisten von ihnen erscheinen nur für kurze Zeit in der Nähe von Häfen und Eisenbahnen, überstehen aber nicht die kalte Jahreszeit.

Manche dieser Neophyten finden aber bei uns sehr gute Wachstumsbedingungen und breiten sich schnell aus. Das Drüsige Springkraut, das Afrikanische Kreuzkraut, die Goldrute und der Riesen-Bärenklau sind einige Beispiele für erfolgreiche Arten. Auf Ruderalflächen finden wir diese Gruppe von Pflanzen besonders häufig.

Aufgaben

1 Suche eine Ruderalfläche, fotografiere dort verschiedene Pflanzen, bestimme sie und bereite eine Fotoausstellung vor.

2 Stelle mithilfe eines Bestimmungsbuches fest, welche Neophyten im Umfeld deiner Schule vorkommen.
Fertige eine Tabelle an, in der du Name, Heimat und die Ansprüche an den Boden einiger dieser Pflanzen einträgst.

Wiesenpflanzen auf der „Roten Liste"

Rote Listen sind Verzeichnisse, in denen mit einer Art Note angegeben wird, wie sehr eine Art gefährdet ist. Die Bewertung reicht von „ausgestorben" (RL 0), über „vom Aussterben bedroht" (RL 1) und „stark gefährdet" (RL 2) bis zu „gefährdet" (RL 3). Auf dieser Seite werden einige Wiesenpflanzen mit dem Grad ihrer Gefährdung vorgestellt, die in Bayern auf der Roten Liste (RL) stehen.

Das **Karlszepter** wächst noch in einigen kalkhaltigen Flachmoorwiesen, vor allem im Alpenvorland. Durch Entwässerung und die intensive Bewirtschaftung von Grünland ist mehr als die Hälfte aller Standorte der Pflanze, die auch Moorkönig genannt wird, verloren gegangen. Die Pflanze wird bis zu 80 cm hoch und blüht im Hochsommer. Die Rote Liste stuft sie als „stark gefährdet" (RL 2) ein.

Die **Trollblume** ist in Bayern noch vor wenigen Jahren auf feuchten Bergwiesen und auf Flachmooren zu finden gewesen. Ihren Namen hat sie von dem althochdeutschen Wort „Trol", das Kugel bedeutet. Er bezieht sich auf die großen kugeligen Blütenköpfe dieses Hahnenfußgewächses. Auf der Roten Liste wird die Trollblume als „gefährdet" (RL 3) eingestuft.

Das **Helm-Knabenkraut** kommt auf sonnigen, mit Gras bewachsenen Kalkhängen und Wiesen vor. Aus der eiförmigen Wurzelknolle entwickelt sich im Juni ein bis zu 50 cm hoher Blütenstand. Die oberen Blütenhüllblätter schließen sich zu einem hell- bis purpurroten Helm zusammen. Von ihm leitet sich der Name der Pflanze ab. In Bayern gilt die Pflanze als „stark gefährdet" (RL 2).

Die **Gewöhnliche Küchenschelle** ist noch an vielen trockenen Wiesenhängen Bayerns zu finden, vor allem nördlich der Donau. Bereits im März treibt sie aus ihrem Wurzelstock schöne blauviolette Blüten aus. Bei trübem Wetter neigen sich die sechs seidig behaarten Blütenhüllblätter um die Staubgefäße und Griffel. Die Pflanze wird auch Kuhschelle genannt. Auf der Roten Liste ist sie als „gefährdet" (RL 3) eingestuft.

Jeder kennt Krokusse aus dem Garten. Der wilde **Weiße Krokus** ist ein Verwandter, der noch auf einigen Wiesen der Alpen vom Allgäu bis zum Berchtesgadener Land vorkommt. Dort bedeckt er gleich nach der Schneeschmelze den Boden dicht mit seinen Blüten.
Er wird auch Safran genannt, denn dieser gelbe Farbstoff wird aus den Staubfäden einer verwandten Art gewonnen.
Der Weiße Krokus wird auf der Roten Liste als „stark gefährdet" (RL 2) eingestuft.

Der **Frühlings-Enzian** wächst auf feuchten Wiesen und Bergweiden. Er wird höchstens 8 cm hoch. Den Schnitt und die Beweidung übersteht er dadurch, dass seine Grundblätter als Rosette dicht am Boden liegen. In seinem nördlichen Verbreitungsgebiet ist er bereits verschwunden. Die Rote Liste bezeichnet die Art als „gefährdet" (RL 3).

Wiesen genauer betrachtet

1 Ein Herbarium für Wiesengräser

Material

Zeitungen, Din-A4-Papier (möglichst saugfähig), Bestimmungsbuch, Klebeetiketten, Klebestreifen

Versuchsanleitung

Sammle von einer Wiese oder einem Rasen kurz vor dem Mähen einige der häufigsten Wiesengräser. Presse sie einige Tage zwischen Zeitungspapier. Klebe die Gräser mit Klebestreifen auf ein Blatt. Sind sie größer als das Blatt, knicke die Halme zweimal um, sodass sie passen. Vergiss nicht das Etikett, auf das du den Namen des Grases, Fundort und -datum schreibst.

2 Projekt „Sockenwiese"

Material

alte, helle Wollsocken, Plastikbeutel, Blumenkasten, Erde

Versuchsanleitung

Suche im Sommer oder Frühherbst eine blühende Wiese. Ziehe die Socken an und gehe vorsichtig über das Wiesenstück. Zupfe die an den Socken festhängenden Samen ab und pflanze sie in den Blumenkasten. Stelle ihn an einen sonnigen Platz und halte die Erde feucht (Wassermenge an Herkunftsort der Samen anpassen!).

Aufgabe

Führe ein Tagebuch über die Entwicklungsphasen deiner „Miniwiese".

3 Grundwasserstand einer Wiese

Material

Spaten, Bretter, Bestimmungsbuch

Versuchsanleitung

Hebt an verschiedenen Wiesenstandorten Löcher von ca. 30 cm Tiefe aus und deckt sie gut ab. Das Wasser, das nach einigen Tagen in diesen Löchern steht, ist Grundwasser und zeigt euch, wie feucht die Wiese an den verschiedenen Orten ist.
Erstellt eine Tabelle, in der ihr die Namen der Wiesenpflanzen an den Standorten mit unterschiedlichem Wasserstand eintragt.

4 Temperaturmessung in den Wiesen-Stockwerken

Material

Holzstab oder Holzlatte von etwa 1,50 m Länge, Bohrer, 3–4 Thermometer

Versuchsanleitung

Bohre in den Holzstab in Abständen von 30 cm drei bis vier Löcher, durch die man ein Thermometer stecken kann. Grabe diesen Stab so tief in den Boden einer Wiese ein, dass sich das unterste Loch knapp über dem Boden befindet. Stecke die Thermometer in die dafür vorgesehenen Löcher.

Aufgaben

1. Lies die Ergebnisse nach etwa einer halben Stunde ab und stelle sie grafisch dar.
2. Wiederhole diesen Versuch an verschiedenen Stellen und in verschiedenen Wiesentypen.
3. Vergleiche die Ergebnisse und bewerte sie.

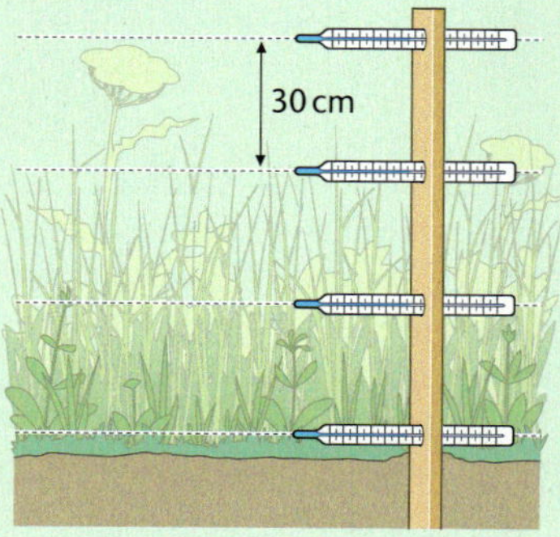

5 Kleinlebewesen in der Wiese

Material

Kescher, Bestimmungsbuch, Petrischalen

Versuchsanleitung

Streiche mit einem Kescher über die Pflanzen einer Wiese oder schüttle die Pflanzen über einem aufgespannten, kleinen und hellen Schirm aus.

Aufgaben

1. Sammle die erbeuteten Tiere in Petrischalen.
2. Versuche einige Tiere mithilfe des Bestimmungsbuchs zu bestimmen, notiere dir die Namen.
3. Erörtert, welche Bedeutung der Artenreichtum in der Wiese für alle Lebewesen hat.
4. Bringt alle Tiere in die Wiese zurück!

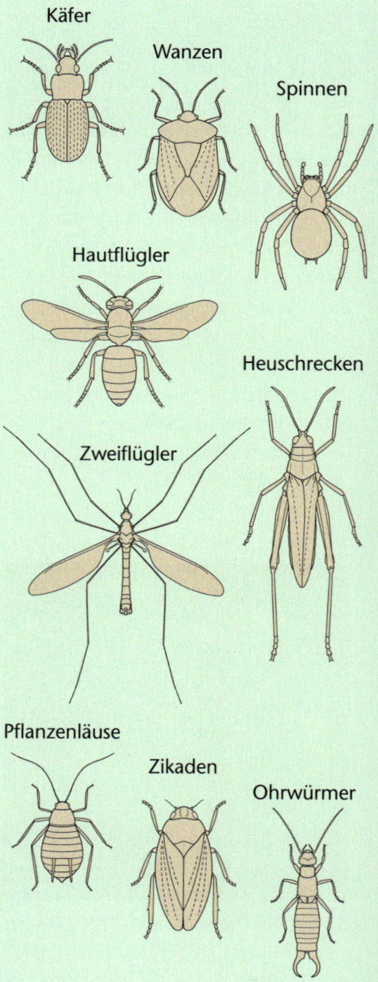

6 Zeigerpflanzen

Einige Pflanzen gedeihen nur dann, wenn bestimmte Umweltbedingungen erfüllt sind. Da diese Pflanzen allein durch ihr Vorkommen bestimmte Eigenschaften ihres Wuchsortes anzeigen, bezeichnet man sie als Zeigerpflanzen. In der Abbildung unten sind einige Wiesenpflanzen aufgeführt, die bestimmte Bodenverhältnisse anzeigen.

Material

Bestimmungsbuch mit Angabe von Zeigerwerten für Pflanzen, Liste der Zeigerpflanzen auf der Wiese aus dem Schulbuch, Plakatpapier, Filzschreiber

Versuchsanleitung

a) Vergleiche den Pflanzenbestand einiger Wiesenbereiche mit der Liste auf dieser Seite. Stelle fest, ob die Wiese feucht, mäßig feucht oder trocken ist.

b) Zeichne eine Karte, aus der man erkennen kann, welche Eigenschaften die Böden deiner Wiese haben.

c) Wähle für eine genauere Untersuchung einen blühenden Rasen oder eine Wiese aus. Erkläre mithilfe des Bestimmungsbuchs den Begriff „Zeigerwerte".

d) Stelle fest, welche Zeigerwerte die Arten dieser Fläche haben. Stelle die Ergebnisse grafisch auf einem Plakat dar.

1 Feldhase

2 Ist die Luft rein?

Ein Leben auf der Flucht

Der Feldhase (▷ B 1) lebt auf Wiesen, Weiden, Feldern und am Waldrand. Wenn er einen Lagerplatz sucht, so wählt er eine fertige oder selbst gegrabene Mulde, in der er gut Deckung findet. Von dort kann er Feinde wie Fuchs, Marder oder Greifvögel frühzeitig wittern (▷ B 2). Ein Hase hat meist mehrere solche Lagerplätze oder **Sassen**. Bei Gefahr duckt er sich tief in seine Sasse und ist wegen seiner Tarnfarbe kaum zu sehen. Wird er doch entdeckt, bleibt ihm nur die Flucht. In Sprüngen bis zu 2,5 m und einer Geschwindigkeit von bis zu 65 km/h rennt er, Haken schlagend, seinen Feinden davon. Seine großen **Löffel**, so heißen die Ohren des Hasen, und seine langen und kräftigen Hinterbeine helfen ihm beim Kampf ums Überleben. [Struktur und Funktion, S. 136]

Boxkämpfe

Hasen sind Einzelgänger. Wenn sich zwei Männchen bei der Suche nach einem Weibchen begegnen, kann es zu heftigen Auseinandersetzungen kommen (▷ B 3). Bei diesen regelrechten Boxkämpfen wird aber meist keiner der beiden verletzt.

Hasen haben viele Nachkommen

Eine Häsin kann bis zu viermal im Jahr jeweils 3–5 Junge zur Welt bringen. Die Jungen kommen mit Fell, Zähnen und offenen Augen zur Welt. Sie sind **Nestflüchter**. Die vielen Nachkommen sind für den Hasen wichtig, da er viele Feinde hat und meist nur wenige Jungtiere überleben.

Meister Lampe lebt gefährlich

Feldhasen werden immer seltener. Vor allem in Gebieten mit besonders intensiver Landwirtschaft kommt Meister Lampe kaum noch vor. Die Tiere brauchen eine abwechslungsreiche Nahrung aus Gräsern, Getreide, Kohl oder Klee. In einer Landschaft ohne Feldraine, Hecken und Feldgehölze finden sie aber nicht mehr die richtige Lebensgrundlage und können nicht überleben. [System, S. 140]

Feldhasen leben im offenen Gelände. Das gute Gehör und die langen Beine sind Anpassungen an diese Lebensweise. Die Jungen sind Nestflüchter.

3 Kämpfende Männchen

Wiesentiere

Die **Zwergmaus** wiegt höchstens acht Gramm. Sie lebt in Wiesen mit hohen Pflanzen. Dort baut sie ihr kugeliges Nest mit einem seitlichen Eingang zwischen die Halme. Bei Gefahr lässt sie sich plötzlich fallen und verschwindet so in der dichten Vegetation.

Die **Bekassine**, eine Bewohnerin feuchter Wiesen und Sümpfe, wird auch „Himmelsziege“ genannt. Diese Bezeichnung hat ihren Grund in dem meckernden Geräusch, das bei der Balz entsteht, wenn sich der Vogel mit abgespreizten Schwanzfedern in der Luft fallen lässt.

In Wiesen, die selten gedüngt und erst spät im Jahr gemäht werden, brütet das **Braunkehlchen**. Dieser schöne Vogel verbringt den Winter in Afrika. Wird vom Naturschutz in einem Gebiet ein Wiesenschutzprogramm durchgeführt, ist das Auftreten des Braun-

kehlchens ein lebender Beweis für den Erfolg des Projekts.

Im Frühjahr fliegen die **Aurorafalter** und legen ihre Eier auf Wiesenschaumkraut oder anderen Kreuzblütengewächsen ab. Die Raupen sind grün und somit gut getarnt. Der Name des Schmetterlings bezieht sich auf die leuchtenden Flecken in den Vorderflügeln der Männchen; Aurora war die Göttin der Morgenröte.

Weichkäfer sind besonders häufige Insekten der Wiese; es gibt viele verschiedene Arten. Vor allem findet man diese Insekten im Sommer auf den Blüten der Doldenblütengewächse. Weichkäfer ernähren sich hauptsächlich von Blattläusen.

Die **Grüne Stinkwanze** besitzt wie alle Wanzen stechend-saugende Mundwerkzeuge, um an den Saft von Pflanzen zu gelangen. Von den Käfern unterscheiden sich die Wanzen auch durch die Flügeldecken, die nicht hart, sondern ledrig bis häutig sind. Die Färbung der Tiere ist abhängig vom Untergrund und von der Art der Nahrung. Viele Wanzenarten geben bei Gefahr eine übel riechende Flüssigkeit ab.

Ausgewachsene **Grasfrösche** bevorzugen Feuchtwiesen als Lebensraum. Sie suchen dort nach Schnecken, Insekten und Regenwürmern. Der Reichtum an Fröschen in den Wiesen ist eine Voraussetzung für den Bestand des Weißstorchs.

1 Die Weinbergschnecke

2 Schnecken bei der Paarung

3 Ablegen der Eier

Auf leisen Sohlen ganz langsam durch die Welt

Schnecken sind Tiere, die man oft nur nach einem Sommerregen, in der Dämmerung oder nachts sieht. Da Schnecken viel Feuchtigkeit brauchen, leben sie an heißen, trockenen Tagen meist versteckt in feuchter Umgebung. Die Weinbergschnecke (▷ B 1) ist die größte einheimische Gehäuseschnecke. Wie alle Schnecken gehört sie zu den **Weichtieren**, zu denen man auch Muscheln und Tintenfische zählt.

4 Radula (vergrößerter Ausschnitt)

Eine Zunge zum Raspeln

Weinbergschnecken sind Pflanzenfresser. Sie besitzen einen harten Oberkiefer und eine Raspelzunge, die **Radula** (▷ B 4). Diese Zunge ist mit feinen Chitinzähnchen besetzt, mit denen das Tier Pflanzenteile geradezu abraspelt. **Chitin** ist eine feste und doch elastische Substanz, aus der z. B. auch der Insektenkörper aufgebaut ist. [Struktur und Funktion, S. 136]

5 Schnecken überwintern im Boden

6 Frisch geschlüpfte Jungschnecken

Wie sie lebt

Die Weinbergschnecke hat einfache Augen, mit denen sie grobe Umrisse erkennen kann. Die Augen sitzen an dem langen Fühlerpaar am Kopf und können bei Gefahr eingezogen werden.
Schnecken brauchen zur Fortbewegung ständig Feuchtigkeit. Sie sondern Schleim ab, sodass sie von einem Feuchtigkeitsfilm umgeben sind.

Weinbergschnecken sind **Zwitter**, d. h. jedes Tier besitzt männliche und weibliche Geschlechtsorgane. Nach der Paarung (▷ B 2) legen die Tiere etwa 80 Eier in eine selbst gegrabene Erdhöhle ab (▷ B 3). Nach wenigen Wochen schlüpfen die Jungtiere, die bereits ein kleines Schneckenhaus auf dem Rücken tragen (▷ B 6).

Im sicheren Haus durch den Winter

Vor dem Winter graben sich die Tiere in lockeres Erdreich ein, ziehen sich in ihr Haus zurück und verschließen dieses mit einem festen Kalkdeckel. Dann fallen sie in eine **Winterstarre** (▷ B 5).

▶ Weinbergschnecken gehören zu den Weichtieren. Sie sind Zwitter. Um feucht zu bleiben, sondern sie ständig Schleim ab. Sie fallen in Winterstarre.

Aufgabe

1 Es gibt auch Schnecken ohne Gehäuse, wie z. B. die Rote Wegschnecke. Bei welchem Wetter begegnet man den Tieren häufig? Erkläre.

1 Ein nützlicher Geselle – der Regenwurm

Wie er leibt und lebt
Der Regenwurms wird bis zu 30 cm lang und ist in bis zu 180 **Segmente** gegliedert. Das Vorderteil befindet sich in der Nähe des **Gürtels**. Bei einem kriechenden Regenwurm kann man wellenförmige Bewegungen beobachten. Diese entstehen durch zwei Muskelschichten, die sich abwechselnd zusammenziehen. Zieht sich die innere Muskelschicht zusammen, wird der Körper kurz und dick. Zieht sich die äußere Muskelschicht zusammen, wird er lang und dünn. Die **Chitinborsten** verhindern das Zurückgleiten des Tieres.

Der rege Wurm
Seinen Namen hat der Regenwurm (▷ B 1) wohl daher, dass man ihn meist nur nach starken Regenfällen an der Erdoberfläche sieht. Er muss dann aus dem Boden herauskommen, um nicht zu ersticken. Eine andere Erklärung für seinen Namen stammt aus dem Mittelalter: Zu dieser Zeit sprach man vom „regen“ Wurm und spielte damit auf seine dauernde Wühltätigkeit an.

Nicht ohne Sinne
Der Regenwurm kann viele Umweltreize aufnehmen und darauf reagieren. Er besitzt am ganzen Körper **Lichtsinneszellen**, mit denen er zwischen hell und dunkel unterscheiden kann. Er reagiert auch auf chemische Reize, das hilft ihm bei der Nahrungssuche. Außerdem kann er Erschütterungen und Temperaturreize wahrnehmen. Hören kann er allerdings nicht.

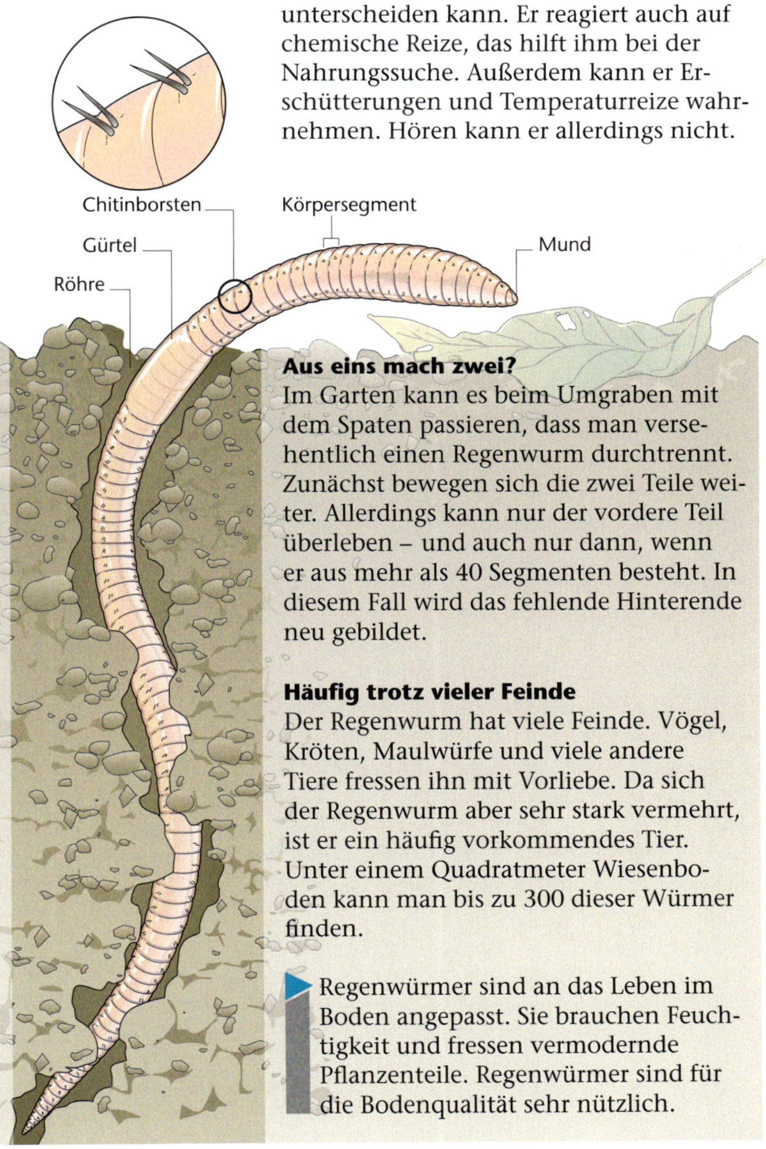

Ein Wurm mit großer Bedeutung
Die biologische Bedeutung des Regenwurms ist sehr groß. Durch das Graben unterirdischer Gänge lockert er das Erdreich, sodass es gut durchlüftet wird. Der Regenwurm frisst sich regelrecht durch den Boden. Er nimmt ständig Erde auf und ernährt sich von den darin enthaltenen pflanzlichen und tierischen Überresten. Mit seinen Ausscheidungen düngt er den Boden und sorgt für die Humusbildung. Somit spielen Regenwürmer bei der Kompostierung von Abfällen in der Natur eine wichtige Rolle. [System, S. 140]

Ein schleimiger Geselle
Der Regenwurm atmet über die gesamte Hautoberfläche. Damit seine Haut feucht bleibt, sondert er **Schleim** ab. Außerdem benötigt er eine feuchte Umgebung. Deshalb sieht man ihn tagsüber nur selten. Meistens kommt der Regenwurm nachts an die Erdoberfläche. Dann zieht er mit dem Mund welke Blätter in seine Röhre hinein. Da er weder einen Kiefer noch Zähne besitzt, kann er die Blätter jedoch nicht fressen. Sie müssen zunächst von den zahllosen Kleinlebewesen im Boden zersetzt werden, um dem Regenwurm als Nahrung zu dienen (s. Seite 88).

Aus eins mach zwei?
Im Garten kann es beim Umgraben mit dem Spaten passieren, dass man versehentlich einen Regenwurm durchtrennt. Zunächst bewegen sich die zwei Teile weiter. Allerdings kann nur der vordere Teil überleben – und auch nur dann, wenn er aus mehr als 40 Segmenten besteht. In diesem Fall wird das fehlende Hinterende neu gebildet.

Häufig trotz vieler Feinde
Der Regenwurm hat viele Feinde. Vögel, Kröten, Maulwürfe und viele andere Tiere fressen ihn mit Vorliebe. Da sich der Regenwurm aber sehr stark vermehrt, ist er ein häufig vorkommendes Tier. Unter einem Quadratmeter Wiesenboden kann man bis zu 300 dieser Würmer finden.

▶ Regenwürmer sind an das Leben im Boden angepasst. Sie brauchen Feuchtigkeit und fressen vermodernde Pflanzenteile. Regenwürmer sind für die Bodenqualität sehr nützlich.

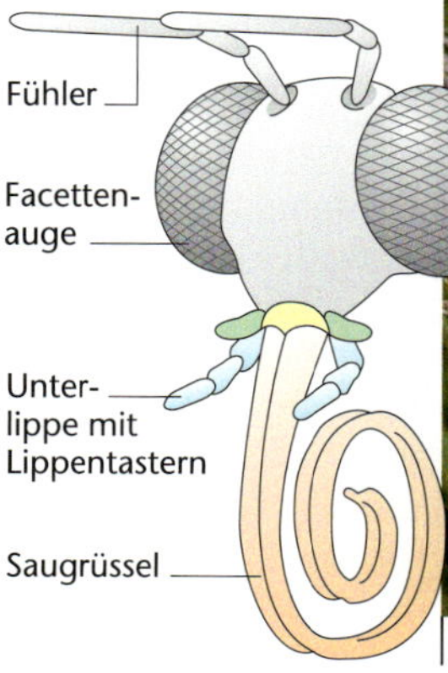

2 Schwalbenschwanz

3 Pfauenauge

1 Kopf eines Schmetterlings mit Fühlern, Facettenaugen und Mundwerkzeugen

Die schönen Flieger

Mit mehr als 150 000 verschiedenen Arten stellen die Schmetterlinge eine große Gruppe innerhalb der Insekten dar. Sie besiedeln nahezu die gesamte Erde und sind bei den Menschen wegen ihrer Schönheit seit jeher sehr beliebt.
Viele Schmetterlinge sind gut getarnt, da ihre Färbung dem Untergrund, auf dem sie sitzen, sehr ähnlich ist. Andere Schmetterlinge täuschen und schrecken ihre Feinde durch farbige Zeichen auf ihren Flügeln, die wie Augen aussehen (▷B 3).
Zwar stellen Schmetterlinge innerhalb der Insekten eine recht einheitliche Gruppe dar, weisen aber in Farbe und Musterung eine große Vielfalt auf. Kaum eine andere Tiergruppe zeigt eine solche Farbenpracht.

Der Schmetterling – ein Insekt

Trotz der ungeheuren Vielfalt haben alle Insekten einen gleichen Grundbauplan.

- Der Körper ist in Kopf, Brust und Hinterleib gegliedert.
- Am Brustabschnitt sitzen **drei Beinpaare**.
- Insekten haben keine Knochen, dafür aber ein stabiles **Außenskelett**.
  Diese feste Hülle besteht aus Chitin und wird auch Chitinpanzer genannt.
- Insekten weisen an den Körperabschnitten des Hinterleibs kleine Öffnungen auf, die in ein weit verzweigtes Röhrensystem im Körperinneren münden. Diese Röhren, **Tracheen** genannt, versorgen den Körper mit dem lebensnotwendigen Sauerstoff.
- Insekten besitzen mehr oder weniger gut entwickelte **Facettenaugen**. Diese setzen sich aus vielen Einzelaugen zusammen. Deren Informationen werden im Gehirn des Tieres zu einem Gesamtbild zusammengesetzt.
- Die **Fühler** sind Tast- und Riechorgane.
- Die meisten Insekten besitzen Flügel. Bei den Schmetterlingen sind die Flügel oft besonders prächtig ausgebildet.
- Die **Mundwerkzeuge** der Insekten sind je nach Lebensweise sehr verschieden gebaut. Bis auf ganz wenige Ausnahmen besitzen z. B. Schmetterlinge einen Saugrüssel. Dieser ist ein einrollbarer Schlauch, mit dem die Tiere Nektar aus den Blüten aufsaugen können. Die in Madagaskar beheimatete Tiger-Motte hat sogar einen 30 cm langen Rüssel.

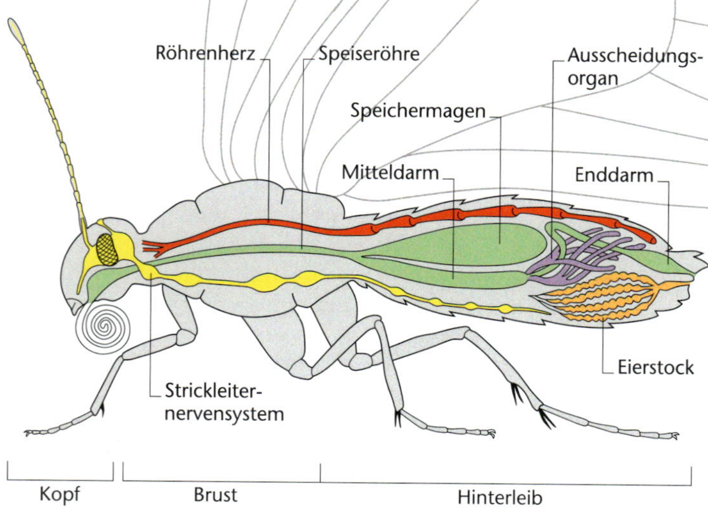

4 Grundbauplan eines Insektenkörpers am Beispiel Schmetterling

Höchstleistungen der Sinne

Bei den meisten Schmetterlingen ist der Geruchssinn besonders gut ausgeprägt. Die Geruchssinneszellen sitzen hauptsächlich in den Fühlern, aber auch an den Lippentastern (▷B 1) und den Beinen. Für alle Schmetterlinge, aber besonders für die Nachtfalter ist der Geruchssinn von großer Bedeutung. Sie brauchen in zum Auffinden von Nahrung und zum Finden von Geschlechtspartnern.

Manche Schmetterlingsmännchen finden ein Weibchen, das **Sexuallockstoffe** aussendet, über mehrere Kilometer Entfernung hinweg. Sehr gut ausgeprägt ist bei manchen Faltern das **Hörvermögen**. Einige Nachtfalter hören die Ultraschalltöne, die von Fledermäusen ausgestoßen werden. Sie lassen sich daraufhin blitzartig fallen, um dem Angriff zu entgehen.
Die **Geschmackssinneszellen** der Schmetterlinge sitzen an den Beinen und dienen u.a. dem Weibchen dazu, die richtige Futterpflanze für die Raupen zu finden. Schmetterlinge besitzen wie alle Insekten Facettenaugen. Das **Sehvermögen** ist bei den verschiedenen Arten recht unterschiedlich.

Die Entwicklung ist spannend
Zwei bis drei Wochen nach der Eiablage schlüpfen aus den Eiern die **Raupen**. Diese häuten sich in ihrer Wachstumsphase fünf- bis sechsmal, bis sie sich verpuppen. Raupen sind reine „Fressmaschinen", die genügend Baustoffe für die während des Puppenstadiums stattfindende Verwandlung zum Schmetterling ansammeln müssen (▷B 5). Zur Verpuppung suchen die Raupen geschützte Plätze auf oder tarnen sich so geschickt, dass sie von ihren Fressfeinden kaum entdeckt werden.

Einige Schmetterlinsarten verpuppen sich im Boden, während andere sich an Pflanzen hängend verpuppen. Dabei umgeben sie sich mit einem festen Kokon aus Seide oder mit einer dicken Chitinhülle (▷B 6). In dieser **Puppe** vollzieht sich eine erstaunliche Verwandlung. Alle Organe müssen umgewandelt werden, da der „fertige" Schmetterling, die **Imago**, ein völlig anderes Leben führt als die Raupe (▷B 7).

Die Entwicklung vom Ei über Raupe und Puppe bis zur Imago nennt man **vollständige Metamorphose** (▷B 7). Wie sich davon die **unvollständige Metamorphose** unterscheidet, erfährst du auf der nächsten Seite. [Entwicklung, S. 138]

5 Kahlfraß durch Raupen

Schmetterlinge zeigen die typischen Merkmale von Insekten. Ihr Körper ist gegliedert in Kopf, Brust und Hinterleib. Sie besitzen drei Beinpaare und ein stabiles Außenskelett aus Chtin. Schmetterlinge durchlaufen eine vollständige Metamorphose.

Vorsicht mit Monokulturen
In Anpflanzungen mit nur einer Pflanzenart, den **Monokulturen**, kann es vorkommen, dass extrem viele Raupen auftreten. Sie können dann große Schäden anrichten. In Nadelwaldmonokulturen fürchtet man vor allem die Raupen der Nonnen. Die Massenauftreten bekämpft man mit chemischen und biologischen Mitteln.

Ein Schmetterling als Haustier
Neben der Biene gehören die **Seidenspinner** zu den wenigen Insekten, die der Mensch als Haustier hält. Seit einigen tausend Jahren werden in China Seidenraupen gezüchtet. Die Raupen verpuppen sich in einem Kokon, der aus einem fast 3000 Meter langen Seidenfaden besteht (▷B 6). Aus diesem Faden wird Seide hergestellt. Seide war früher so wertvoll, dass sie mit Gold aufgewogen wurde.

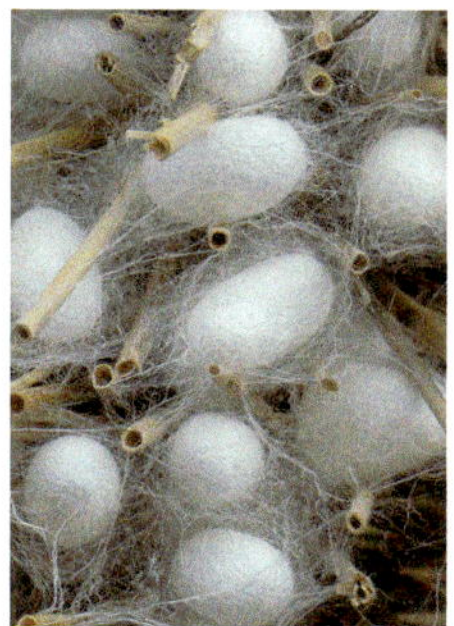

6 Kokon des Maulbeerspinners

Aufgabe

1 Stelle in einer Tabelle die Unterschiede von Wirbeltier und Insekt zusammen.

7 Die vollständige Metamorphose des Schmetterlings Kleiner Fuchs

1 Heuschrecke im Sprung

2 Heuschreckenschwarm über kahl gefressener Landschaft

3 Grashüpfer

4 Feldgrille

5 Grünes Heupferd

Heuschrecken – harmlose Wiesenbewohner

In Deutschland gibt es etwa 85 verschiedene Heuschreckenarten. Die meisten von ihnen leben auf Wiesen. Große Arten wie das Grüne Heupferd (▷ B 5) können über 4 cm lang sein; das ist aber die Ausnahme. Die Tiere sind meist grün oder braun gefärbt und so im Gras gut getarnt (▷ B 3; B4).

Beeindruckende Springer

Mit den kräftigen Hinterbeinen können die Tiere große Sprünge machen (▷ B 1). Ohne Zuhilfenahme der Flügel sind sie in der Lage, bis zu 1 m weit zu springen. Auf der Flucht nehmen sie gelegentlich auch die Flügel zuhilfe und können dann noch weitere Distanzen überwinden.

Die gefräßigen Springer

Die bei uns vorkommenden Heuschrecken leben einzeln und richten keinen Schaden an. Die **Wanderheuschrecken** dagegen bilden große Schwärme (▷ B 2) und bedrohen vor allem in Afrika die Landwirtschaft. Heuschrecken galten als eine der großen Plagen der Menschheit, schon in der Bibel werden die verheerenden Zerstörungen beschrieben. 1955 überfiel ein Heuschreckenschwarm von 150 km Länge und 20 km Breite Südmarokko und fraß alles kahl.

Die andere Art der Verwandlung

Heuschrecken gehören auch zu den Insekten und durchlaufen in ihrer Entwicklung ebenfalls eine Metamorphose. Aus dem Ei schlüpft eine Larve, die dem erwachsenen Tier schon recht ähnlich sieht und sich auch wie dieses ernährt. Es ist eine kleine Heuschrecke, der aber noch die Flügel fehlen. Diese werden erst nach der letzten Häutung voll ausgebildet. Bis zum Erwachsenenstadium (Imago) durchläuft das Tier etwa fünf bis sieben Häutungen. Wie schnell die Entwicklung verläuft, hängt u.a. von der Ernährung und der Temperatur ab. Die Häutungen sind notwendig, da das Außenskelett aus Chitin nicht mitwachsen kann und deshalb von Zeit zu Zeit abgestoßen werden muss.
Da bei dieser Entwicklungsform das Puppenstadium fehlt, wird sie **unvollständige Metamorphose** genannt (▷ B 6).

Heuschrecken durchlaufen in ihrer Entwicklung eine unvollständige Metamorphose.

Aufgaben

1 Vergleiche die Entwicklung von Heuschrecken und Schmetterlingen.

2 Überlege, wie das „Grüne Heupferd“ zu seinem Namen kam. Begründe.

3 Erkläre anhand von (▷ B 7), wie Heuschrecken Laute erzeugen.

6 Unvollständige Metamorphose bei der Heuschrecke

Man kann sie auch essen
Heuschrecken dienen vielen Menschen in Afrika, Asien und Südamerika als Nahrung. Sie werden meist geröstet und sind sehr gute Eiweiß-, Fett- und Vitaminlieferanten.

Sie machen Musik
An Sommerabenden hört man das Zirpen von Heuschrecken. Sie besitzen eine spezielle Technik der **Lauterzeugung**. Bei der Feldheuschrecke z. B. werden die Hinterschenkel an den Vorderflügeln gerieben. Die Laubheuschrecken reiben dagegen die Flügel aneinander (▷B 8). Das Zirpen der Männchen dient der Revierabgrenzung und dem Anlocken von Weibchen. Da die Tiere Laute erzeugen können, können sie auch hören. Das **Hörorgan** liegt bei den Laubheuschrecken in den Vorderbeinen (▷B 7). Bei anderen Heuschreckenarten liegt es z. B. am Hinterleib.

7 Hörorgan der Laubheuschrecke

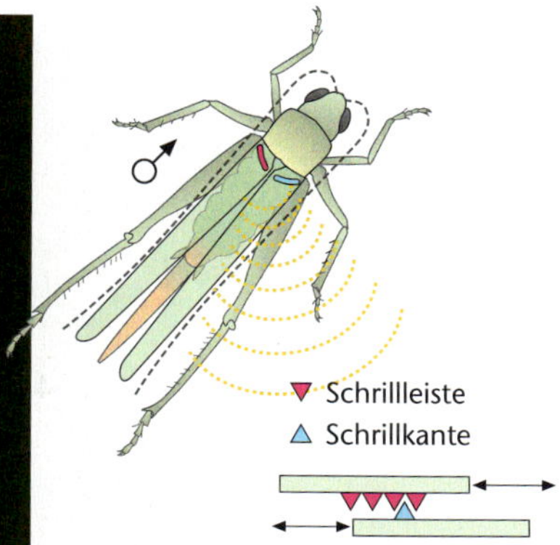

8 Schema der Lauterzeugung bei Laubheuschrecken

Werkstatt

Wir halten Stabschrecken

Stabschrecken sind problemlos in der Schule zu halten. Es muss aber geklärt sein, wer sie in den Ferien versorgt! Der Körper ist langgestreckt und stabförmig. Die Weibchen sind mit 7–8 cm etwas größer als die Männchen mit ca. 5–6 cm Körperlänge. Stabschrecken sind ausschließlich Pflanzenfresser, die hauptsächlich dämmerungs- und nachtaktiv sind.

Material
Kunststoffbehälter oder ausgedientes Aquarium mit den Maßen 20 x 20 x 30 cm (L x B x H), Tiere aus einer Zoohandlung, Äste und Laub der Futterpflanzen, Draht- oder Kunststoffgitter als Abdeckung, Küchenkrepp oder Blumenerde

Versuchsanleitung
Haltung bei Zimmertemperatur von ca. 18 °C bis ca. 25 °C. Als Futterpflanzen dienen Brombeer- und Himbeerblätter. Auch das Laub von Birke, Buche, Hainbuche und Efeu wird als Futter angenommen.

1 Stabschrecke

Das Gefäß wird mit feuchter Blumenerde oder auch feuchtem Küchenkrepp ausgelegt. Die Luftfeuchtigkeit sollte ca. 60 % nicht unterschreiten. Zweimal wöchentlich muss man die Futterpflanzen wechseln und gelegentlich auch das gesamte Gefäß einer gründlichen Reinigung unterziehen.
Da sich die weiblichen Tiere auch ungeschlechtlich fortpflanzen können, kann man problemlos eine ganze Gruppe heranziehen.

Aufgaben
1. Stabheuschrecken haben eine ziemlich ungewöhnliche Gestalt (▷B 1). Welche Bedeutung könnte diese für die Tiere haben?

2. Beobachte und protokolliere die Entwicklung der Tiere.

2 Terrarium mit Stabschrecken

1 Nachtschmetterling an einer Blüte

2 Biene an einer Blüte

3 Mit Pollen bepuderte Honigbiene

4 Wiesen-Bärenklau mit Insekten

Nächtlicher Besuch

Die großen roten Blüten leuchten auch noch in der Dämmerung weithin sichtbar aus der Hecke. Sie haben einen Nachtschmetterling angelockt (▷B 1). Er flattert direkt vor einer Blüte, entrollt seinen auffallend langen Rüssel und steckt ihn weit in den Trichter der Blüte hinein. Nach wenigen Augenblicken fliegt der Nachtfalter zur nächsten Blüte und der Vorgang wiederholt sich. Der lange Rüssel des Schmetterlings und die Blütenform passen perfekt zueinander.

Ein Geschäft auf Gegenseitigkeit

Was lockt Schmetterlinge und andere Insekten an die Blüten? Durch den intensiven Duft und die auffälligen Farben der Blüten werden die Tiere geradezu zum Besuch eingeladen. Honigbienen holen dort z. B. den Nektar (▷B 2). Dieser süße Pflanzensaft ist der Grundstoff für den Honig. Gleichzeitig sammeln sie auch den nährstoff- und vitaminreichen Pollen, der hauptsächlich als Nahrung für die Bienenbrut dient.

Man könnte meinen, dass die Insekten die Pflanzen ausnutzen. Aber auch die Pflanzen haben durch den Insektenbesuch Vorteile. Manche Pflanzen können nämlich nur durch **Fremdbestäubung** Samen und Früchte entwickeln. Dazu müssen die Pollenkörner einer Blüte auf die Narben einer anderen Blüte der gleichen Pflanzenart gelangen. Der Pollen muss also von Blüte zu Blüte transportiert werden. Die Honigbiene besucht auf ihrem Flug mehrere Blüten einer Art nacheinander. So überträgt sie den artrichtigen Pollen und garantiert damit die **Bestäubung** der Pflanze (▷B 3).

Am Beispiel des Nachtschmetterlings und der Trichterblüte kann man gut erkennen, wie Insekten und Blüten einander angepasst sind (▷B 1). Viele Blütenpflanzen können nur von ganz bestimmten Insekten bestäubt werden.

Ein flacher Landeplatz

Der Wiesen-Bärenklau lockt durch den unangenehmen Aasgeruch seiner Blüten Fliegen und Käfer an (▷B 4). Der Nektar dieser Pflanze ist leicht zu erreichen, denn die Blüten sind flach gebaut. Das ist sinnvoll, da Fliegen und Käfer nur kurze Mundwerkzeuge besitzen und damit nicht in tiefe Blütentrichter oder -röhren gelangen können.

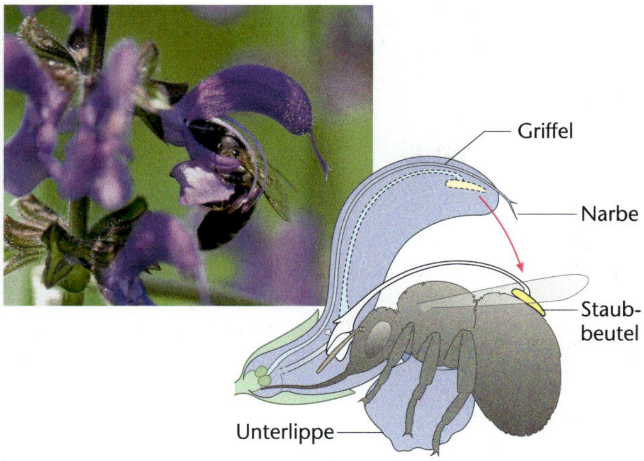

5 Schlagbaummechanismus beim Wiesensalbei

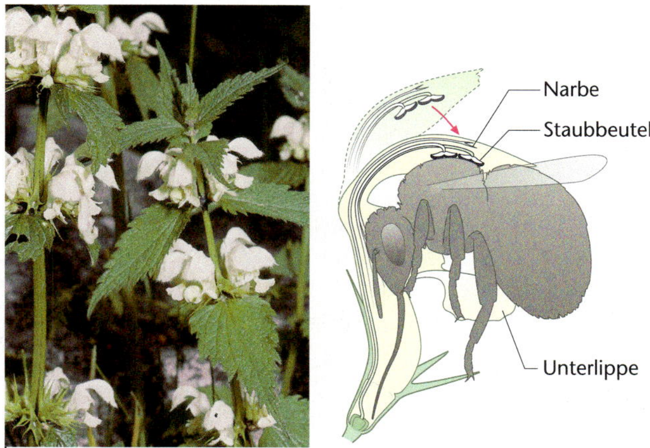

6 Bestäubung bei der Weißen Taubnessel

Eine Blüte mit Schlagbaum

Die Blüten des Wiesensalbeis werden von Hummeln und Bienen besucht. Das Insekt setzt sich auf die Unterlippe der Blüte und steckt den Kopf tief in die Blütenröhre, um an den Nektar zu gelangen. Dabei drückt es gegen eine Platte im Inneren der Blüte. Dadurch werden die beiden langen Staubblätter mit den Staubbeuteln wie ein Schlagbaum auf den pelzigen Rücken des Insekts heruntergedrückt (▷B5). Mit einem Haarkleid voller Pollen fliegt das Tier dann zur nächsten Salbeipflanze.

Ältere Blüten stäuben nicht mehr, haben aber einen längeren Griffel. Wenn z. B. eine Biene in die Kronröhre kriecht, wird sie nicht wieder mit Blütenstaub eingepudert. Sie streift aber den Pollen von der vorigen Pflanze an der Narbe des weit herausragenden Griffels ab. So findet die Bestäubung statt.

Ein Flugplatz für Hummeln

Bei der Weißen Taubnessel ist am Grunde der Blütenröhre Nektar zu finden, der besonders zuckerhaltig ist. Vor allem Hummeln mit langen Rüsseln besuchen diese Pflanze. Die Insekten kriechen tief in die Blütenröhre hinein und saugen die süße Flüssigkeit auf. Die Oberlippe der Taubnessel klappt dabei wie ein Gelenk zurück. Die Hummel wird am Rücken zunächst von der Narbe und dann von den Staubbeuteln berührt (▷B6). An ihrem Haarkleid bleibt Blütenstaub hängen und wird dann von ihr zur nächsten Pflanze getragen. [Struktur und Funktion, S. 136]

Fallensteller Aronstab

Der Aronstab lockt mit seinem unangenehmen Geruch Fliegen an. Da die Oberfläche der Trichterblüte glatt und sehr steil ist, rutschen die Insekten in den untersten Teil der Blüte. Ein Haarkranz verhindert, dass die Insekten wieder hinauskönnen. Sie kriechen in ihrem Gefängnis umher und bestäuben dabei die klebrigen Narben (▷B7). Später vertrocknen diese und die Staubbeutel geben Pollen ab. Auch die Härchen, die das Insekt gefangen hielten, welken. Das Tier kann nun den Pollen zur nächsten Blüte bringen. [System, S. 140]

▶ Blüten liefern einerseits Pollen und Nektar für die Ernährung der Insekten. Andererseits sorgen die Insekten bei sehr vielen Pflanzen für die Fremdbestäubung.

7 Bestäubung beim Aronstab

Aufgaben

1 Nicht alle Pflanzen werden von Insekten bestäubt, sondern durch den Wind. Vergleiche die Struktur einer Blüte mit Insektenbestäubung mit der Struktur einer Blüte, die durch den Wind bestäubt wird.

2 Welche Eigenschaften sollte eine Blüte haben, die von Nachtfaltern bestäubt wird?

3 Beschreibe mithilfe der Abbildungen, wie die einzelnen Pflanzen sicherstellen, dass ihr Pollen verbreitet wird.

4 Lindenblüten sind ziemlich unauffällig. Besorge dir eine Lindenblüte, untersuche sie genau und erkläre, warum die Linden trotzdem von vielen Hummeln besucht werden.

Werkstatt

Wir helfen Insekten

Schmetterlinge, Käfer, Hummeln, Wespen und Grillen kannst du im Garten gut beobachten.
Viele dieser Insekten sind sehr hilfreich: Sie bestäuben Blüten und fressen „schädliche" Insekten.
Hier sind Tipps, wie wir die für uns nützlichen Insektenarten in Gärten und im Schulgelände ansiedeln und schützen können.

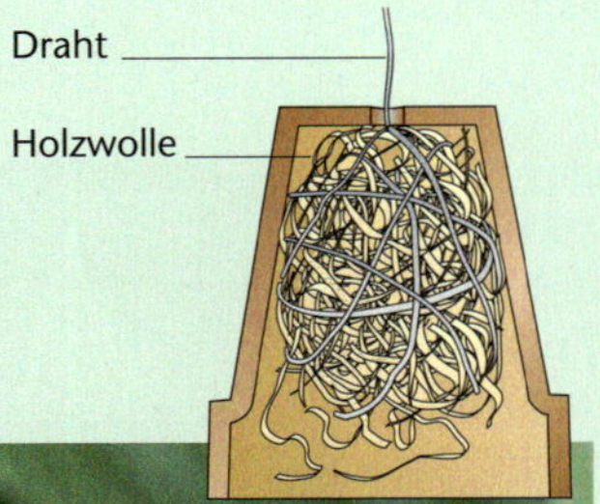

1 Ohrwurm

1 Hilfe für den Ohrwurm

Ohrwürmer sehen zwar gefährlich aus, sind aber für uns Menschen völlig harmlos. Schon gar nicht kneifen oder klettern sie in die Ohren. Sie sind sehr nützlich, denn innerhalb von wenigen Tagen fressen sie alle Blattläuse, die auf einer Pflanze leben.

Material
Blumentopf (Ton), Holzwolle, Draht, Zange

Versuchsanleitung
Forme aus der Holzwolle ein Knäuel und umwickle dieses locker mit Draht. Fädle das Ende des Drahtes durch das Abflussloch im Blumentopf. Jetzt kannst du die „Ohrwurmwohnung" an einen Obstbaum hängen.

2 Nisthilfen für Insekten

2 Löcher und Röhren für Bienen und Wespen

Es gibt zahlreiche Bienen- und Wespenarten, die einzeln, also nicht in großen Gemeinschaftsnestern leben. Sie helfen uns im Garten, weil sie zum Beispiel Raupen jagen.
Die Insekten bauen Brutröhren in morschem Holz. Dort legen sie die Eier ab und bringen als Nahrungsvorrat für ihre Larven Blütenstaub oder Insekten in die Kammer. Danach verschließen sie die Kammer.

Material
Holzklötze, Bohrer verschiedener Stärken, Bambus- oder Schilfrohre, Draht

Versuchsanleitung
Es gibt zwei Möglichkeiten (▷ B 2):
a) Bohre in einen Holzklotz waagerechte Löcher mit einem Durchmesser von 1–10 mm und einer Tiefe von 5–10 cm.
b) Bündle etwa 20 cm lange Röhrchen aus Bambus oder Schilf mit Draht. Jedes Rohr muss auf einer Seite verschlossen sein. Hänge diese Bündel waagerecht an trockene und sonnige Stellen im Garten. Füge ein Glasröhrchen in das Bündel ein, damit du die Insekten gut beobachten kannst.

3 Wildbiene

4 Nisthilfe für Erdhummeln

3 Eine Höhle für Hummeln

Hummeln sind neben Bienen die wichtigsten Bestäuber. Viele Arten werden immer seltener, sodass sie unsere Hilfe benötigen.

Material
Größeren Blumentopf aus Ton, Moos, Spaten, Holzbrett, Steine

Versuchsanleitung
Fülle den Blumentopf zur Hälfte mit weichem, trockenen Material (z. B. Moos). Grabe den Topf an einem sonnigen, trockenen Platz umgekehrt in die Erde ein. Der Boden muss einige Zentimeter herausragen. Das Loch im Topfboden – es sollte etwa 15 mm breit sein – dient als Einflugloch. Decke deine Hummelhöhle zum Schutz mit dem Holzbrett ab (▷ B 4).

Pflanzen und Tiere sind durch Nahrungsketten verbunden
Die zahlreichen Gräser und Kräuter sind die Lebensgrundlage für alle Tiere der Wiese. Nur die grünen Pflanzen können die Energie des Sonnenlichts in Traubenzucker und Stärke umwandeln. Sie werden daher auch als **Erzeuger** (Produzenten) bezeichnet.

Die Erzeuger dienen Pflanzenfressern, z. B. Raupen und Engerlingen, als Nahrung. Man bezeichnet die Pflanzenfresser daher als **Erstverbraucher** (Konsumenten). Die Pflanzenfresser wiederum werden von anderen Tieren, z. B. dem Maulwurf und den Wiesenvögeln, gefressen. Diese Fleischfresser sind also die **Zweitverbraucher**.

Wie eine Kette baut sich so eine Folge von fressen und gefressen werden auf. Man spricht auch von einer **Nahrungskette** (▷ B 1). Am Ende steht ein Lebewesen, das kaum noch einen Feind hat, der **Endverbraucher**. Das ist meistens ein Greifvogel, ein Raubtier oder der Mensch.

Von der Nahrungskette zum Nahrungsnetz
Jede Pflanze und jedes Tier gehört aber nicht nur zu einer Nahrungskette, sondern zu mehreren. Aus den vielen verschiedenen Nahrungsketten entsteht ein verzweigtes **Nahrungsnetz** (▷ B 2), in das alle Lebewesen der Wiese eingebunden sind.

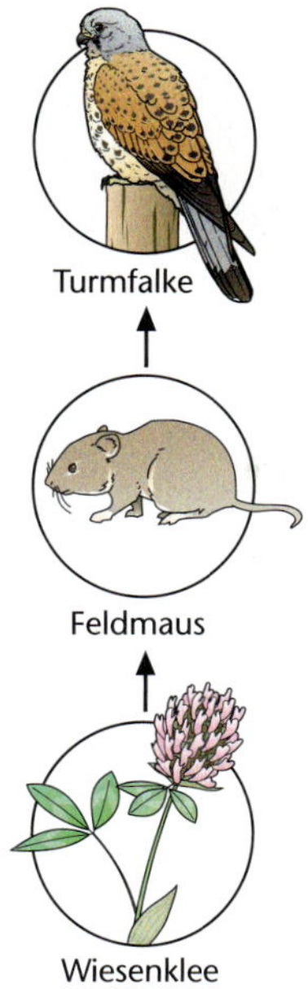

1 Nahrungskette

Zersetzer räumen auf
Die meisten Pflanzen und Tiere sterben aber, bevor sie gefressen werden. Warum ist der Boden dann nicht mit toten Organismen bedeckt? Das Aufräumen übernehmen Bakterien, Pilze und andere Kleinlebewesen. Sie zersetzen das tote Material und werden deshalb **Zersetzer** (Destruenten) genannt. Sie räumen aber nicht nur auf, sondern produzieren gleichzeitig auch Stoffe, die für die Pflanzen lebensnotwendig sind. [System, S. 140]

▶ Alle Lebewesen der Wiese sind Glieder von Nahrungsketten, die ein verzweigtes Nahrungsnetz bilden.

Aufgaben

1 Warum müssen Bauern Wiesen und Weiden düngen, um im nächsten Jahr genügend Grünfutter zu ernten?

2 Was würde passieren, wenn ein Glied eines Nahrungsnetzes aussterben würde? Begründe deine Antwort.

3 a) Erstelle drei Nahrungsketten im Lebensraum Wiese mit jeweils vier Gliedern.
b) Eine dieser Ketten soll den Menschen als Endverbraucher haben.

2 Nahrungsnetz

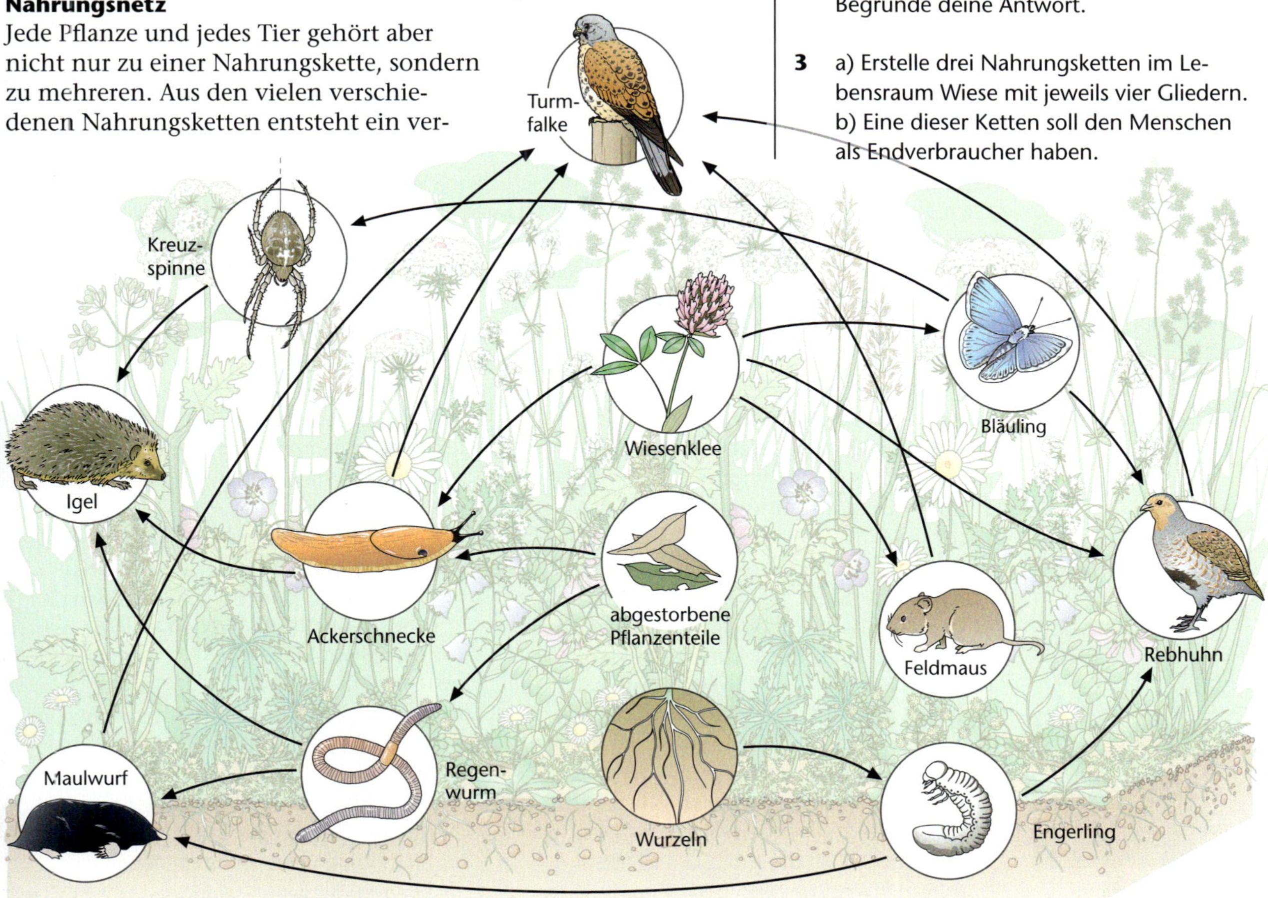

1 Wiesental mit Bachlauf

2 Wiese mit Sauerampfer

3 Brennnessel

4 Flatter-Binse

Was färbt die Wiese so bunt?
Wenn man im Mai eine große Wiesenfläche betrachtet, dann fällt auf, dass die Farben nicht gleichmäßig verteilt sind: Wo ein Bach entlang läuft, sind die gelben Hahnenfußpflanzen und die roten Kuckuckslichtnelken besonders häufig. Andere Bereiche der Wiese sind vom Großen Sauerampfer braun gefärbt (▷ B 2).

Diese Unterschiede sind einfach zu erklären: Am Bach ist der Boden sehr feucht, daher wachsen dort Pflanzen, die viel Wasser brauchen, wie Hahnenfuß und Lichtnelke. Der Große Sauerampfer mag etwas trockneren Boden und unter den Bäumen oder Büschen ist der Boden durch das abfallende Laub seit vielen Jahren gut gedüngt. Solche Standorte bevorzugt die Große Brennnessel (▷ B 3).

Licht, Boden, Mineralstoffe, Wasser, Temperatur und Wind sind Faktoren der unbelebten Natur. Die Biologen sprechen von **abiotischen Faktoren**.

Lebewesen verändern die Wiese
Auf den Nachbarflächen ist der Boden nicht anders. Der Bewuchs ist aber nur kurz, blühende Kräuter sieht man gar nicht und überall stehen hohe Büschel von Binsen (▷ B 4). Die Erklärung ist schnell gefunden: Kühe haben hier alles abgeweidet, nur die Binsen mochten sie nicht. Solche Einflüsse auf Lebewesen, die von Tieren und Pflanzen verursacht werden, nennen die Biologen **biotische Faktoren**.

Bewohner und ihre Adresse
In der Wiese leben nicht nur Pflanzen. Zahlreiche Tiere, die du z. T. nur bei genauerem Hinsehen erkennst, haben hier ihren Lebensmittelpunkt. Sie wohnen hier, finden ihre Nahrung und bekommen auch hier ihren Nachwuchs. Die Wiese ist die "Adresse" aller Pflanzen und Tiere; diese nennt man ein **Biotop**. Alle, die in diesem Biotop wohnen, bilden eine Lebensgemeinschaft. Diese Lebensgemeinschaft nennen die Biologen **Biozönose**.

In dem jeweiligen Lebensraum (Biotop) wirken unterschiedliche abiotische und biotische Faktoren auf alle Glieder der Lebensgemeinschaft (Biozönose) ein. [System, S. 140]

Aufgaben

1 Erstelle eine Liste mit den biotischen und abiotischen Faktoren, die auf ein Gänseblümchen am Rande eures Schulhofrasens einwirken.

2 a) Welche Faktoren verhindern, dass sich auf Weiden und Rasenflächen Bäume und Sträucher ansiedeln?
Begründe deine Meinung.
b) Was müsstest du tun, damit dort in einigen Jahren ein dichtes Gebüsch oder sogar ein Wald entsteht?

3 Vergleiche in einer Tabelle die unterschiedlichen Faktoren, die auf einen Löwenzahn einer Bergwiese und in den Ritzen eines Straßenpflasters in München einwirken.

4 Der gepflegte Zierrasen im Schloss- oder Stadtpark ist ein Biotop.
a) Nenne einige Tiere, die zu der Biozönose dieser Grünflächen gehören.
b) Die Zwergmaus ist ein Wiesentier. Kann sie in diesem Biotop leben? Begründe deine Meinung.

Geschlossen und doch offen
Die Wiese ist gegenüber dem benachbarten Acker, dem Wald oder dem See deutlich abgegrenzt. Andererseits findet aber ein ständiger Austausch mit der Umgebung statt. Der Turmfalke aus dem nahen Ort jagt auf der Wiese, Wiesenschmetterlinge besuchen auch die Gärten im Dorf, der Hase sucht nach Nahrung auf den Feldern und der Wind treibt die Samen des Löwenzahns an den Wegrand. Die Wiese ist also kein abgeschlossenes System, sondern in vielfacher Weise mit den benachbarten Lebensräumen verbunden.

Der Stoffkreislauf in der Wiese
Große Pflanzenmengen wachsen im Laufe des Frühlings und Sommers auf der Wiese heran. Die **Erzeuger** produzieren mithilfe des Sonnenlichts erheblich mehr energiereiche Stoffe in den Gräsern und Kräutern, als die **Erstverbraucher** fressen können. Es werden auch nicht alle Erstverbraucher von den **Zweitverbrauchern** gefressen, viele Raupen und Käfer überleben zunächst. Im Laufe des Jahres, vor allem aber im Herbst und zu Beginn des Winters, sterben Teile der Pflanzen und viele Tiere. Sie werden von kleinen Lebewesen, z. B. Pilzen und Bakterien, zersetzt. Diese **Zersetzer** (Destruenten) sorgen dafür, dass die energiereichen Stoffe wie Eiweiß, Fette und Kohlenhydrate zu Mineralstoffen abgebaut werden und den grünen Pflanzen im nächsten Jahr im Boden zur Verfügung stehen. So schließt sich der **Stoffkreislauf**, der ständig auf die Zufuhr von Energie des Sonnenlichts angewiesen ist (▷B 1).

Viele Wiesen müssen gedüngt werden
Nur auf sehr wenigen Wiesen kann dieser natürliche Kreislauf stattfinden. Bei Mähwiesen, Viehweiden und Rasenflächen wird der größte Teil der Pflanzen durch Grasschnitt oder Beweidung entfernt. So werden den Flächen die Nährstoffe entzogen, der Kreislauf wird unterbrochen. Die energiereichen Stoffe können nicht mehr abgebaut werden und als Mineralstoffe in den Boden gelangen. Möchte man im nächsten Jahr wieder einen reichlichen Pflanzenwuchs auf der Nutzfläche haben, müssen die Wiesen und Weiden also gedüngt werden. [Entwicklung, S. 138]

Erzeuger, Verbraucher und Zersetzer bilden einen Stoffkreislauf. Der Stoffkreislauf wird vom Menschen unterbrochen.

2 Düngung einer Wiese

Aufgaben

1 Erkundige dich bei Landwirten, wie oft ihre Wiesen und Weiden gedüngt werden müssen und welchen Dünger sie verwenden.

2 Dein Vater ist das häufige Mähen des Rasens leid. Welchen Tipp könntest du ihm geben, damit er nicht mehr so oft mähen muss?

3 a) Wo kann es in unserer Landschaft Wiesen geben, bei denen es einen ungestörten Stoffkreislauf gibt?
b) Wie werden diese Flächen nach einigen Jahren aussehen?

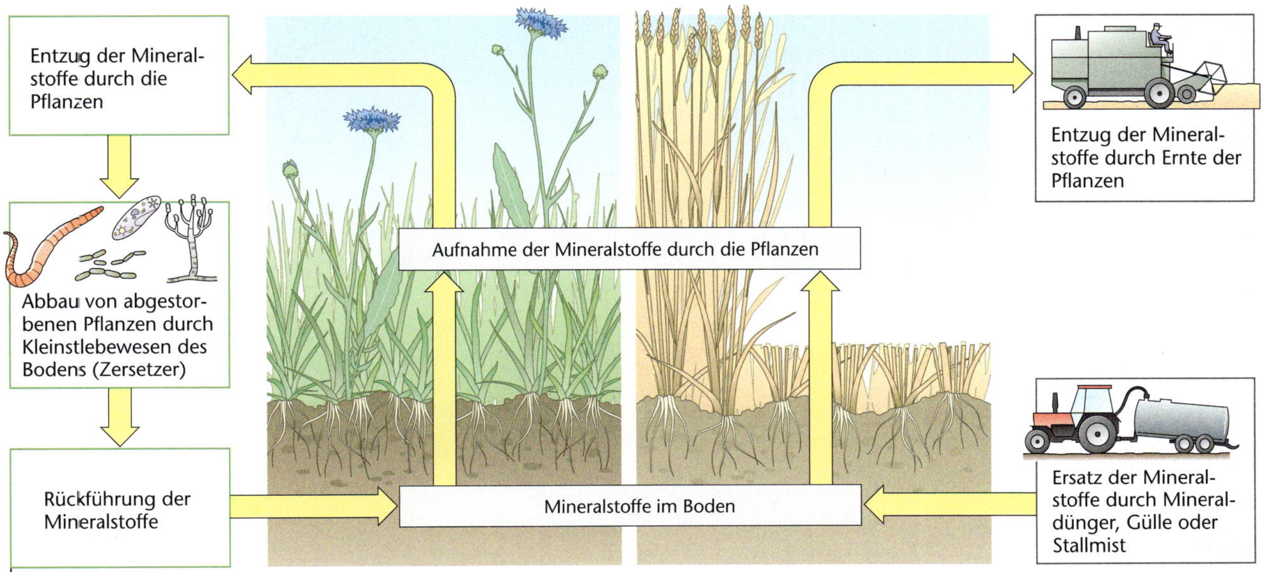

1 Stoffkreislauf in der Wiese

1 Weide mit Rindern

2 Wanderung

Wiesen sind einzigartige Lebensräume

Wiesen produzieren nicht nur Sauerstoff und speichern in ihren Böden Wasser. Sie sind auch der Lebensraum zahlreicher, oft sehr seltener Kräuter und Heilpflanzen (▷ B 3). Viele Tierarten kommen nur hier vor und würden aussterben, wenn wir die Wiesen nicht erhalten. [System, S. 140]

Wiesen sind eine wirtschaftliche Grundlage der Landwirtschaft

Wiesen und Weiden liefern die Nahrungsgrundlage für fast alle landwirtschaftlichen Nutztiere, wie z. B. Rinder, Pferde, Ziegen und Schafe. Die Tiere brauchen Gräser und Kräuter nicht nur für sich als Nahrung, sondern auch, um Milch zu produzieren. Daraus werden wichtige Nahrungsmittel wie Käse und andere Milchprodukte hergestellt. Für viele Landwirte und ihre Familien sind Wiesen deshalb die Einkommensbasis.

Honig aus den Wiesen

Wiesenblumen liefern den Nektar für Wiesenblütenhonig. Viele Imker bringen im Frühjahr ihre Bienenvölker in diese Gebiete, damit sie dort den Nektar sammeln können. Dieser Honig schmeckt sehr gut, weil er von vielen verschiedenen Blüten zusammengetragen wird.

Erholungslandschaft Wiese

Vielleicht hast du schon einmal selbst erlebt, wie schön eine Wanderung oder eine Radtour entlang blühender Wiesen ist. Sie bringen Abwechslung in Wald- und Ackerlandschaften und ermöglichen einen weiten Blick. Man genießt nicht aber nicht nur den schönen Ausblick, sondern auch den Duft der Blüten und die beruhigenden Geräusche von Bienen und Grillen. Viele Erholungsorte werben daher mit Bildern dieser schönen Landschaften für „Ferien auf dem Bauernhof“ oder Urlaub in Landgasthöfen.

Wiesen haben eine große Bedeutung für die Landwirtschaft. Zudem sind Wiesen ein wichtiger Lebensraum für Tiere und sind Standort zahlreicher Heilpflanzen.

Aufgabe

1 Recherchiere in Büchern oder dem Internet, gegen welche Krankheiten die unten abgebildeten Heilpflanzen helfen können.

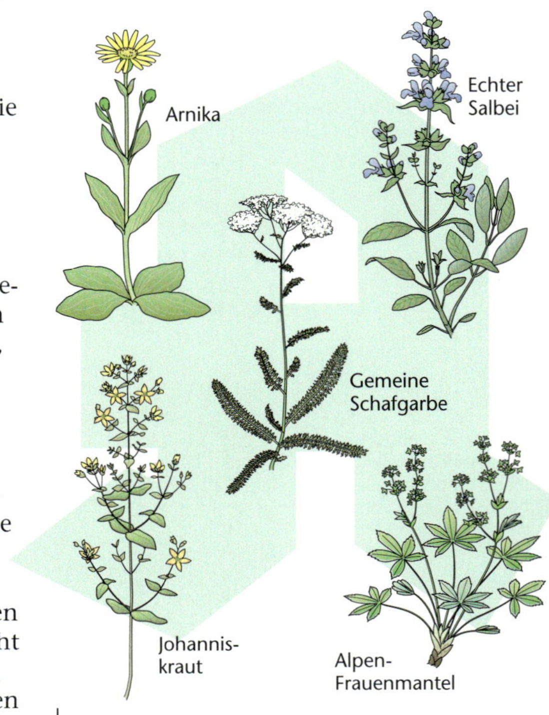

3 Heilpflanzen der Wiese

Strategie

Eingriffe des Menschen in die Natur bewerten und diskutieren

Beobachtet man Diskussionssendungen im Fernsehen, so wird deutlich, dass häufig hitzig diskutiert wird, ohne dass die Beteiligten zuvor genaue Informationen gesammelt haben. Wenn es darum geht, Eingriffe in die Natur vorzunehmen, besteht oft Uneinigkeit zwischen unterschiedlichen Interessensgruppen: Sollen am Ortsrand Windräder errichtet werden? Darf ein Möbelhaus gebaut werden, wenn dadurch geschützte Feldhamster ihren Lebensraum verlieren? Ist der Neubau einer Straße unumgänglich oder wird zu viel Natur zerstört?
Um solche Fragen sinnvoll diskutieren zu können, ist fundiertes Wissen eine Grundvoraussetzung.

A. Sammeln von Fakten
Zunächst geht es darum, möglichst viele Informationen zu sammeln. Folgende Aspekte können wichtig sein, wenn es zum Beispiel um den Neubau einer Straße geht:
- Wie hoch ist das Verkehrsaufkommen im Moment?
- Wie entwickelt sich das Verkehrsaufkommen in der Zukunft?
- Wie kann der Bau finanziert werden?
- Wo soll die Straße verlaufen?
- Welche Lebensräume werden zerstört?
- Gibt es Tiere und Pflanzen, die besonderen Schutz genießen?
- Gibt es Anwohner, die durch die neue Straße gestört werden?
- Fehlt das eingesetzte Geld für andere Projekte?
- Kann mit einem Ausbau der vorhandenen Straßen ein Neubau vermieden werden?
- ...

B. Lösungen sind selten einfach
Wäre die Lösung eines Problems offensichtlich, so könnte man sich die Diskussion eigentlich sparen. Meistens handelt es sich um Kompromisse, mit denen beide Seiten mehr oder minder zufrieden sind. In der Diskussion ist es deshalb wichtig, sich immer wieder in die Lage des anderen zu versetzen und sachlich statt emotional zu argumentieren.

C. Übung macht den Meister
Sicher gibt es auch in eurer Region biologische Themen, die in der Öffentlichkeit diskutiert werden. Vielleicht findet ihr ja eine sinnvolle Lösung. So könntet ihr vorgehen:
- Einigt euch zunächst auf ein Thema.
- Legt Expertengruppen fest, die sich aus unterschiedlichem Blickwinkeln mit dem Thema beschäftigen (z. B. Befürworter der neuen Straße/Straßengegner).
- Sammelt in den jeweiligen Gruppen Informationen.
- Bestimmt einen Diskussionsleiter und sucht nach einer Kompromisslösung für euer Thema.

Aufgaben

1 Verfolge aufmerksam eine Fernsehdiskussion. Werden die Argumente sachlich oder emotional ausgetauscht? Halten sich die Diskussionspartner an Gesprächsregeln?

2 „Ein Gesetz sollte vorschreiben, dass in jedem Garten ein Stück Blumenwiese steht.“ Sammelt Informationen und entscheidet nach einer Diskussion, ob das Gesetz eure Zustimmung finden würde.

1 Düngung mit Gülle

Wiesen in Gefahr

In vielen Gebieten findet man kaum noch blühende Wiesen mit ihrem Insektenreichtum. Durch moderne Anbaumethoden und Bebauung sind die Wiesen gefährdet. [Entwicklung, S. 138]

Blumen sind nicht gern gesehen

Die chemische Industrie hat Spritzmittel entwickelt, mit denen man alle Pflanzen auf einer Fläche beseitigen kann. Andere Mittel verschonen auf der Wiese nur die Gräser, denn diese brauchen Landwirte als wichtige Futterlieferanten für das Vieh. Die bunten Blumen aber – von den Orchideen bis zum Löwenzahn – werden beseitigt. Das Ergebnis sind eintönig grüne „Grasäcker".

Landwirte handeln so, um den Ertrag der Futterpflanzen in der Menge und der Qualität zu steigern. Nur auf diese Weise können sie im wirtschaftlichen Wettbewerb bestehen und ihren Hof erhalten. Aber auch manche Gartenbesitzer stören die Gänseblümchen im Rasen, sie setzen daher „Unkrautvernichter" ein.

Viel Ertrag durch viel Düngung

Den Wiesen, Weiden und Rasenflächen werden die gespeicherten Mineralstoffe durch das Mähen oder die Beweidung entnommen. Eine Düngung mit Mineraldünger, Mist oder Gülle gleicht das aus (▷ B 1). Auf gut gedüngten Wiesen können sich die wertvollen Futtergräser und -pflanzen gut entwickeln, das Ergebnis ist die sogenannte **Fettwiese**. Zahlreiche Wiesenblumen verschwinden aber, weil sie diese Menge an Mineralsalzen nicht vertragen können. Auch Rasenbesitzern wird das Düngen empfohlen, damit der Rasen „wie ein Teppich" aussieht.

Frühes Mähen

Früher wurde der Juni als der Heumonat bezeichnet. Heute werden die ersten Grasflächen bereits zu Beginn des Frühjahrs gemäht. Das Gras wird nur noch selten zu Heu verarbeitet, sondern in Silos aufbewahrt. Die abgeernteten Flächen werden sofort wieder gedüngt, um mehrere Ernten zu erzielen.

Wiesen und Weiden werden zu Acker- und Bauland

Der Landschaftsverbrauch in Deutschland steigt stetig. Es sind neben Äckern hauptsächlich Weiden und Wiesen, die in Bauland umgewandelt werden (▷ B 2). Für die Erschließung neuer Siedlungs- und Verkehrsflächen werden pro Tag ca. 130 ha freier Landschaft verbraucht, das entspricht der Fläche von über 180 Fußballfeldern. Relativ neu ist die Entwicklung, Grünland in Ackerflächen umzuwandeln, da man dort nachwachsende Rohstoffe, vor allem Mais, anpflanzen kann.

Spritzmittel, Düngung, Veränderung der Bewirtschaftung und Umwandlung in Ackerland gefährden den Bestand der Wiesenlebewesen.

2 Bebaute Wiese

Aufgaben

1 Führt ein Interview bei einem/r Landwirt/in durch und fragt,
a) wie oft im Jahr die Wiese gemäht werden kann und wie sie gedüngt wird,
b) welche Pflanzen auf der Wiese am liebsten gesehen werden,
c) wie die Wiesen früher bewirtschaftet wurden. Berichtet über das Interview.

2 Viele Gartenbesitzer spritzen und düngen ihre Rasenflächen. Zählt die Vor- und Nachteile auf, diskutiert darüber und bewertet dieses Verhalten.

Schnittpunkt

Umwelt: Schutz von Wiesenbrütern

1 Das Haarmoos

Kiebitz

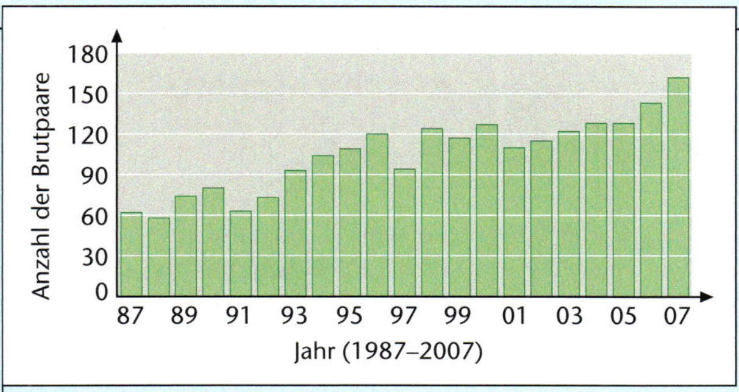

2 Entwicklung des Weißstorch-Bestandes

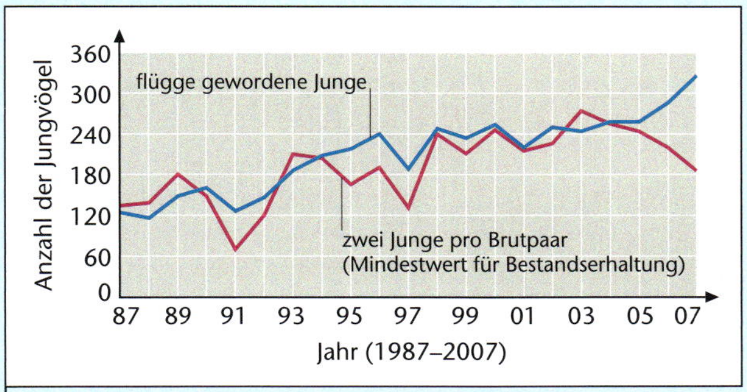

3 Entwicklung des Weißstorch-Jungvögelbestandes

Ein Gebiet für Wiesenvögel

Das Haarmoos (▷ B 1) im oberbayerischen Landkreis Berchtesgadener Land ist ein Musterbeispiel für den Schutz gefährdeter Wiesenvögel und die Pflege von Ökosystemen.

Das Feuchtgebiet ist mit 400 ha Gesamtfläche eines der bedeutendsten Bereiche für **Wiesenbrüter** in Südostbayern (▷ B 1). Die feuchten Wiesenflächen beherbergen viele seltene Wiesenbrüter wie Kiebitz, Großer Brachvogel, Braunkehlchen, Bekassine und Wachtelkönig – alles Arten, die auf der Roten Liste Bayerns stehen. Das Gebiet weist neben Feuchtwiesen auch Niedermoorflächen und Bruchwälder auf. Auch intensiv genutztes Grünland ist vorhanden. Diese Vielfalt an Biotopen führt auch zur Artenvielfalt.
Nach den Plänen von Naturschutzverbänden und -behörden werden die Feuchtwiesen ein- bis zweimal pro Jahr von Landwirten aus der Umgebung gemäht. Dünger und Pestizide werden nicht mehr ausgebracht. Der Besucherstrom wird so gelenkt, dass die Vögel vor allem in der Brutzeit nicht gestört werden.

Dem Storch wird das Wasser abgegraben

Störche sind keine Wiesenbewohner, sie haben ihre Nester in Dörfern und Städten (▷ B 4) und verbringen als Zugvögel außerdem noch mehr als die Hälfte des Jahres in Afrika. Trotzdem ist ihr Schicksal eng mit dem Bestand der Feuchtwiesen verknüpft.

Die Intensivierung und Technisierung der Landwirtschaft, der Einsatz von Kunstdüngern sowie Flurbereinigungen und Flussbegradigungen haben die Landschaft stark verändert. Flußauen und Überschwemmungsgebiete wurden eingedeicht und trockengelegt. Die Folge ist, dass es den Weißstorch in großen Bereichen Bayerns nicht mehr gibt, denn ihm wurde damit seine wichtigste Nahrungsquelle genommen: Frösche und Insekten, von denen es auf diesen Wiesen früher nur so wimmelte. So beschränkt sich der Bestand des Storches nur auf die wenigen größeren Flußläufe, Feucht- und Teichgebiete.
[System, S. 140]

Erste Schutzmaßnahmen scheinen aber zu greifen, und das macht Hoffnung:
Im Jahr 2008 wurden in Bayern über 170 fest besetzte Nester festgestellt, dabei war der Bestand 1988 schon auf unter 60 Nester gesunken.

4 Nest eines Weißstorches

Aufgaben

1 Informiere dich über die Arbeit der Landespflegeverbände in Bayern und berichte darüber.

2 Besorge dir bei den Naturschutzverbänden Informationsmaterial zum Wiesenvogelschutz und erstelle ein Plakat zu diesem Thema.

Lebensgemeinschaft Wiese

Wiesen und Weiden – vom Menschen geschaffen

Im Verlauf der Geschichte hat der Mensch den Wald zurückgedrängt und nicht nur Felder, sondern auch Wiesen und Weiden angelegt. Klima, Boden und Bewirtschaftungsform lassen unterschiedliche Grünflächen entstehen. Wiesen sind gegliederte Lebensräume. Für die Tiere und Pflanzen der Wiese sind Mahd und Beweidung einschneidende Ereignisse.

Angepasste Wiesenpflanzen

Obwohl Wiesen und Rasen regelmäßig gemäht werden, erscheinen die Pflanzen immer wieder, weil sie durch Bildung von Rosetten, Seitentrieben oder rechtzeitiges Aussamen an diese Umweltbedingungen angepasst sind. Den Winter überstehen die meisten Wiesenpflanzen durch eine Knospe oder eine Rosette, die dicht an den Boden geschmiegt ist.

Feldhasen bevorzugen Grünland

Feldhasen bevorzugen offenes Gelände. Ihre kräftigen Hinterbeine und das gute Gehör sind Anpassungen an diesen Lebensraum. Die Jungen sind Nestflüchter.

Schnecken

Schnecken gehören zu den Weichtieren. Um feucht zu bleiben, sondern sie ständig Schleim ab. Sie sind Pflanzenfresser, die mit ihrer Raspelzunge Pflanzenteile abraspeln. Im Winter verschließen Gehäuseschnecken die Schale mit einem Kalkdeckel und fallen in Winterstarre.

Schmetterlinge und Heuschrecken sind Insekten

Beide Gruppen zeigen die typischen Merkmale von Insekten: Ihr Körper ist in Kopf, Brust und Hinterleib gegliedert. Schmetterlinge durchlaufen eine vollständige, Heuschrecken dagegen eine unvollständige Metamorphose.

Insekten und Bestäubung

Die Blüten liefern den Insekten Pollen und Nektar. Andererseits sorgen Insekten bei sehr vielen Pflanzen für die Bestäubung. Einige Wiesenpflanzen wie die Taubnessel und der Wiesensalbei besitzen besondere Strukturen, um die Bestäubung zu sichern.

Nahrungsnetze und Nahrungsketten

Alle Lebewesen der Wiese sind Glieder von Nahrungsketten und -netzen. Zersetzer sorgen für eine Rückführung von Stoffen in den Stoffkreislauf. Bei Mähwiesen und Weiden wird dieser Stoffkreislauf gestört.

Ökosystem Wiese

Ein Ökosystem besteht aus dem Lebensraum (Biotop) und den dazu gehörigen Lebensgemeinschaften (Biozönose). Auf jedes Ökosystem wirken zahlreiche biotische und abiotische Faktoren ein. In einem intakten Ökosystem wird keine Art von einer anderen Art in ihrem Bestand bedroht. Man spricht vom biologischen Gleichgewicht.

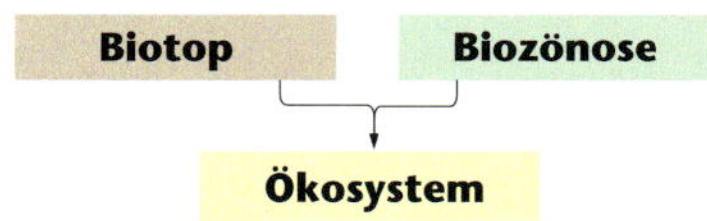

Wiesen haben viele Funktionen

Neben ihrer Aufgabe als Sauerstofflieferanten und Wasserspeicher haben Wiesen als Grundlage der Landwirtschaft eine große Bedeutung. Für den Menschen bieten Wiesen wichtige Erholungsmöglichkeiten und ein breites Angebot an Heilpflanzen. Für Tiere und Pflanzen sind Wiesen wertvolle, schützenswerte Lebensräume.

Wiesen sind gefährdete Lebensräume

Die Ansprüche der modernen Landwirtschaft, der Bedarf an Bau- und Verkehrsflächen – alles gefährdet den Bestand der Wiesen und ihrer einzigartigen Tier- und Pflanzenwelt. Der gestiegene Bedarf an nachwachsenden Rohstoffen führt verstärkt zur Umwandlung von Grünland in Ackerflächen. Die Ausweisung und Pflege von Wiesenschutzgebieten kann den bedrohten Arten Hilfe schaffen (▷ B 1).

1 Wiesenschutzgebiet

Aufgaben

1 Informiere dich über die Roten Listen des Freistaates Bayern. Suche mindestens 5 Wiesentiere und -pflanzen heraus. Informiere dich über die Arten und nenne Gründe, warum sie auf die Rote Liste gesetzt wurden.

2 In Hinweisen zum Schutz der Wiesenpflanzen wird immer verdeutlicht, dass das Pflücken von Wiesenblumen eine besondere Gefahr für den Bestand der Arten ist. Diskutiert diese Aussage und bewertet sie.

3 Nicht nur für die Pflanzen, sondern auch für die Insekten der Wiese bedeutet die Mahd einen schweren Eingriff in ihr Leben. Schlage in Fachbüchern nach und finde heraus, wie Schmetterlinge und Käfer mit diesen Schwierigkeiten fertig werden.

2 Herbstzeitlose

4 Die Herbstzeitlose, eine besonders schöne Pflanze unserer Wiesen, ist in besonderer Weise an den Wiesenschnitt angepasst (▷ B 2). Informiere dich darüber und halte ein kurzes Referat über diese Wiesenpflanze.

3 Streuobstwiese

5 Streuobstwiesen sind Lebensräume, die früher weit verbreitet waren, inzwischen aber immer seltener werden (▷ B 3). Informiere dich über die besondere Lebensgemeinschaft dieser Wiesen und erstelle ein Plakat mit dem Titel „Schützt die Streuobstwiesen".

6 Auch Golfrasen sind Grünflächen. Vergleiche sie mit einer Wiese und beurteile den Wert dieser Rasen für die Pflanzen- und Tierwelt.

7 Einige Schülerinnen und Schüler schlagen vor, einen Teil der intensiv gepflegten, aber sehr feuchten Rasenflächen der Schule in eine Blumenwiese umzuwandeln. Andere Schülerinnen und Schüler sind aber gegen diesen Plan.

a) Erörtert in der Klasse die Vor- und Nachteile einer solchen Umwandlung.
Haltet die Ergebnisse auf einem Plakat fest.

b) Falls ihr eine Wiese haben wollt, diskutiert darüber, ob ihr eine Saatgutmischung kaufen solltet, um sie auf dem Rasen auszubringen.

c) Erörtert, welches der richtige Termin für das erste Mähen ist, und begründet eure Meinung.

d) Eine Gruppe von Schülerinnen und Schülern schlägt vor, die Fläche nie mehr zu mähen, um die Pflanzen und Tiere dort zu schützen. Antwortet ihnen mit einem Brief.

e) Ein Herr M. Peter schreibt euch, dass eine Wiese „überhaupt nichts Natürliches ist". Schreibt auch ihm eine Antwort.

f) Stellt Regeln auf, was getan werden muss, damit aus dem Rasen eine Wiese werden kann, von der Pflanzen, Tiere und alle Schülerinnen und Schüler Vorteile haben.

g) Stellt auch Regeln auf, welche Handlungen unterbleiben müssen, um einen intakten Lebensraum zu erhalten.

4 Wiese an einer Schule

Struktur und Funktion

Bestimmt hast du beim Schwimmen schon einmal Flossen ausprobiert und dabei bemerkt, wie schnell und mühelos du mit den „veränderten Füßen" im Wasser vorankommst. Das Laufen an Land fällt jedoch mit Flossen schwer. Ähnliche Beobachtungen lassen sich in der Biologie in vielen Bereichen machen. So ist der Körper einer Ente ideal für das Leben auf dem Wasser geeignet – an Land kann sie sich aber nur schwerfällig fortbewegen. An diesen Beispielen wird deutlich: Nur wenn ein Organ bestimmte Strukturen aufweist, kann es seine Funktion optimal erfüllen.

Homologe Organe
Das Skelett aller Wirbeltiere lässt den selben Grundbauplan erkennen. Dieser Bauplan kann aber auf sehr unterschiedliche Weise abgewandelt sein. So eignen sich die Flügel von Vögeln zur Fortbewegung in der Luft. Das Festhalten von Nahrung oder schnelles Laufen, wie beispielsweise bei Raubkatzen, ist damit aber nicht möglich.

Homologe Organe

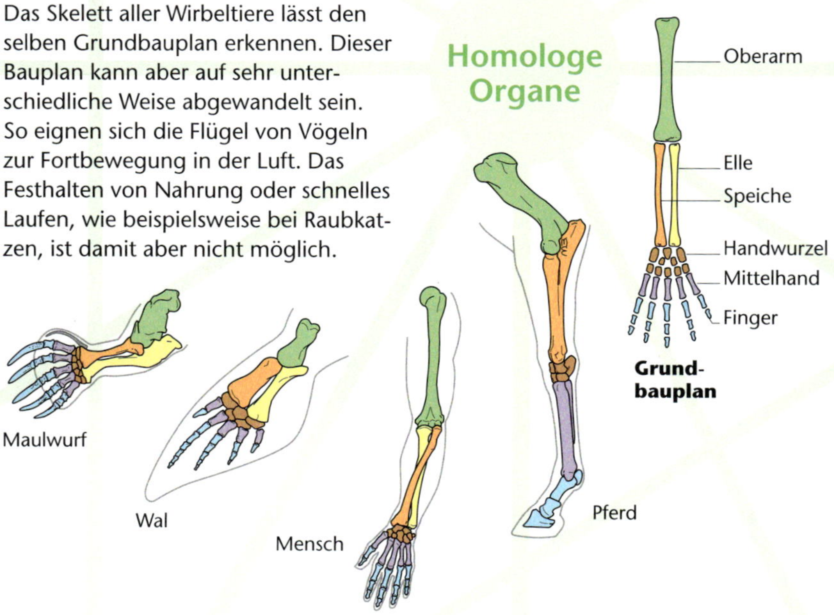

Gleiche Probleme – ähnliche Lösungen
Die Fortbewegung im Wasser ist mit einem hohen Energieverbrauch verbunden. Deshalb ist es wichtig, dass Tiere einen möglichst stromlinienförmigen Körperbau besitzen. Offensichtlich ist das für uns bei den Fischen. Aber auch Vögel wie der Pinguin oder Säugetiere wie Robben haben einen Körper, der dem Wasser wenig Widerstand bietet. Findet man derartige Übereinstimmungen im Körperbau bei Tieren, die nicht näher verwandt sind, spricht man von Konvergenz.

Gleiche Probleme – ähnliche Lösungen

Auch wenn die Körperform anderes vermuten lässt: Der Pinguin ist mit jedem Vogel näher verwandt als mit irgendeinem anderen Tier.

Bienenelfe

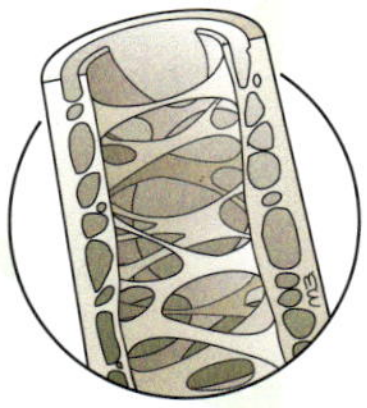

Röhrenknochen

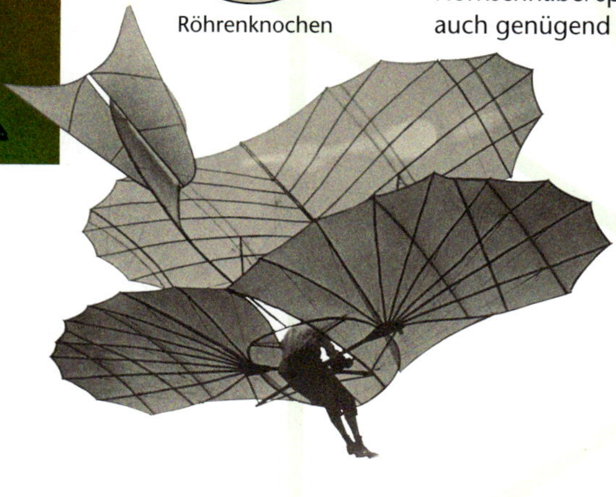

Vögel als Vorbild für die Luftfahrt
Die Bienenelfe ist mit einer Körperlänge von 7 cm und einem Gewicht von 2 g der Rekordhalter in der Disziplin der Leichtgewichte. Die luftgefüllten Knochen und ein leichter Hornschnabel sparen Gewicht. Gleichzeitig muss der Körper auch genügend Stabilität aufweisen, um den beim Fliegen wirkenden Kräften standzuhalten. Der Mensch hat diese Strukturen mit technischen Mitteln nachgebaut, um auch sich den Traum des Fliegens zu erfüllen.

Vögel als Vorbild für die Luftfahrt

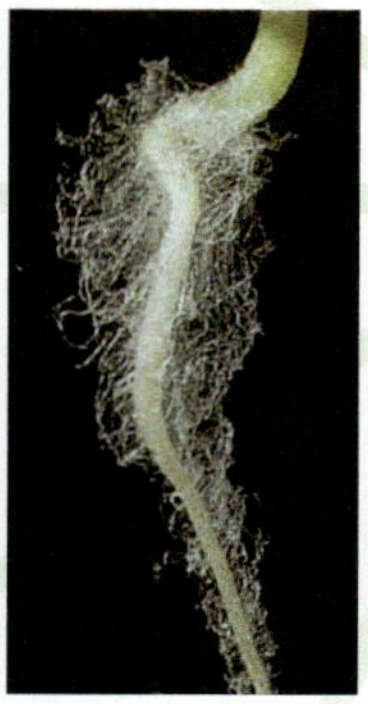

Oberflächenvergrößerung

Oberflächenvergrößerung
Mithilfe feinster Wurzelhaare können Pflanzen Wasser und Mineralsalze aufnehmen. Wissenschaftler schätzen dabei die Anzahl der Haare einer einzigen Roggenpflanze auf 14 000 000 000.

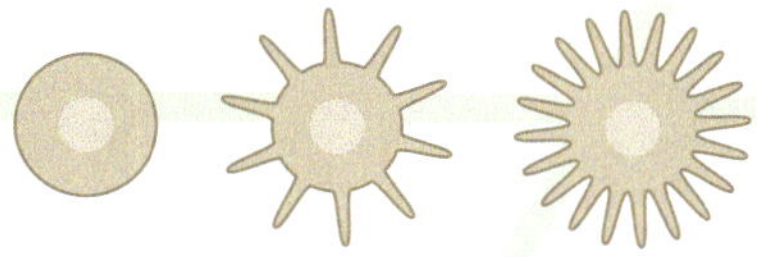

Prinzip der Oberflächenvergrößerung

Durch diese extrem hohe Anzahl wird gleichzeitig die Oberfläche, über die Wasser in die Wurzel gelangen kann, stark erhöht. Man schätzt sie auf 400 m^2, was in etwa der Größe eines Basketballfeldes entspricht.

Schutz vor Wasserverlust
Eine große Oberfläche kann aber auch zum Problem werden: Nimmt eine Pflanze über die Spaltöffnungen der Blätter Kohlenstoffdioxid für die Fotosynthese auf, verdunstet sie dabei jedes Mal auch etwas Wasser. Dies würde zum Vertrocknen der Pflanze führen, wenn nicht ausreichend Wasser über die Wurzel aufgenommen wird. In trockenen Gebieten ist dies aber nicht immer gewährleistet. Viele Pflanzen haben daher besondere Strukturen, um Wasser zu sparen. Eine dicke Blattoberhaut vermindert die Verdunstung. Bei Kakteen sind die Blätter zu Dornen umgewandelt. Dadurch wird die Oberfläche extrem reduziert. Gleichzeitig bilden die Dornen einen wirksamen Schutz vor Fraßfeinden in der pflanzenarmen Wüstenlandschaft.

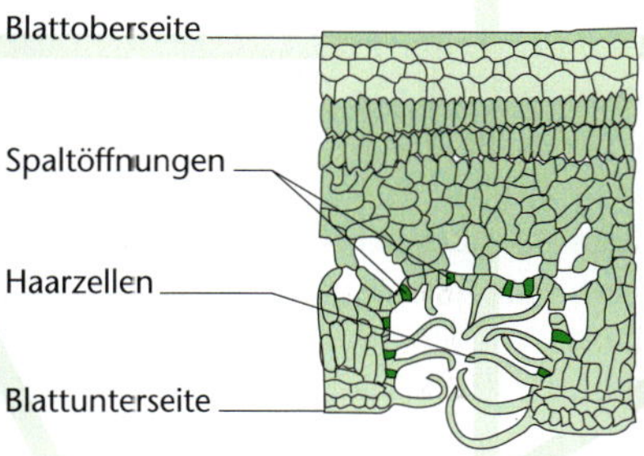

Blattquerschnitt des Oleanders

Schutz vor Wasserverlust

Oleander

Urpferdchen

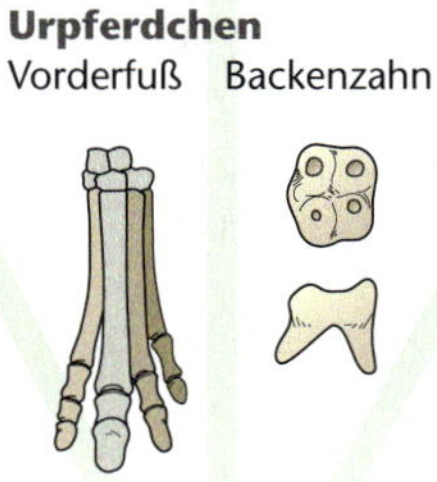

heutiges Pferd

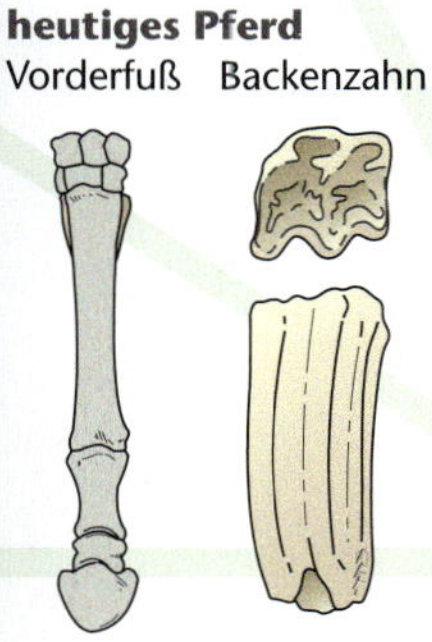

Strukturen werden verändert

Strukturen werden verändert
Das Urpferdchen hatte den idealen Körperbau, um in einer Waldlandschaft zu leben. Die geteilten Hufe, die geringe Körpergröße und die Zähne erfüllten ihre Aufgaben optimal. Die Veränderung der Landschaft hin zur Steppe machte neue Strukturen erforderlich. Entscheidend dafür, ob ein Körpermerkmal sich durchsetzen konnte oder nicht, war dabei die Umwelt: Eigenschaften, die für das Tier einen Nachteil beim Überleben bedeuteten, konnten sich nicht durchsetzen.

Aufgaben

1 Amphibien können sowohl über die Lunge als auch die Haut atmen. Weshalb ist das für ein Leben am Gewässer von Vorteil? Begründe.

2 Maulwurf und Maulwurfsgrille haben jeweils eine Lösung gefunden, um in der Erde zu graben. Sucht nach Bildern im Internet und berichtet.

3 Beschreibt mithilfe des Textes „Schutz vor Wasserverlust" und dem Blattquerschnitt des Oleanders die Anpassungen von Kaktus und Oleander an die Trockenheit.

4 Die Dornen von Kakteen können keine Fotosynthese mehr betreiben.
a) Formuliere aufgrund dieser Aussage eine sinnvolle biologische Frage.
b) Stelle eine Vermutung zu deiner Frage auf.
c) Überprüfe deine Vermutung.

5 Erkläre an einem selbstgewählten Beispiel aus dem Bereich Wald oder Wiese den Zusammenhang zwischen Struktur und Funktion.

6 Vergleiche die Körperformen von Hai, Delfin und Pinguin. Was fällt dir auf? Beschreibe, wie durch die Evolution diese Körperformen entstanden sind.

Entwicklung

In fast allen Lebensbereichen finden Entwicklungen statt. Besonders deutlich wird dies, wenn man z. B. die ersten Autos mit den heute gängigen Modellen vergleicht. Nicht nur ihr Aussehen, sondern auch der Anwendungsbereich und die Leistungsfähigkeit haben sich stark verändert.
Auch in der belebten Welt gibt es Entwicklungen. Wenn ein Spermium bzw. ein Pollen mit einer Eizelle verschmilzt, kann ein Lebewesen entstehen und heranwachsen, es entwickelt sich. Wenn ein Biber einen Fluss aufstaut, beeinflusst er einerseits andere Lebewesen, andererseits auch die Umweltbedingungen. Letztere haben wiederum Einfluss auf die Lebewesen.
Lebewesen und Umwelt beeinflussen sich daher gegenseitig in ihrer Entwicklung.

Bakterien betreiben Fotosynthese
Vor mehr als drei Milliarden Jahren entstanden aus einfachen Urbakterien so genannte Cyanobakterien. Diese besitzen die Fähigkeit zur Fotosynthese. Das heißt, sie können mithilfe von Sonnenenergie aus Wasser und Kohlenstoffdioxid Nährstoffe und Sauerstoff herstellen. Ohne diese Stoffe könnten viele andere Lebewesen, die selbst keine Fotosynthese betreiben können, nicht leben.

Bakterien betreiben Fotosynthese

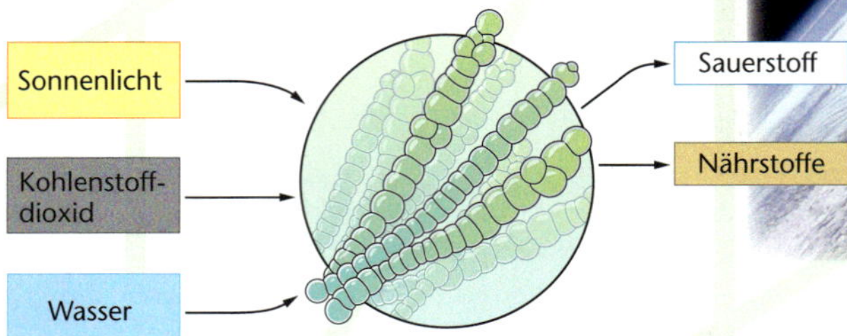

Cyanobakterien

Mutation und Selektion
Durch eine Veränderung im Erbgut, eine Mutation, kann ein Lebewesen eine neue Eigenschaft bekommen.
Bringt eine Mutation für ihren Träger Vorteile, kann sie sich durchsetzen und im Zusammenspiel mit der Umwelt langfristig zu einer neuen Art von Lebewesen führen. Ist eine Mutation hingegen mit Nachteilen verbunden, setzt sie sich nicht durch und verschwindet mit der Zeit wieder.
Diesen Auswahlprozess bezeichnet man als natürliche Selektion.
Die durch Mutation und Selektion hervorgerufene Entwicklung wird Evolution genannt.

Mutation und Selektion

Igel-Albino

Blutbuche

Vom Einzeller zum Vielzeller
Einzellige Lebewesen blieben zusammen und bildeten Kolonien. Innerhalb der Kolonien spezialisierten sich einzelne Zellen auf bestimmte Aufgaben und zwischen den Zellen wurde ein Stoffaustausch organisiert. Der erste Vielzeller war entstanden. Durch weitere Zelldifferenzierung entstanden Gewebe, Organe und Organsysteme höherer Pflanzen und Tiere.

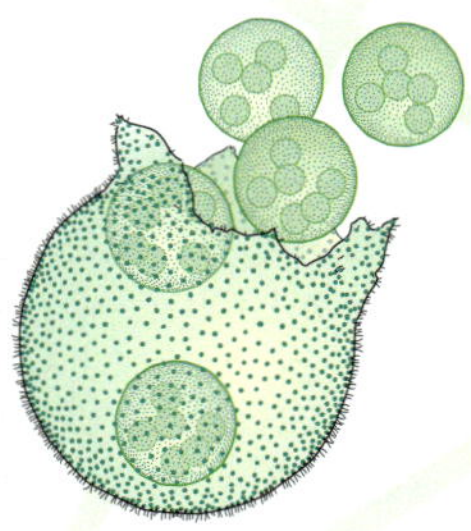
Volvox

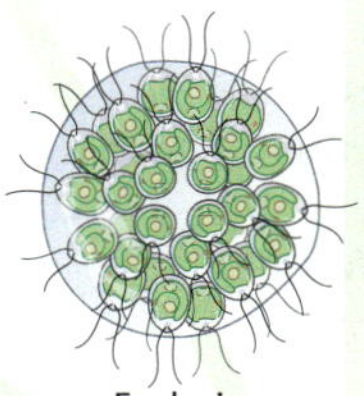
Eudorina

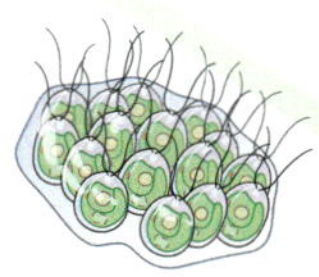
Mosaik-Grünalge

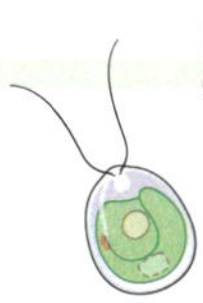
Chlamydomonas

Vom Einzeller zum Vielzeller

Der Mensch verändert die Umwelt

Der Mensch verändert die Umwelt

Stärker als jedes andere Lebewesen hat der Mensch seit Beginn der Industrialisierung die Umwelt verändert. Vor allem die steigenden Ansprüche der Menschen in Bezug auf Komfort und Mobilität sorgen für stark ansteigende Schadstoffe. Durch die Zunahme der Schadstoffe wird auch das Klima beeinflusst. Hierdurch wandeln sich die Ökosysteme sehr schnell. Durch diesen schnellen Wandel und die veränderten Lebensbedingungen verlieren viele Pflanzen- und Tierarten ihre Lebensgrundlage und sterben aus.

Regenwald

Savanne

Wüste

Arten entstehen und vergehen

Auch Ökosysteme entwickeln sich, da Umweltbedingungen (Biotop) und Lebensgemeinschaften (Biozönose) im Lauf der Zeit Veränderungen unterworfen sind. Innerhalb der fünf Wirbeltierklassen konnten durch Mutation, Selektion und Isolation jeweils Tausende von neuen Tier- und Pflanzenarten entstehen.
Wenn sich eine Art jedoch nicht an die sich verändernden Umweltbedingungen anpassen konnte, starb sie wieder aus. Das Entstehen und das Sterben von Arten sind daher natürliche Vorgänge.

Arten entstehen und vergehen

Wirbeltierklassen entstehen

Ausgehend von den Fischen, entstanden beim Erobern des Festlandes die anderen Wirbeltierklassen. Im Übergangsbereich von Wasser und Land traten vor etwa 360 Millionen Jahren die ersten Amphibien auf. Diese waren zur Fortpflanzung jedoch noch an Gewässer gebunden.
Ganz ohne den Lebensraum Wasser konnten vor ca. 300 Mio. Jahren die ersten Reptilien auskommen, aus denen schließlich Säugetiere und Vögel hervorgingen.
Diese Entwicklung ist aber nicht abgeschlossen. Lebewesen entwickeln sich ständig weiter.

Aufgaben

1 Nenne Beispiele aus der Technik, in denen sich eine „Entwicklung" abzeichnet.

2 Nenne ein Beispiel aus dem Bereich der Forstwirtschaft, in dem Entwicklung stattgefunden hat.

3 Überlege dir Gründe für die besonders schnelle Veränderung des Klimas, die derzeit auf der Erde stattfindet.

4 Welche technischen Neuentwicklungen könnten helfen, die Klimaveränderung zu verlangsamen?

5 Recherchiere im Internet, wie viele Pflanzen- und Tierarten jedes Jahr verschwinden.

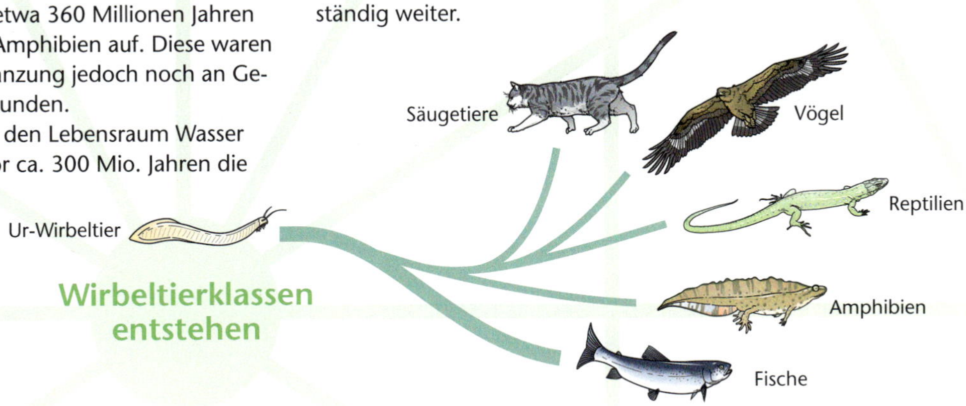

Wirbeltierklassen entstehen

System

In der 5. Klasse hast du bereits den menschlichen Körper als System unterschiedlicher Organe kennen gelernt. Auch in den Themengebieten der Jahrgangsstufe 6 finden sich zahlreiche Systeme wieder. Zellen beispielsweise sind Systeme, die wiederum Teil des Organsystems Pflanze oder eines Ökosystems sein können.

Die Rolle der Energie

Jedes Lebewesen benötigt Energie. Pflanzenzellen können in der Fotosynthese das Sonnenlicht nutzen, um aus Wasser und Kohlenstoffdioxid Zucker herzustellen. Doch nur einen kleinen Teil des Zuckers benötigt die Zelle selbst. Der Rest gelangt aus der Zelle hinaus und wird innerhalb der Pflanze als Bau- bzw. Betriebsstoff verbraucht. Wird die Pflanze gefressen, so nimmt der Konsument einen Teil der ursprünglich produzierten Energie auf. Tote Tiere und Pflanzen wiederum enthalten noch Energie, die von den Kleinstlebewesen des Bodens verwertet wird.

Die Rolle der Energie

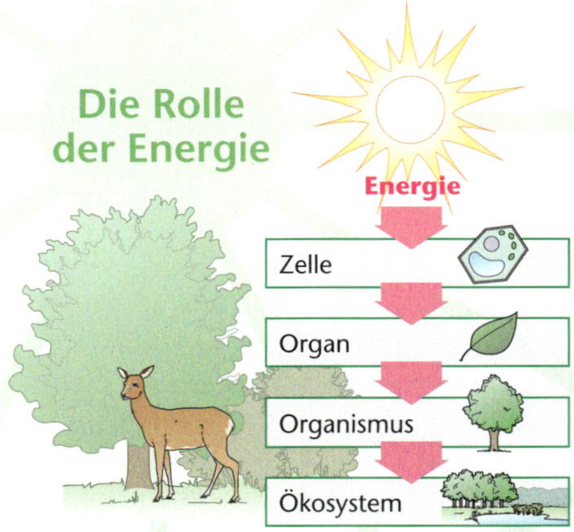

Damit hat die Energie, die im Prozess der Fotosynthese entstanden ist, unterschiedliche Ebenen durchlaufen.

Wald und Wiese

Jedes Lebewesen lebt in einem bestimmten Ökosystem. Auf einer Wiese findest du ganz andere Pflanzen und Tiere als im Wald. Die Lebewesen der Lebensgemeinschaft hängen von einander ab. Das Aussterben von Wolf, Luchs und Bär als Endverbraucher führte zu einer ungehinderten Vermehrung der Pflanzenfresser. Dies wiederum hat Einfluss auf die Verbiss-Schäden in einem Waldgebiet.

Ähnliche Beobachtungen lassen sich auch bei der Wiese machen. Durch intensive Düngung werden Pflanzen, die an mineralstoffarme Böden angepasst sind, zurückgedrängt. In der Folge verlieren aber auch Tiere, die auf diese Pflanzen angewiesen sind, ihren Lebensraum. Eine Abnahme der Artenvielfalt ist die Folge.

Wald und Wiese

Organismen als Systeme

Die Wurzeln eines 20 m hohen Laubbaumes durchdringen bis zu 50 Tonnen Erdreich und reichen bis zu 10 m tief in die Erde. Die Blattfläche einer Buche kann bis zu 450 m^2 betragen. Der Stamm kann eine Höhe von 25 m erreichen und dabei viele Tonnen wiegen. Jedes einzelne Organ für sich genommen ist beeindruckend. Doch erst das Zusammenspiel aller Organe macht den Baum zum Lebewesen:

Wurzel

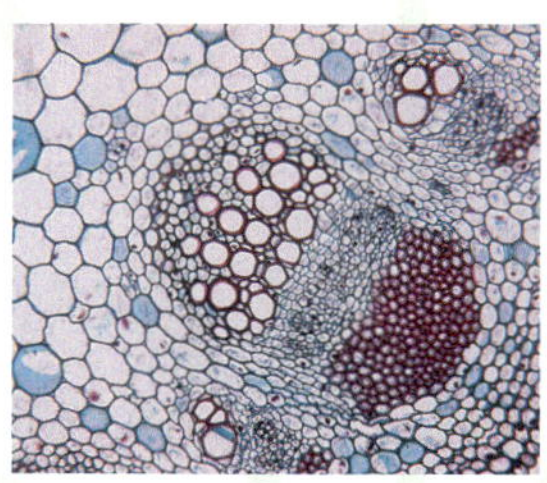

Leitbündel

Die Wurzeln nehmen das Wasser auf, das die Blätter für die Fotosynthese benötigen. Der in den Blättern gebildete Zucker wird über den Stamm in den Siebröhren der Leitbündel zu allen nicht-grünen Pflanzenteilen geleitet.

Organismen als Systeme

Gewebe und Organe

Gewebe und Organe
Nicht alle Zellen sind gleich gebaut. Die Zellen des Palisadengewebes sind langgestreckt und reich an Blattgrünkörner, die der Epidermis haben dicke Wände und keine Chloroplasten. Je nach Aufgabe haben die einzelnen Zellen eines Pflanzenorgans einen unterschiedlichen Bau.

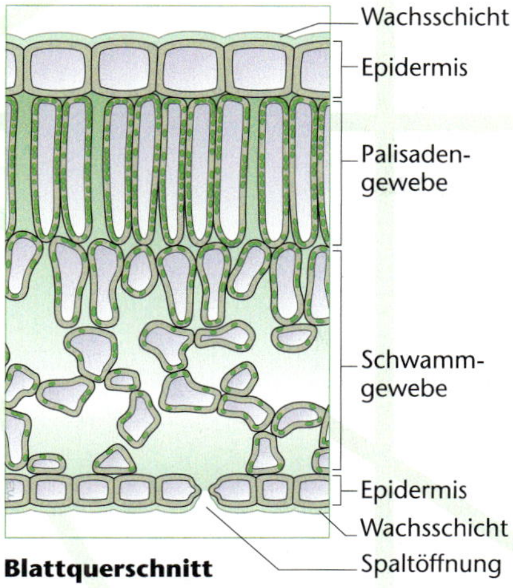

Blattquerschnitt

Einzeller
Besonders deutlich wird die Arbeitsteilung in einer Zelle bei den Einzellern. Betrachtet man lediglich die Funktion, so übernehmen einzelne Bereiche der Zelle die Aufgabe von Organen. Wimpern dienen beim Pantoffeltierchen der Fortbewegung, die pulsierende Vakuole übernimmt die Funktion eines Ausscheidungsorgans und Nahrungsvakuolen sorgen für die Speicherung, Verdauung und Verteilung der Nährstoffe in der Zelle.

Pantoffeltierchen

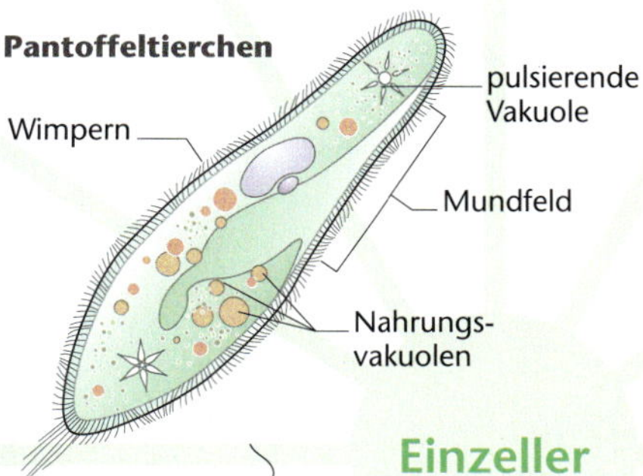

Einzeller

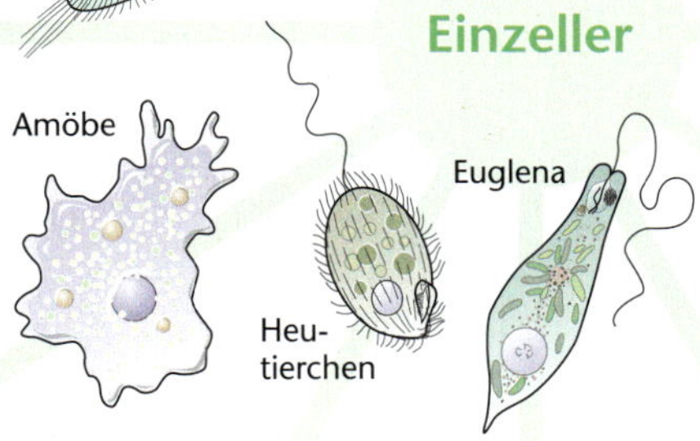

Zellen
Zellen sind die Grundbausteine der Lebewesen. Doch selbst innerhalb dieser mikroskopisch kleinen Bausteine hat jeder Bestandteil eine Aufgabe. Der Zellkern übernimmt die Steuerung, eine Membran grenzt nach außen ab, Chloroplasten sorgen bei pflanzlichen Zellen für die Produktion von Zucker. Erst durch das Zusammenspiel aller Bestandteile funktioniert das System Zelle.

Zellen

Tierzelle

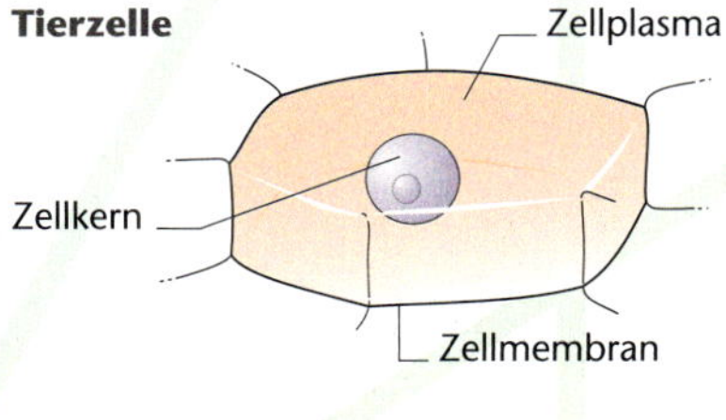

Pflanzenzelle

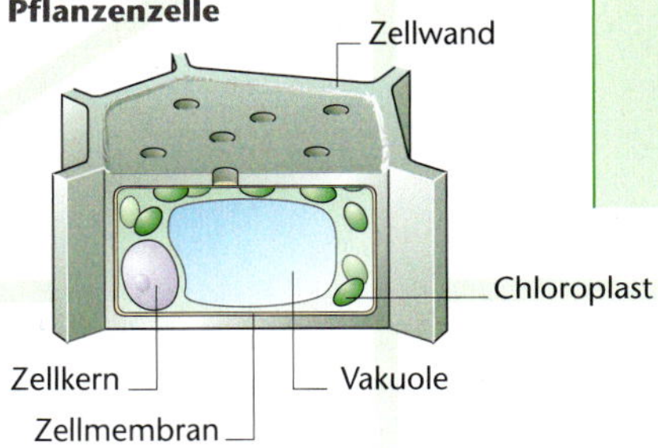

Aufgaben

1 Erkläre am Beispiel Reh die Systemebenen Zelle, Organ, Organismus, Ökosystem.

2 Zeige am Beispiel eines Laubbaumes oder einer Wiesenblume, wie äußere Bedingungen (z. B. Temperatur, Licht, Wasser) im Ökosystem die Erscheinungsform der Pflanze beeinflussen.

3 Die Fichte wird großflächig als Baumart in Deutschland verschwinden. Recherchiere im Internet, welche Veränderung im Ökosystem dazu führen.

4 Zeige am Beispiel des Waldes, dass durch Eingriffe des Menschen ein Ökosystem gefährdet werden kann. Welche Folgen hat dies für die Tiere und Pflanzen?

5 Warum nimmt der Hase, der eine Pflanze frisst, weniger Energie auf, als deren Blattzellen ursprünglich produziert haben? Erkläre.

6 Ordne folgende Begriffe einer oder mehreren Systemebenen zu: Vakuole, Biozönose, Nahrungskette, Wurzel, Frühblüher.
Begründe deine Zuordnung.

7 Durch die Verbrennung von Öl, Gas und Kohle verändern die Menschen den Kohlenstoffdioxidgehalt der Atmosphäre. Welche Folgen hat dies für Pflanzen auf Zell- und Organismusebene?

Stammgeschichtliche Entwicklung

1

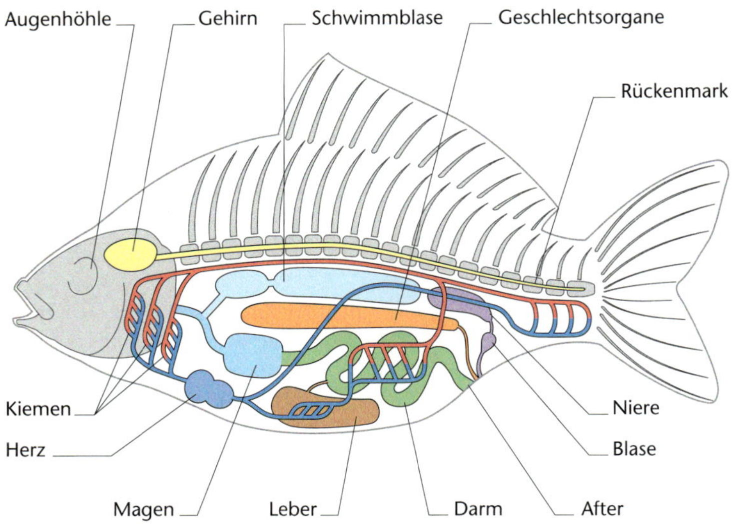

Aufbau von Lebewesen aus Zellen

2

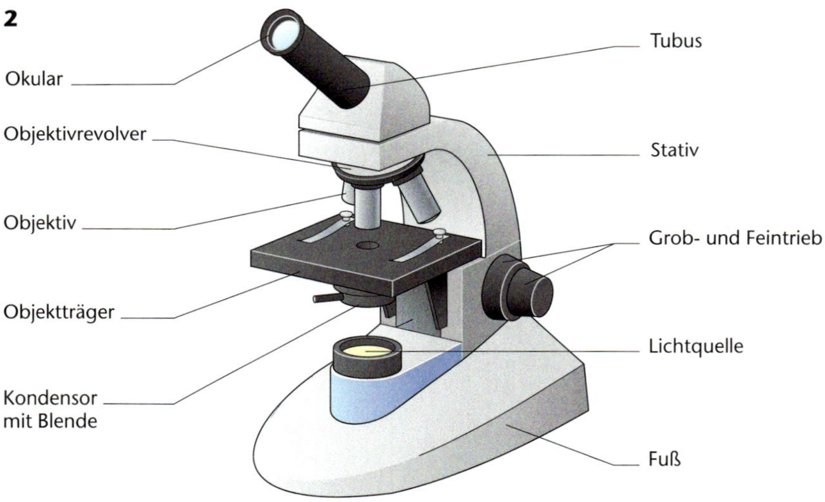

Stoffwechsel bei Pflanzen

3 Grüne Pflanzen betreiben im Hellen Fotosynthese und stellen dabei auch Sauerstoff her. Das ist für die Luft im Zimmer eigentlich günstig. Im Dunkeln können grüne Pflanzen keine Fotosynthese betreiben, nehmen sogar den Sauerstoff der Luft auf und stellen Kohlenstoffdioxid her. Deshalb war man früher der Meinung, dass Pflanzen im (dunklen) Schlafzimmer schädlich sind. Man weiß aber heute, dass die Mengen an aufgenommenem Sauerstoff und abgegebenem Kohlenstoffdioxid nur sehr gering sind und deshalb keinen schlechten Einfluss auf die Raumluft haben.
Stark duftende Blütenpflanzen in einem Schlafzimmer sollte man aber meiden, denn die Duftstoffe können Kopfschmerzen verursachen.

Lebensgemeinschaft Wald

1 Wenn die hohen Bäume noch genügend Licht durch das „Blätterdach" hindurch lassen, entstehen darunter weitere Pflanzenschichten aus Sträuchern und niedrig wachsenden Kräutern. Man spricht von Strauch- bzw. Krautschicht. Im halbdunklen Nadelwald gibt es dagegen oftmals höchstens eine Moosschicht.

Lebensgemeinschaft Wiese

2 Wenn man häufige Wiesenblumen pflückt, kann das den Bestand einer Art nicht gefährden. Bei sehr seltenen Arten sieht es anders aus: Wird die Blüte einer seltenen Art abgepflückt, kann sich diese Pflanze auch nicht über ihre Samen verbreiten. Man sollte sich also vor dem Pflücken über die einzelnen Pflanzen informieren. Bei sehr seltenen Arten ist es ohnehin verboten, diese abzupflücken.

A

B

C

D

E

O

P

Q

R

S

Z

U1.1 Corbis (Mika/zefa), Düsseldorf; **U1.2** Getty Images (Gail Shumway), München; **U4.1** Corbis (Guenter Rossenbach/zefa), Düsseldorf; **U4.2** Corbis (Mina Chapman), Düsseldorf; **U4.3** Getty Images (David Trood), München; **U4.4** Getty Images (Blaine Franger), München; **3.1** Okapia (KHS), Frankfurt; **3.2** Kage Mikrofotografie, Lauterstein; **4.3** Mauritius Images (Grafica), Mittenwald; **4.4** Corbis (Lester Lefkowitz), Düsseldorf; **5.5** Naturfotografie Frank Hecker, Panten-Hammer; **7.1** Senckenberg Forschungsinstitut und Naturmuseum Frankfurt (Abguss. Das Original befindet sich im Museum für Naturkunde Berlin); **7.2** Corel Corporation Deutschland, Unterschleissheim; **7.3** iStockphoto (czardases), Calgary, Alberta; **7.4** MEV Verlag GmbH, Augsburg; **8.1** Reinhard-Tierfoto, Heiligkreuz-steinach; **11.1-3** Klett-Archiv (Alexander Röhrer), Stuttgart; **12.1; 12.2** Tilman Wischuf Tier- und Naturfotografie, Brackenheim; **12.3; 12.5-8** Tierbildarchiv Angermayer (Hans Pfletschinger), Holzkirchen; **12.4** Okapia (Save/M. Ochse), Frankfurt; **14.1; 14.2** Tilman Wischuf Tier- und Naturfotografie, Brackenheim; **14.3** Tierbildarchiv Angermayer (Hans Pfletschinger), Holzkirchen; **15.1** Tierbildarchiv Angermayer (Pfletschinger), Holzkirchen; **18.1** MEV Verlag GmbH, Augsburg; **18.2** Avenue Images GmbH (Image Source), Hamburg; **18.3** VISUM Foto GmbH (Sven Döring), Hamburg; **19.6** Reinhard-Tierfoto, Heiligkreuzsteinach; **22.1** Okapia (Hans Reinhard), Frankfurt; **22.2** Dr. Eckart Pott, Stuttgart; **22.3** Tilman Wischuf Tier- und Naturfotografie, Brackenheim; **22.4** iStockphoto (Andrew Howe), Calgary, Alberta; **22.5** Okapia (Manfred Danegger), Frankfurt; **24.3** Staatliches Museum für Naturkunde (Rotraud Harling), Stuttgart; **26.1** Okapia (Marcel Gut), Frankfurt; **26.2** Okapia (Kjell B. Sanved), Frankfurt; **26.3** Bilderberg (Thomas Ernsting), Hamburg; **26.4** Okapia (KHS), Frankfurt; **27.6-8** Staatliches Museum für Naturkunde, Stuttgart; **28.1** Tierbildarchiv Angermayer, Holzkirchen; **30.1A** Okapia (R. Jackmann), Frankfurt; **30.1B** Reinhard-Tierfoto, Heiligkreuzsteinach; **30.2A** Klett-Archiv (Aribert Jung), Stuttgart; **30.2B** Okapia (Hans Reinhard), Frankfurt; **30.3** Klett-Archiv (Ramon Gomez-Islinger), Stuttgart; **30.4** Okapia (NAS/Michael Tweedie), Frankfurt; **31.5; 31.6** Tierbildarchiv Angermayer (Rudolf Schmidt), Holzkirchen; **33.5** AKG, Berlin; **34.2A** TOPICMedia (Wolfgang Willner), Ottobrunn; **34.2B** Okapia (Dr. Frieder Sauer), Frankfurt; **35.1** Senckenberg Forschungsinstitut und Naturmuseum Frankfurt (Abguss. Das Original befindet sich im Museum für Naturkunde Berlin); **36.1** Okapia (J. Schauer/Fricke), Frankfurt; **36.2** Bayerische Staatsammlung für Paläontologie, München; **36.3** Okapia (Alan Root), Frankfurt; **37.4A** Okapia (NAS/t.McHugh), Frankfurt; **37.4B** Okapia (Andreas Hartl), Frankfurt; **37.4C** Okapia (Fritz Prenzel), Frankfurt; **37.5A** FOCUS (Sinclair Stammers), Hamburg; **37.5B** Okapia (NAS/Douglas Faulkner), Frankfurt; **37.6** iStockphoto (asterix0597), Calgary, Alberta; **37.7A** Bayerische Staatsammlung für Paläontologie, München; **37.7B** MEV Verlag GmbH, Augsburg; **37.7C** Okapia (Hans Reinhard), Frankfurt; **38.1** Okapia (Jeff Foott), Frankfurt; **40.1** Die Bildstelle (bildstelle), Hamburg; **40.2** Ullstein Bild GmbH (Falk), Berlin; **41.3** WILDLIFE Bildagentur GmbH (S.E. Arndt), Hamburg; **41.4** Picture-Alliance (dpa/Uwe Martin/Greenpeace), Frankfurt; **41.5A; 41.5B** NASA, Washington, D.C.; **42.1** Picture-Alliance (ZB), Frankfurt; **42.2** Marco Polo Agence Photographique (Naudin), Paris; **42.3** Ullstein Bild GmbH (Peter Arnold Inc.), Berlin; **43.1; 43.2; 43.7-9** Reinhard-Tierfoto, Heiligkreuzsteinach; **43.3** Tierbildarchiv Angermayer (Hans Pfletschinger), Holzkirchen; **43.4** TOPICMedia (Jürgen Lindenburger), Ottobrunn; **43.5** Tilman Wischuf Tier- und Naturfotografie, Brackenheim; **43.6** Manfred Pforr Naturbild-Archiv, Langenpreising; **44.1** Reinhard-Tierfoto, Heiligkreuzsteinach; **44.2** Naturfotografie Frank Hecker, Panten-Hammer; **45.2A** Corbis (Sally A. Morgan/Ecoscene), Düsseldorf; **45.2B** Okapia (J. Schauer/Fricke), Frankfurt; **46.1** Image 100, Berlin; **46.2** Klett-Archiv (Nature + Science AG/Mangler), Stuttgart; **46.3** Wygasch, Dr. Joachim, Paderborn; **46.4** Kage Mikrofotografie, Lauterstein; **47.1; 47.2** Klett-Archiv (Alexander Röhrer), Stuttgart; **47.3** Arnulf Betzold GmbH, Ellwangen; **48.2A** Corel Corporation Deutschland, Unterschleissheim; **48.2B, 48.2C** Alois Greiner Photo-Center (Kunz), Braunschweig; **49.4** Getty Images RF (Image Source), München; **51.3** Kage Mikrofotografie, Lauterstein; **51.4** Okapia (NAS/Van Bucher), Frankfurt; **53.3** Image 100, Berlin; **54.1** Prof. Dr. Manfred Keil, Neckargemünd; **55.1** Okapia (Biophoto Ass., Science Source), Frankfurt; **55.L1; 55.L4** Wygasch, Dr. Joachim, Paderborn; **55.L2** Kage Mikrofotografie, Lauterstein; **55.L3** Natur-fotografie Frank Hecker, Panten-Hammer; **57.1** Okapia (Dr. Frieder Sauer), Frankfurt; **57.2; 57.3; 57.4** Wygasch, Dr. Joachim, Paderborn; **57.2** Okapia (NAS/T. Brauch), Frankfurt; **58.1** Getty Images RF (Photo Disc), München; **58.2** Prof. Dr. Manfred Keil, Neckargemünd; **58.3** Okapia (Biophoto Ass., Science Source), Frankfurt; **60.1** Okapia (John W. Warden), Frankfurt; **60.2** Mauritius Images (Grafica), Mittenwald; **60.3** Wolfgang Deuter CW Press, Willich; **62.2; 62.3** Klett-Archiv (Ramon Gomez-Islinger), Stuttgart; **62.4** Landesmedien-zentrum Baden-Württemberg (Klaus Paysan), Stuttgart; **63.1** Okapia (Norbert Lange), Frankfurt; **63.2** Johannes Lieder, Ludwigsburg; **64.2A** Klett-Archiv (Aribert Jung), Stuttgart; **64.2B** Ullstein Bild GmbH (Peter Arnold Inc.), Berlin; **65.1** Okapia (Karl Gottfried Vock), Frankfurt; **68.A; 68.B; 68.C; 68.D** Prof. Dr. Horst Müller, Dortmund; **68.E** Helga Lade (Rainer Binder), Frankfurt; **68.1A; 68.1B** Sammlung Gesellschaft f. ökologische Forschung e.V. (Oswald Baumeister), München; **68.2** SUPERBILD, Taufkirchen/München; **70.1** Modular (Steinle), Stuttgart; **71.1** Okapia (Norbert Lange), Frankfurt; **71.3** Helga Lade (Rainer Binder), Frankfurt; **72.1** Ulrich Niehoff Fotoproduktionen und Bildarchiv, Bienenbüttel; **72.2** Mauritius Images (O'Brien), Mittenwald; **72.3** Imago Stock & People (Geisser), Berlin; **72.4** Stihl Andreas AG & Co. KG, Waiblingen; **72.5** Tierbildarchiv Angermayer (Hans Pfletschinger), Holzkirchen; **73.6** Corbis (Lester Lefkowitz), Düsseldorf; **73.7; 73.8** Tilman Wischuf Tier- und Naturfotografie, Brackenheim; **74.1; 74.2** Ulrich Niehoff Fotoproduktionen und Bildarchiv, Bienenbüttel; **74.3** Landesbetrieb Wald und Holz NRW (Jutta Wagner), Schleiden; **76.1** Klett-Archiv (Bernhard Knauer), Stuttgart; **76.2; 76.3** Klett-Archiv (Aribert Jung), Stuttgart; **77.1** Büro für Forstökologie/Hooge Horst, Gleichen-Benniehausen; **77.S1** blickwinkel (F. Hecker), Witten; **77.S2** Ullstein Bild GmbH (Peter Arnold Inc.), Berlin; **80.1** Tilman Wischuf Tier- und Naturfotografie, Brackenheim; **80.2** MEV Verlag GmbH, Augsburg; **80.3** Okapia (Hans Reinhard), Frankfurt; **81.1** creativ collection Verlag GmbH, Freiburg; **81.2** Okapia (Dr. Eckart Pott), Frankfurt; **82.1** König, Dr. Rudolf, Preetz; **82.3** Helga Lade (W.Klaeber), Frankfurt; **83.L1** Okapia (Hans Reinhard), Frankfurt; **83.L2** Tierbildarchiv Angermayer (Hans Reinhard), Holzkirchen; **83.L3** Reinhard-Tierfoto, Heiligkreuzsteinach; **83.L4** Manfred Pforr Naturbild-Archiv, Langenpreising; **83.W1** Prof. Dr. Manfred Keil, Neckargemünd; **83.W2** Tilman Wischuf Tier- und Naturfotografie, Brackenheim; **84** iStockphoto (Joze Pojbic), Calgary, Alberta; **84.1** PantherMedia GmbH (Meinhard Gerstberger), München; **84.2** Johannes Lieder, Ludwigsburg; **85.1; 85.4** Dr. Eckart Pott, Stuttgart; **85.2B** Prof. Dr. Horst Müller, Dortmund; **85.3** Okapia (Erich Geduldig), Frankfurt; **85.5** Tilman Wischuf Tier- und Naturfotografie, Brackenheim; **85.6** Partsch, Helmut (Helmut Partsch), Wechingen; **85.7** Prof. Dr. Horst Müller (Prof. Dr. Horst Müller), Dortmund; **85.8; 85.2A** Reinhard-Tierfoto, Heiligkreuzsteinach; **86.1** Okapia (Hans Reinhard), Frankfurt; **87.1-4** Dr. Bruno P. Kremer, Wachtberg; **88.2** Dieter Schmidtke, Schorndorf; **90.1** Helga Lade (Lange), Frankfurt; **90.2** Reinhard-Tierfoto, Heiligkreuzsteinach; **90.3** Juniors Bildarchiv (M. Danegger), Ruhpolding; **90.4** Okapia (Günther Bachmeier), Frankfurt; **90.5** Helga Lade (NiB), Frankfurt; **90.6** blickwinkel (S. Meyers), Witten; **91.1** Klett-Archiv (Bernhard Knauer), Stuttgart; **92.3** TOPICMedia (Erich Kuch), Ottobrunn; **93.L1; 93.L2** Okapia (Hans Reinhard), Frankfurt; **93.L3** Tilman Wischuf Tier- und Naturfotografie, Brackenheim; **93.L4** Okapia (Manfred Danegger), Frankfurt; **94.1; 94.2** Manfred Pforr Naturbild-Archiv, Langenpreising; **94.3** Tierbildarchiv Angermayer, Holzkirchen; **94.4** Tierbildarchiv Angermayer (Hans Pfletschinger), Holzkirchen; **95.5** NHPA (Pal Hermansen), London; **95.6; 95.8** König, Dr. Rudolf,

Preetz; **95.7; 95.9** Okapia (Hermann Gehlken), Frankfurt; **95.10** Okapia (Nuridsany&Perennou), Frankfurt; **96.2** Manfred Pforr Naturbild-Archiv, Langenpreising; **97.1** Mauritius Images (Thonig), Mittenwald; **98.1A** Corbis (John Henley), Düsseldorf; **98.1B** MEV Verlag GmbH, Augsburg; **98.1C** Klett-Archiv (Alexander Röhrer), Stuttgart; **98.1D** Stihl Andreas AG & Co. KG, Waiblingen; **99.1** TOPICMedia (Josef Zachl), Ottobrunn; **99.2** Corbis (Duomo), Düsseldorf; **99.3** Prof. Jürgen Wirth, Dreieich; **99.4** Prof. Dr. Horst Müller, Dortmund; **100.1-3** Tilman Wischuf Tier- und Naturfotografie, Brackenheim; **100.4** ; **101.1** Okapia, Frankfurt; **101.2** Okapia (Berthold Singler), Frankfurt; **101.3** Okapia (W. Graf), Frankfurt; **101.4** Klett-Archiv (Ramon Gomez-Islinger), Stuttgart; **102.1; 102.2; 102.3** Tilman Wischuf Tier- und Naturfotografie, Brackenheim; **102.4** Okapia (Jo Fröhlich), Frankfurt; **103.1** Tilman Wischuf Tier- und Naturfotografie, Brackenheim; **104.2** Corbis (Will & Deni McIntyre), Düsseldorf; **105.3** Corbis (RF), Düsseldorf; **105.4** Okapia (Manfred Danegger), Frankfurt; **105.5** IFA-BILDERTEAM GmbH (Otto Machill), Ottobrunn; **105.6** Corel Corporation Deutschland, Unterschleissheim; **106.1** Fotosearch Stock Photography, Waukesha, WI; **106.2** Okapia (Eduard Schäfer), Frankfurt; **106.3** Fotosearch Stock Photography (Stock Disc), Waukesha, WI; **106.4** Naturfotografie Frank Hecker, Panten-Hammer; **107.5** PhotoDisc; **107.6** Reinhard-Tierfoto, Heiligkreuzsteinach; **107.7** Mauritius Images (Merten), Mittenwald; **108.1** Ullstein Bild GmbH (fotofeeling.com), Berlin; **108.2** Quedens, Georg, Norddorf-Amrum; **108.3** Klett-Archiv (Aribert Jung), Stuttgart; **108.4** plainpicture GmbH & Co. KG (Endless image), Hamburg; **108.5** blickwinkel (F. Hecker), Witten; **108.6** blickwinkel (F. Perseke), Witten; **109.1** Tilman Wischuf Tier- und Naturfotografie, Brackenheim; **109.2** TOPICMedia (Erich Kuch), Ottobrunn; **109.3** TOPICMedia (Siegfried Kerscher), Ottobrunn; **110.1** Okapia (Norbert Pelka), Frankfurt; **111.1** Arco Images GmbH (Wermter, C.), Lünen; **112.1** Prof. Dr. Horst Müller, Dortmund; **112.2** Reinhard-Tierfoto, Heiligkreuzsteinach; **113.1** Arco Images GmbH (Petra Wegner), Lünen; **113.2; 113.4** Klett-Archiv (Aribert Jung), Stuttgart; **113.3** mediaskill OHG Bildmaschine (Lothar Hinz), Berlin; **113.5** blickwinkel (A. Laule), Witten; **113.6** PantherMedia GmbH (Herbert Goritschnig), München; **116.1** Dr. Eckart Pott, Stuttgart; **116.3** Picture Press (M. Danegger), Hamburg; **117.1** blickwinkel (A. Hartl), Witten; **117.2** Arco Images GmbH (Huetter, C.), Lünen; **117.3** TOPICMedia (Roger Wilmshurst), Ottobrunn; **117.5** Reinhard-Tierfoto, Heiligkreuzsteinach; **117.6** Okapia (Karl Gottfried Vock), Frankfurt; **117.7; 117.4A** Prof. Dr. Horst Müller, Dortmund; **117.4B** WILD-LIFE Bildagentur GmbH (D.Harms), Hamburg; **118.1** Alois Greiner Photo-Center (Greiner), Braunschweig; **118.2; 118.3; 118.6** Tierbildarchiv Angermayer (Hans Pfletschinger), Holzkirchen; **118.4** Roland Herdtfelder, Reutlingen; **119.1** Okapia (David Thompson, OSF), Frankfurt; **120.2** Reinhard-Tierfoto, Heiligkreuzsteinach; **120.3** creativ collection Verlag GmbH, Freiburg; **121.5** Tierbildarchiv Angermayer (Hans Reinhard), Holzkirchen; **121.6** Mauritius Images (Pölking), Mittenwald; **122.1** Mauritius Images (Minden Pictures), Mittenwald; **122.2** Picture-Alliance (dpa/Fotoreport Diana), Frank-furt; **122.3; 122.6** Tierbildarchiv Angermayer (Hans Pfletschinger), Holzkirchen; **122.4** Reinhard-Tierfoto, Heiligkreuzsteinach; **122.5** Prof. Dr. Ulrich Heitkamp, Gleichen-Diemarden; **123.W1** Corbis (Anthony Bannister), Düsseldorf; **123.W2** Okapia (Georg Büchold), Frankfurt; **124.1** WILD-LIFE Bildagentur GmbH (Nagel), Hamburg; **124.2** Kunst und Scheidulin, Arrach; **124.3** Mauritius Images (age fotostock), Mittenwald; **124.4** Reinhard-Tierfoto, Heiligkreuzsteinach; **125.1; 125.3** Tilman Wischuf Tier- und Naturfotografie, Brackenheim; **125.2** Mauritius Images (Kohlhaupt), Mittenwald; **126.1** Tierbildarchiv Angermayer (Hans Pfletschinger), Holzkirchen; **126.2** de Cuveland, Justus, Norderstedt; **126.3** TOPICMedia (Daniel Bühler), Ottobrunn; **126.4** TOPIC Media (Andreas Sprank), Ottobrunn; **128.1** photoactive (Robert Fischbach), Oberschleißheim/Lustheim; **128.2** Barbara Deller-Leppert (Barbara Deller-Leppert), Forstinning; **128.3** Getty Images (Photographer's Choice/Mark Douet), München; **128.4** Klett-Archiv (Aribert Jung), Stuttgart; **129.2** picturemaxx.net (RF), München; **130.1** A1PIX (EAB), Taufkirchen; **130.2** Alamy Images (Aurora Open RF), Abingdon, Oxon; **130.3** Naturfotografie Frank Hecker (Dr. Frieder Sauer), Panten-Hammer; **131.1** Klett-Archiv (Patrick Dembski), Stuttgart; **131.2** Klett-Archiv (Alexander Röhrer), Stuttgart; **131.3** iStockphoto (Todd Arbini), Calgary, Alberta; **131.4** Das Fotoarchiv (Cornelius Maas), Essen; **132.1** blickwinkel (N. Lipka), Witten; **132.2** imago sportfotodienst, Berlin; **133.1** mediaskill OHG Bildmaschine (Hans Fürmann), Berlin; **133.4** Mauritius Images (Ausloos), Mittenwald; **134.A** Naturfotografie Frank Hecker, Panten-Hammer; **134.B** Tilman Wischuf Tier- und Naturfotografie, Brackenheim; **134.1** Klett-Archiv, Stuttgart; **135.2** Okapia (K. Wanecek), Frankfurt; **135.3** Okapia (Karl Gottfried Vock), Frankfurt; **135.4** Klett-Archiv (Alexander Röhrer), Stuttgart; **136.1** Okapia (Robert A.Tyrrell/OSF), Frankfurt; **136.2** AKG, Berlin; **137.3** Klett-Archiv (Claus Kaiser), Stuttgart; **137.4** Mauritius Images (Lange), Mittenwald; **138.1** Lothar Lenz Pferdefotoarchiv, Dohr; **138.2** Okapia (Jens-Peter Laub), Frankfurt; **139.3** Avenue Images GmbH (Pixtal RF), Hamburg; **139.4** Alamy Images (Oyvind Martinsen), Abingdon, Oxon; **139.5** GEODIA, Göttingen; **139.6** Corbis (Gallo Images/Lanz von Horsten), Düsseldorf; **140.1** Okapia (G. Büttner, Naturbild), Frankfurt; **140.2** Klett-Archiv (Bernhard Knauer), Stuttgart; **140.3** Klett-Archiv (Ute Kühner), Stuttgart; **140.4** Okapia (C. Brown/PR Science Source), Frankfurt

Nicht in allen Fällen war es uns möglich, den Rechteinhaber der Abbildungen ausfindig zu machen. Berechtigte Ansprüche werden selbstverständlich im Rahmen der üblichen Vereinbarungen abgegolten.